主　编　姜小勇

编　委（按姓氏音序排序）

　　　　曹雅莉　丁小平　耿云云

　　　　黄少华　张俊妍

审　订　黄建明

兰州大学出版社

SHUKONG CHEXIAO BIANCHENG YU CAOZUO

# 数控车削编程与操作

zhongdeng zhiye jiaoyu

**图书在版编目(CIP)数据**

数控车削编程与操作 / 姜小勇主编 . —兰州：兰州大学出版社,2011.1

中等职业教育通用教材

ISBN 978-7-311-03160-2

Ⅰ.①数… Ⅱ.①姜… Ⅲ.①数控机床:车床—车削—程序设计—专业学校—教材②数控机床:车床—车削—操作—专业学校—教材 Ⅳ.①TG519.1

中国版本图书馆 CIP 数据核字(2011)第 008506 号

| | | |
|---|---|---|
| 策划编辑 | 梁建萍 | |
| 责任编辑 | 郝可伟 | |
| 封面设计 | 张友乾 | |

| | | |
|---|---|---|
| 书　　名 | **数控车削编程与操作** | |
| 主　　编 | 姜小勇 | |
| 审　　订 | 黄建明 | |
| 出版发行 | 兰州大学出版社　(地址:兰州市天水南路 222 号　730000) | |
| 电　　话 | 0931-8912613(总编办公室)　　0931-8617156(营销中心) | |
| | 0931-8914298(读者服务部) | |
| 网　　址 | http://www.onbook.com.cn | |
| 电子信箱 | press@lzu.edu.cn | |
| 印　　刷 | 兰州德辉印刷有限责任公司 | |
| 开　　本 | 787×1092　1/16 | |
| 印　　张 | 16.75 | |
| 字　　数 | 380 千 | |
| 版　　次 | 2011 年 1 月第 1 版 | |
| 印　　次 | 2011 年 1 月第 1 次印刷 | |
| 书　　号 | ISBN 978-7-311-03160-2 | |
| 定　　价 | 26.00 元 | |

# 出版说明

我国当前的教育格局是:第一,普及义务教育;第二,大力发展职业教育;第三,提高高等教育的质量。其中,职业教育被置于需要大力发展的重要地位。但是,由于我国职业教育起步较晚,教材建设与职业教育快速发展的需要存在很大差距。近年来,职业教育教材似乎并不缺乏,但普遍存在着这样或那样的问题,如内容陈旧且难度偏大,不符合教学实际;重理论、轻实用,缺乏职业特色,偏离职教目标;脱离地区、行业职业发展实际,未能充分体现"以就业为导向"的职教方针,等等。就西部地区而言,从教学效果看,由于现行教材编写时没有充分考虑我国地域发展不平衡的现状,没有充分照顾到经济、文化相对落后的西部地区的实际情况,教材使用中存在"水土不服"的现象。因此,针对现状,分析实际存在的问题,尽早尽快地进行教材改革和教材建设,打造适合西部地区生源状况、教学实际、就业需要的"本土教材",就显得尤为必要。

2008 年以来,我社组织人力率先对甘肃、青海、宁夏、内蒙古等省区的高职高专、中职中专院校展开深入广泛的调研,了解各院校学生来源、师资力量、教材配置、就业形势等情况,多次召开由教学一线优秀教师、专家共同参与的教材编写研讨会,反复探讨教学改革、教材建设的新理念、新路子,并针对多门学科教材的使用情况,多方商讨,精心编撰,用两年时间先后推出了高职高专、中职中专系列教材五十余种。今后几年内,大专业基础课、专业主干/核心课、稀有特色课程教材的研发将成为我社工作的重点。

这套系列教材有以下特点：

1.体现国际最新职业教育理念，且具有鲜明的"本土特色"。

2.力求打破传统教材模式，采用模块式编写思路，以项目/任务驱动教学，贴近教学改革，凸现职教特色。

3.内容以"够用"为度，定位准确，难易适中；教师易教，学生易学。

4.理论与实操并重，着力于应用型人才的培养。

本系列教材在出版过程中，我们虽竭尽全力，但限于时间和水平，难免在内容、形式以及编校质量上存在不足，这有赖于教学实践的检验。我们诚恳地希望广大师生提出宝贵意见，以便于修订再版。

信息反馈邮箱：zhangguoliang1966@126.com

兰州大学出版社

2011 年 1 月

# 前　言

　　本书是依据《中等职业学校、技工学校数控技术应用领域技能型紧缺人才培养培训指导方案》和教育部颁布的《数控技术应用专业教学大纲》，并参照中级技术工人等级考核标准编写的。

　　本书内容在编排上以零件加工为主线，将全书内容分为两大模块，即技能基础篇和技能实训篇。又将每一模块划分为若干课题，每一课题又划分为若干任务，形式新颖，层次分明，逻辑严密，讲解力求深入浅出，浅显易懂，由易到难，循序渐进。

　　本书以实用、够用为原则，以实训操作为主导，以学生为主体，以能力为本位，以就业为导向，比较详细地介绍了 FANUC 0i 数控系统、华中(HNC–21/22T)数控系统的数控车床编程与加工操作以及典型零件的加工。全书内容丰富，图文并茂，举例典型，工艺分析翔实，参考程序具体，表达清晰明了，通俗易懂，理论联系实际，便于初学者学习使用。本书既注重先进性，又体现实用性；既注重理论阐述，又体现理论和实训相结合。

　　本书由甘肃省泾川县职教中心姜小勇主编，参加编写的有甘肃省机械工业学校曹雅莉、甘肃省平凉工业学校丁小平、甘肃省煤炭工业学校黄少华、甘肃省环县职教中心耿云云、甘肃省酒泉职业技术学院张俊妍。

　　本书可作为中等职业学校、技工学校数控技术应用专业、数控机床加工专业、机电一体化专业的教材，也可作为数控车工岗位培训和自学用书。

　　本书在编写过程中，甘肃省机电职教集团给予了大力支持，在此表示衷心的感谢！

　　由于编者的水平和经验有限，书中难免有欠妥之处，恳请读者批评指正。

编　者

2010 年 12 月

# 目录

# 模块一　技能基础篇

## 课题一　数控车床概述

**【知识目标】**

    1.了解数控车床的概念;

    2.了解常见数控车床的型号、结构与功能;

    3.了解数控车床的分类;

    4.了解数控车床的加工特点。

**【技能目标】**

    1.能够识别常见数控机床;

    2.能够从结构和功能上认识数控车床;

    3.能够从加工特点上认识数控车床的加工优点。

### 任务一　数控车床的概念

    数控就是数字控制(Numerical Control),简称 NC,是一种使用数字化信号对设备的运行过程实行控制的自动化技术。一般把用这种技术实现的车床称为 NC 车床。机床数字控制技术是把零件的加工尺寸和各种要求用代码化的数字表示的操作输入数控装置，再经过处理与计算后,发出各种控制信号,使机床的运动及加工过程在程序控制下有步骤地进行,并将零件自动加工出来的技术。随着数控技术的发展,现代数控系统采用微处理器中的系统程序(或软件)来实现逻辑控制,实现全部或部分数控功能,称为计算机数控(Computer Numerical Control)系统,简称 CNC 系统,具有 CNC 系统的车床称为 CNC 车床。目前人们提及的数控车床一般指 CNC 车床。图 1-1-1 是卧式数控车床的外形图。

图 1-1-1　CKA6150 数控车床

## 任务二　数控车床型号代码的含义

(1)数控车床 CKA6150 各代码的含义

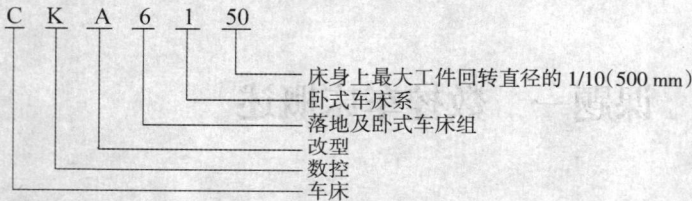

```
C  K  A  6  1  50
```

　床身上最大工件回转直径的 1/10(500 mm)
　卧式车床系
　落地及卧式车床组
　改型
　数控
　车床

(2)数控车床 CJK6140A 各代码的含义

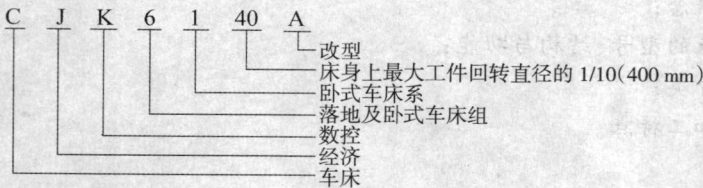

```
C  J  K  6  1  40  A
```

　改型
　床身上最大工件回转直径的 1/10(400 mm)
　卧式车床系
　落地及卧式车床组
　数控
　经济
　车床

## 任务三　数控车床的结构

数控车床主要由以下 6 部分组成(如图 1-1-2 所示)。

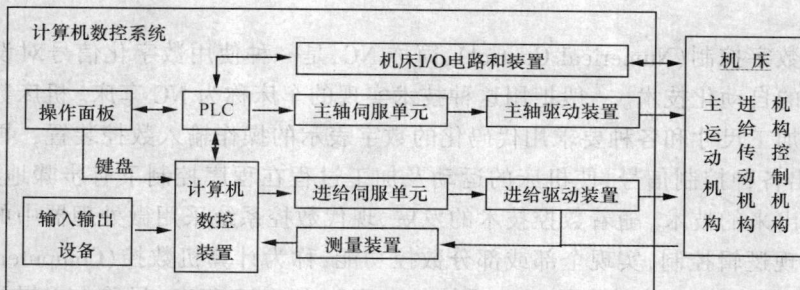

图 1-1-2　数控车床的组成

### 1.计算机数控装置(CNC 装置)

计算机数控装置是计算机数控系统的核心，其主要作用是根据输入的工件加工程序或操作命令进行译码、运算、控制等相应的处理，然后输出控制命令到相应的执行部件(伺服单元、驱动单元和 PLC 等)，完成工件加工程序或操作者所要求的工作。它主要由计算机系统、位置控制板、PLC 接口板、通信接口板、扩展功能模块板以及相应的控制软件组成。

### 2.伺服单元、驱动装置和检测装置

伺服单元和驱动装置包括主轴伺服驱动装置、主轴电动机、进给伺服驱动装置及进给电动机。检测装置是指检测位置和速度的装置，它是实现主运动和进给运动的速度、位置闭环控制的必要装置。主轴运动伺服系统的主要作用是实现工件加工的切削运动，其控制量为速度；进给伺服系统的主要作用是实现工件加工的成形运动，其控制量为速度和位置，特点是能灵敏、准确地实现 CNC 装置的位置和速度指令。

### 3.机床本体

机床本体是数控系统的控制对象，是实现加工工件的执行部件。主要组成有：主运动部件(主轴、主运动传动机构)、进给运动部件(工作台、拖板及相应的传动机构)、支撑件(立柱、床身等)以及特殊装置、自动工件交换(APC)系统、自动刀具交换(ATC)系统和辅助装置(如冷却、润滑、排屑、转位和夹紧装置等)。

### 4.控制介质与程序 I/O(输入/输出)设备

控制介质是记录工件加工程序的媒介，是人与机床建立联系的介质。程序 I/O 设备是 CNC 系统与外部设备进行信息交换的装置，其作用是将记录在控制介质上的工件加工程序输入 CNC 系统，或将已调试好的工件加工程序通过输出设备存放或记录在相应的介质上。目前在数控机床上常用的控制介质和程序输入或输出设备是磁盘和磁盘驱动器等。此外，现代数控系统一般可利用通信方式进行信息交换。这种方式是实现 CAD(计算机辅助设计)与 CAM(计算机辅助制造)的集成，FMS(柔性制造系统)和 CIMS(计算机集成制造系统)应用的基本技术。目前数控机床常用的通信方式有：串行通信、自动控制专用接口、网络技术。

### 5.PLC 及机床 I/O 电路和装置

PLC 是用于进行与逻辑运算顺序动作有关的 I/O 控制部件,它由硬件和软件组成。机床 I/O 电路和装置是用于实现 I/O 控制的执行部件,是由继电器、电磁阀、行程开关和接触器等组成的逻辑电路。它们共同完成以下任务。

(1)接受 CNC 的 M、S、T 指令,对其进行译码并转换成相应的控制信号,控制辅助装置完成机床相应的开关动作。

(2)接受操作面板机床侧的 I/O 信号,送给 CNC 装置,经其处理后,输出指令,控制 CNC 系统的工作状态和机床的动作。

### 6.控制面板

控制面板包括 CRT(显示器)操作面板(执行 NC 数据的输入、输出)和机床操作面板(执行机床的手动操作),是操作人员与数控机床(或系统)进行信息交换的工具。操作人员可以

通过控制面板对数控机床(系统)进行操作、编程、调试或对机床参数进行设定和修改,也可以通过它了解或查询数控机床(系统)的运行状态。它是数控机床的一个I/O部件,主要由按钮站、状态灯、按键阵列(功能与计算机键盘一样)和显示器等部分组成。

## 任务四 数控车床的功能

### 1.多轴控制功能

多轴控制功能是指CNC系统控制和联动控制数控机床各坐标轴进给运动的功能。CNC系统所控制的进给轴有:移动轴、回转轴和附加轴。

### 2.准备功能

准备功能即G功能(指令机床运动方式)。

一般CNC系统仅具有直线和圆弧插补功能,较为高级的数控系统还具有抛物线、椭圆、极坐标、正旋线、螺旋线以及样条曲线等插补功能。

### 3.补偿功能

(1)刀具半径和长度补偿功能

该功能实现用工件轮廓编写的程序,按刀具中心轨迹运动,以及在刀具半径和长度发生变化时,可对刀具半径或长度做出相应的补偿。该功能由G功能或T功能实现。

(2)传动误差、反向间隙误差补偿功能

螺距误差补偿可预先测量出螺距误差和反向间隙,然后按要求输入CNC装置的存储单元内,在加工过程中进行实时补偿。

(3)智能补偿功能

对由于外界干扰所产生的随机误差,可采用人工智能、专家系统等方法建立模型,实施智能补偿。如热变形引起的误差,装置将会在相应部位自动进行补偿。

### 4.主轴功能

主轴功能是指数控系统对切削速度的控制功能,主要有以下几种控制功能。

(1)主轴转速控制功能

实现刀具切削点切削速度的控制。

(2)恒线速度控制功能

实现刀具切削点的切削速度为恒速度的控制。

(3)主轴定向控制功能

实现主轴周向定位于定点的控制。

(4)C轴控制功能

实现主轴周向任意位置的控制。

(5)切削倍率控制功能

实现人工实时修调切削速度,即通过面板的倍率开关在0~200%之间对其进行实时修调。

#### 5.进给功能

进给功能是指数控系统对进给速度的控制功能,主要有以下几种控制功能。

(1)进给速度控制功能

控制刀具或工作台的运动速度。

(2)同步进给速度控制功能

实现切削速度和进给速度的同步。用于加工螺纹。

(3)进给倍率控制功能

实现人工实时修调进给速度,即通过面板的倍率开关在 0~200%之间对其进行实时修调。

#### 6.宏程序功能

宏程序功能指通过编辑子程序中的变量来改变刀具路径和刀具位置的功能。

#### 7.辅助功能

辅助功能即 M 功能——规定主轴的启、停、转向、工件的夹紧和松开,冷却泵的接通和断开等机床辅助动作的功能。

#### 8.刀具管理功能

刀具管理功能是实现对刀具几何尺寸和刀具寿命进行管理及选择刀具的功能。刀具几何尺寸是指刀具的半径和长度, 这些参数供刀具补偿功能使用。刀具寿命是指总计切削时间,当某刀具的寿命到期时,CNC 系统将提示用户更换刀具。另外,CNC 系统都具有 T 功能,即刀具号管理功能,它用于标识刀库中的刀具和自动选择加工刀具。

#### 9.人机对话功能

在 CNC 装置中配有显示器(CRT),通过软件实现字符和图形的显示,以方便用户操作和使用。主要功能有:菜单结构的操作界面,数据及工件加工程序的输入及编辑,系统和机床参数、状态、故障信息的显示及查询等。

#### 10.自诊断功能

自诊断功能是指 CNC 系统防止故障发生、进行故障诊断、定位故障和防止故障扩大的功能。现在 CNC 系统或多或少都有自诊断功能,这些自诊断功能主要通过软件来实现。具有此功能的 CNC 系统, 可以防止故障的发生或能够在故障出现后迅速查明故障的类型和部位,减少因故障而停机的时间,防止故障扩大。

#### 11.通信功能

通信功能是指 CNC 装置与外界进行信息和数据交换的功能。通常 CNC 系统都具有RS-232C 接口,可与其他计算机进行通信,传达工件加工程序;有的还有 DNC 接口,以实现直接数控;更高级的系统还可以使用 MAP 协议,Internet 或 LAN,构成 FMS、CIMS 等大的集成制造系统。

## 任务五 数控车床的分类

数控车床品种繁多,按数控系统及功能和机械构成可分为简易数控车床、经济型数控车床、多功能数控车床和数控车削中心。

### 1.简易数控车床

简易数控车床是低档数控车床,一般用单板机或单片机进行控制,机械部分是在普通机床的基础上进行改进而形成的。

### 2.经济型数控车床

经济型数控车床是中档数控车床,一般是开环或半闭环控制。它的缺点是没有恒线速度切削功能,刀尖圆弧半径自动补偿不是它的基本功能,而属于选择功能。

### 3.多功能数控车床

多功能数控车床也称为全功能数控车床,由专门的数控系统控制,具备数控车床的各种结构特点。

### 4.数控车削中心

数控车削中心是在数控车床的基础上增加其他的附加坐标轴而形成的。

## 任务六 数控车床的加工特点

数控车床切削加工具有下列特点:

### 1.加工精度高,质量稳定

数控车床加工零件的过程是自动进行的,可以避免人为操作产生的误差,使同一批工件的尺寸一致性好,而在加工过程中数控系统的实时监测和补偿功能又使加工精度得到了保证。

### 2.加工适应性强,能完成复杂形面的加工

当改变零件形状或尺寸时,只要改变或重新编制程序,就能够很快地实现数控机床对不同零件的自动化生产。由于数控机床具有插补和多轴联动功能,所以数控机床还能完成许多普通机床难以实现的复杂形面的加工。

### 3.生产效率高

数控机床良好的结构允许其选择较大的、合理的切削用量。数控加工过程的连续性大大减少了机动时间和辅助时间。自动换刀装置实现了一次装夹、多工序的连续加工,减少了工序转换时间,提高了生产效率。

### 4.减少了操作者的劳动强度

数控车床加工时,变速、换刀可自动完成,操作者只需装卸工件、操作键盘和观察机床运行情况,从而减轻了劳动强度。由于操作失误少,也降低了废、次品率。

### 5.有利于生产管理

数控加工程序应用的是数字化信息,有利于数控机床的通信接口与计算机联网,可以实

现计算机辅助设计、制造和管理一体化。

# 课题二　数控车床常用系统

【知识目标】

掌握常见数控系统的种类。

【技能目标】

知道不同的机床具有不同的系统。

数控系统是数控车床的核心,数控车床根据功能和性能要求,可配置不同的数控系统。系统不同,其指令代码也有差别,因此,编程时应按数控系统代码的编程规则进行编程。常见的数控系统有日本的 FANUC 数控系统、德国的 SIEMENS 数控系统、西班牙的 FAGOR 数控系统,我国的数控产品以华中"世纪星"数控系统、北京航天数控系统等为主。

# 课题三　数控车床安全操作规范

【知识目标】

掌握数控车床操作注意事项。

【技能目标】

1.能够提高操作机床的安全意识;

2.能够提高自我保护的能力;

3.能够养成良好、规范的操作习惯。

为了保护操作者的人身安全,在实习操作时应按下列要求规范、合理地进行操作。

(1)禁忌事项

上岗禁忌留长发、戴手套、穿高跟鞋,着装要符合安全要求。

(2)指导操作

实习操作必须在指导老师的指导下进行,禁止私自开机实习。

(3)检查预热

操作前,检查机床各系统是否完好,按钮、手柄位置是否正确。开机预热 10 分钟,待各部位正常后方能工作。

(4)站位安全

操作者不能站在卡盘旋转平面内,禁止用手触摸转动的工件或卡盘。

（5）紧固工件

工件、刀具等必须装夹紧固，卡盘扳手、刀架扳手等随手取下，置于安全位置。

（6）关闭安全罩

一切准备就绪，关闭机床安全罩，才能开车运行。未停车，禁止开启安全罩，避免人身安全事故。

（7）熟练操作，严禁撞击

工件、刀具、夹具以及车床之间禁忌撞击，忌用硬物敲击机床。

（8）编程审核

自编程序实习时，必须经过指导老师审核、校验无误后，方可上机操作。

（9）测量

装夹工件和测量工件必须停车进行，禁止用量具夹持工件。

# 课题四　数控车床维护常识

【知识目标】

掌握数控车床保养、维护的基础知识。

【技能目标】

1. 能初步掌握车床维护的方法和步骤；
2. 能初步判断简单故障发生的原因；
3. 能培养"车床为我服务，我为车床服务"的意识；
4. 能养成良好的车床维护习惯。

数控车床集机、电、液于一身，具有技术密集和知识密集的特点，是一种自动化程度高、结构复杂且又昂贵的先进加工设备。为了充分发挥其效益，减少故障的发生，必须做好日常维护工作，所以要求数控车床操作人员不仅要有机械、加工工艺、液压及气动方面的知识，也要具备电子计算机、自动控制、驱动及测量技术等知识，这样才能全面了解、掌握数控车床，及时搞好维护工作。主要的维护工作有下列内容。

**1.选择合适的使用环境**

数控车床的使用环境（如温度、湿度、振动、电源电压与频率、干扰等）会影响车床的运转，故在安装车床时应严格做到符合车床说明书规定的安装条件和要求。在经济条件许可的情况下，应将数控车床与普通机械加工设备隔离安装，以便于维修与保养。

**2.应为数控车床配备数控系统编程、操作和维修的专门人员**

这些人员应熟悉所用车床的机械、数控系统、强电设备、液压、气压等部分及使用环境、加工条件等，并能按车床和系统使用说明书的要求正确使用数控车床。

### 3.保养伺服电机

对于数控车床的伺服电机,要每 10~12 个月进行一次维护保养,加速或减速变化频繁的车床要每 2 个月进行一次维护保养。维护保养的主要内容有:用干燥的压缩空气吹除电刷的粉尘,检查电刷的磨损情况,如需更换则需选用规格、型号相同的电刷,更换后要空载运行一定时间使换向器表面吻合;检查清扫电枢整流子以防止短路;如装有测速电机和脉冲编码器,也要对其进行检查和清扫。

### 4.及时清扫

如清扫空气过滤器、电气柜、印制线路板等。表 1-4-1 为数控车床保养维护一览表。

### 5.检查机床电缆线

主要检查电缆线的移动接头、拐弯处是否出现接触不良、断线和短路等故障。

### 6.更换电池

有些数控系统的参数存储器采用 CMOS 元件,其存储内容在断电时靠电池供电保持。一般应在一年内更换一次电池,并且一定要在数控系统通电的状态下进行,否则会使存储参数丢失,导致数控系统不能工作。

### 7.长期不用数控车床的保养

在数控车床闲置不用时,应经常给数控系统通电,在车床锁住的情况下,使其空运行。在空气湿度较大的梅雨季节应该天天通电,利用电器元件本身发热驱走数控柜内的潮气,以保证电子部件的性能稳定可靠。

表 1-4-1　数控车床保养维护一览表

| 序号 | 检查周期 | 检查部位 | 检查要求 |
|---|---|---|---|
| 1 | 每天 | 导轨润滑油箱 | 检查油量,及时添加润滑油,润滑油泵是否定时启动打油及停止 |
| 2 | 每天 | 主轴润滑恒温油箱 | 工件是否正常,油量是否充足,温度范围是否合适 |
| 3 | 每天 | 机床液压系统 | 油箱泵有无异常噪声,工件油面高度是否合适,压力表指示是否正常,管路及各接头有无泄漏 |
| 4 | 每天 | 压缩空气源压力 | 气动控制系统压力是否在正常范围之内 |
| 5 | 每天 | $X$、$Z$ 轴导轨面 | 清除切屑和脏物,检查导轨面有无划伤损坏,润滑油是否充足 |
| 6 | 每天 | 各防护装置 | 机床防护罩是否齐全有效 |
| 7 | 每天 | 电气柜各散热通风装置 | 各电气柜中冷却风扇是否工作正常,风道过滤网有无堵塞,及时清洗过滤器 |
| 8 | 每周 | 各电气柜过滤网 | 清洗粘附的尘土 |
| 9 | 不定期 | 冷却液箱 | 随时检查液面高度,及时添加冷却液,如太脏应及时更换 |
| 10 | 不定期 | 排屑器 | 经常清理切屑,检查有无止住现象 |
| 11 | 半年 | 主轴驱动皮带 | 按说明书要求调整皮带松紧程度 |
| 12 | 半年 | 各轴导轨上镶条是否压紧滚轮 | 按说明书要求调整松紧状态 |
| 13 | 一年 | 电机碳刷 | 检查换向器表面,去除毛刺,吹净碳粉,磨损过多的碳刷及时更换 |
| 14 | 一年 | 液压油路 | 清洗溢流阀、减压阀、滤油器、油箱,过滤液压油或更换 |
| 15 | 一年 | 主轴润滑恒温油箱 | 清洗过滤器,油箱,更换润滑油 |
| 16 | 一年 | 冷却油泵过滤器 | 清洗冷却油池,更换过滤器 |
| 17 | 一年 | 滚珠丝杠 | 清洗丝杠上旧的润滑脂,涂上新油脂 |

## 习题一

1.什么叫 CNC？

2.CJK6140A 是哪种类型的机床？说明其型号的含义。

3.数控车床主要由哪几部分组成？

4.简述数控车床的功能。

5.简述数控车床的分类。

6.简述数控车床的加工特点。

7.简述自己实训室中各机床所安装的系统。

8.简述数控车床操作注意事项。

9.简述数控车床的维护内容。

# 课题五　数控车削加工过程

## 【知识目标】

掌握数控车削加工过程。

## 【技能目标】

能够掌握数控车削加工的步骤。

数控车削加工过程如图 1-5-1 所示,其主要步骤是：

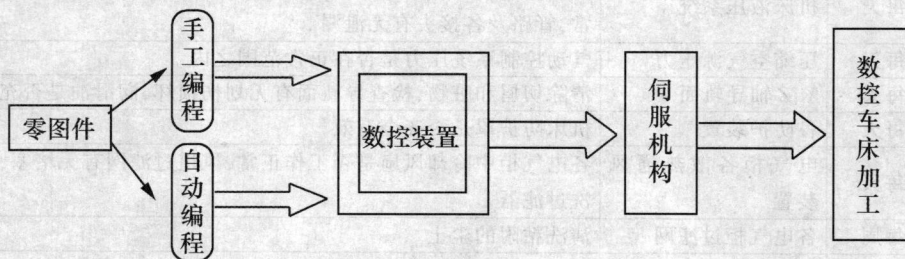

图 1-5-1　数控车削加工过程示意图

1.根据被加工零件的零件图中所规定的零件形状、尺寸、材料及技术要求等,制定零件加工的工艺过程、刀具相对零件的运动轨迹、切削参数以及辅助动作顺序等。

2.按规定的代码的程序格式,用手工编程或计算机编程的方法,编写零件加工程序。

3.通过车床操作面板将加工程序输入数控装置,或通过数据接口传送。

4.数控车床启动后,数控装置根据输入的信息进行一系列的运算和控制处理,将结果以脉冲信号形式送入车床的伺服机构。

5.伺服机构驱动车床运动部件,使车床按程序预定的轨迹运动,加工出合格的零件。

# 课题六　数控车削加工工艺

## 【知识目标】

1.掌握数控车削加工工艺的内容及工序的划分;

2.掌握数控车削加工刀具、夹具的选择;

3.掌握数控车削加工切削用量的选择;

4.掌握数控车削加工中对刀点、换刀点及刀位点的确定;

5.掌握数控车削加工工艺技术文件的编写。

## 【技能目标】

1.能对数控车削加工工艺、加工路线进行分析和制定;

2.能对数控车削加工所用刀具材料、刀具几何参数进行正确的选择;

3.能对数控车削加工所用不同材料选择合理的切削用量;

4.能在加工各类不同零件时,选择合理的对刀点和换刀点;

5.能够独立编写数控车削加工工艺技术文件。

## 任务一　数控车削加工工艺的主要内容

1.确定零件坯料的装夹方式与加工方案。

2.选择刀具。

3.选择切削用量。

4.确定数控车削加工中对刀点与换刀点。

5.编写数控车削加工工艺技术文件。

## 任务二　数控车削加工工序的划分原则

工序的划分可以采用两种不同的原则,即工序集中原则和工序分散原则。

### 1.工序集中原则

在一道工序中加工尽可能多的内容,使工序的总数量减少。这样不仅减少了夹具数量和零件装夹次数,而且还保证了各表面的相互位置精度。

### 2.工序分散原则

加工零件的过程分散在较多的工序中进行,每道工序的加工内容很少。优点是采用的加工设备结构简单,设备调整和维修方便,有利于选择合理的切削用量。

## 任务三　数控车削加工路线的确定

加工路线是刀具在整个加工工序中相对于零件的运动轨迹。它是编写程序的主要依据。加工顺序一般按先粗后精、先近后远的原则确定。先粗后精即按照粗车、(半精车)、精车的顺序进行,在粗加工中先切除较多毛坯余量。如图 1-6-1 所示,切除双点画线部分,为精加工留下较少且均匀的加工余量;当粗车后所留余量的均匀性不满足精加工的要求时,则需安排半精加工。一般精车要按图样尺寸一次切出零件轮廓,并保证精度要求。先近后远即离对刀点最近的部位先加工,远的后加工。如图 1-6-2 所示精加工顺序依次是 $\phi20 \rightarrow \phi24 \rightarrow \phi28$,这种加工便于缩短刀具的移动距离,减少空行程。

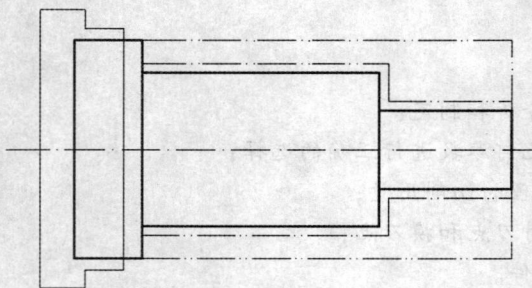

图 1-6-1　粗加工路线　　　　　　　图 1-6-2　精加工路线

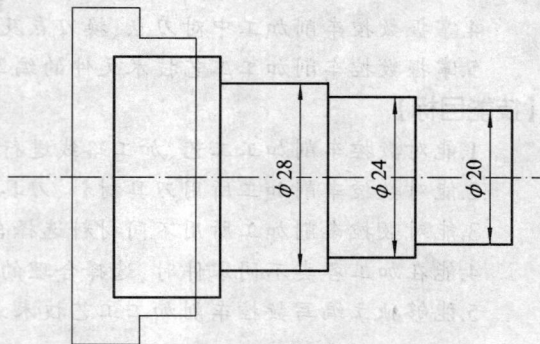

## 任务四　数控车削刀具的选择

刀具的选择是数控车削加工工艺设计的重要内容之一。数控车削加工对刀具的要求比普通车削高,不仅要求其钢性好、耐用度高,而且安装调整要方便。根据刀头与刀体的连接方式,车刀主要分为焊接式与机械夹紧(机夹)式可转位车刀两大类。

### 1.常用数控车刀的种类和用途

常用数控车刀的种类和用途如图 1-6-3。

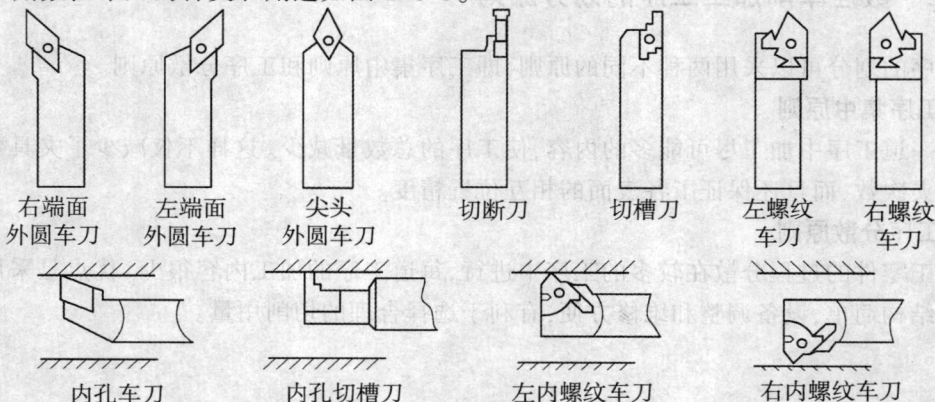

右端面
外圆车刀　左端面
外圆车刀　尖头
外圆车刀　切断刀　切槽刀　左螺纹
车刀　右螺纹
车刀

内孔车刀　　内孔切槽刀　　左内螺纹车刀　　右内螺纹车刀

图 1-6-3　常用数控车刀的种类和用途

### 2.机夹可转位车刀的选择

数控车床一般使用标准的机夹可转位车刀(如图1-6-4)。刀具的选择主要根据被加工零件的表面形状、切削方法、刀具寿命等因素决定。

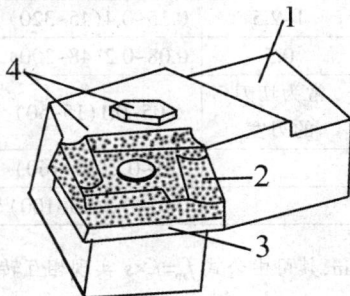

1.刀杆　2.刀片　3.刀垫　4.夹紧元件

图1-6-4　可转位车刀

## 任务五　数控车削切削用量的选择

选择切削用量的目的是在保证加工质量和刀具耐用度的前提下,使切削时间最短,生产效率最高,成本最低。

切削用量包括背吃刀量(切削深度)$a_p$、进给量 $f$ 和主轴转速 $n$(切削速度 $v$)。

### 1.背吃刀量(切削深度)$a_p$ 的确定

零件上已加工表面与待加工表面之间的垂直距离称为背吃刀量。

背吃刀量主要根据车床、夹具、刀具、零件的刚度等因素决定。粗加工时,在条件允许的情况下,可选择尽可能大的背吃刀量,以减少走刀次数,提高生产率;精加工时,通常选择较小的背吃刀量(但并不是越小越好),以保证加工精度及表面粗糙度。

### 2.进给量 $f$ 的确定

进给量是切削用量中的一个重要参数。粗加工时,进给量在保证刀杆、刀具、车床、零件刚度等条件的前提下,选择尽可能大的进给量;精加工时,进给量主要受表面粗糙度的限制,当表面粗糙度要求较高时,应选择较小的进给量。

### 3.主轴转速 $n$( 或切削速度 $v$)的确定

在保证刀具的耐用度及切削负荷不超过机床额定功率的情况下选定切削速度。粗加工时,背吃刀量和进给量均较大,故选择较小的切削速度;精加工时,则选择较大的切削速度。主轴转速要根据允许的切削速度来选择。

由切削速度计算主轴转速的公式如下: $n = \dfrac{1000v}{\pi \times d}$

式中: $d$ 为待加工零件直径,mm;

　　　 $n$ 为主轴转速,r/min;

　　　 $v$ 为切削速度,m/min。

切削用量的参数可查阅机床说明书、切削用量手册,并结合实际经验而确定,表1-6-1是参考了切削用量手册并结合学生实习的特点而确定的切削用量选择参考表。

13

表 1-6-1　切削用量选择参考表

| 零件材料及<br>毛坯尺寸 | 加工内容 | 背吃刀量($a_p$)<br>mm | 进给量($f$)<br>mm/r 或 mm/min | 主轴转速($n$)<br>r/min | 刀具材料 |
|---|---|---|---|---|---|
| 45 钢,直径 $\phi20$~<br>$\phi60$ 坯料,内孔<br>直径 $\phi13$~$\phi20$ | 粗加工 | 1~2.5 | 0.15~0.4(45~320) | 300~800 | 硬质合金(YT 类) |
| | 精加工 | 0.5 | 0.08~0.2(48~200) | 600~1000 | |
| | 切槽、切断(刀刃<br>宽度 3~5 mm) | 常为切刀<br>的刃宽 | 0.05~0.1(15~50) | 300~500 | |
| | 钻中心孔 | | 0.1~0.2(30~160) | 300~800 | 高速钢 |
| | 钻孔 | | 0.05~0.2(15~100) | 300~500 | 高速钢 |

注:进给量单位是 mm/r 或 mm/min,其可由公式 $f_m=f_r\times s$ 实现相互转换。FANUC 系统常用每转进给量,华中系统常用每分钟进给量。

### 任务六　数控车削加工中对刀点、换刀点及刀位点的确定

#### 1.对刀点

对刀点是指在数控车床上加工零件时,刀具相对于零件运动的起点。由于程序从该点开始执行,所以对刀点又称为"程序起点"或"起刀点"。对刀点可选在零件上,也可选在零件外面(如选在夹具上或机床上),但必须与零件的定位基准有一定的尺寸关系。为了提高加工精度,对刀点应尽量选在零件的设计基准或工件上,如图 1-6-5 所示 A 点。坐标原点(0,0),对刀点 X 方向取毛坯直径值,Z 向一般距离零件 1~2 mm 处。

#### 2.换刀点

换刀点是指刀架转位换刀的位置。换刀点一般选在零件或夹具的外部,以刀架转位时碰不到零件及机床的其他部位为准。

#### 3.刀位点

刀位点指在加工程序的编制过程中,用以表示刀具位置的点。不同的车刀,其刀位点不同,而且每把刀的刀位点在整个加工过程中只能有一个位置。图 1-6-6 为常见几种刀的刀位点。

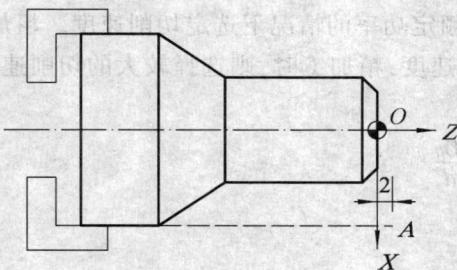

图 1-6-5　对刀点

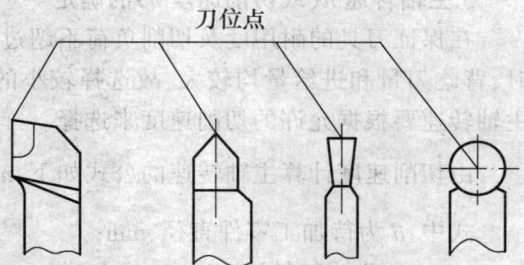

图 1-6-6　刀位点

## 任务七　数控车削加工工艺技术文件的编写

　　数控车削加工工艺文件既是数控加工、产品验收的依据,又是操作者应遵守、执行的规程,还为重复使用做了必要的工艺资料积累。该文件主要包括数控加工工序卡、数控加工刀具卡、如数控加工程序单等。

### 1.数控加工工序卡

　　数控加工工序卡是编制加工程序的主要依据和操作人员进行数控加工的指导性文件。数控加工工序卡包括:工步顺序、工步内容、各工步使用的刀具和切削用量等,见表1-6-2。

表 1-6-2　数控加工工序卡

| 单位名称 | | 产品名称或代号 | | 零件名称 | | 零件图号 |
|---|---|---|---|---|---|---|
| 工序号 | 程序编号 | 夹具名称 | | 使用设备 | | 车间 |
| 001 | | | | | | |
| 工步号 | 工步内容 | 刀具号 | 刀具规格/mm | 背吃刀量/mm | 进给量/mm·r$^{-1}$ | 主轴转速/r·min$^{-1}$　　备注 |
| | | | | | | |
| 编制 | 审核 | | 批准 | 日期 | | 共1页　第1页 |

### 2.数控加工刀具卡

　　数控加工过程对刀具要求十分严格,一般要在机外对刀仪上调整好刀具位置和长度。刀具卡主要反映刀具编号、刀具名称、刀具数量、刀具规格等内容,见表1-6-3。

表 1-6-3　数控加工刀具卡片

| 产品名称或代号 | | | 零件名称 | | 零件图号 | |
|---|---|---|---|---|---|---|
| 序号 | 刀具编号 | 刀具名称 | 刀具数量 | 加工表面 | 刀尖半径/mm | 刀尖方位 $T$　　备注 |
| | | | | | | |
| | | | | | | |
| 编制 | 审核 | | 批准 | | 共1页 | 第1页 |

### 3.数控加工程序单

　　数控加工程序单是操作者根据工艺分析,经过数值计算,按照机床指令代码特点编制的。它是记录数控加工工艺过程、工艺参数、位移数据的清单,是手动数据输入,实现数控加工的主要依据。不同的数控机床和数控系统,程序单的格式是不一样的。

**习题二**

1.简述数控车削加工中的切削用量选择的原则及主轴转速计算公式。

2.简述数控车削加工工艺的主要内容。

3.简述数控车削加工工序的划分原则。

4.简述对刀点、换刀点及刀位点的区别。

# 课题七　数控车削编程基础知识

【知识目标】

1.掌握数控车削编程的内容及步骤；

2.掌握数控车削编程的方法；

3.掌握数控车削编程的坐标系及编程方式；

4.掌握数控车削程序的结构与格式。

【技能目标】

1.能够根据零件图设计编程的步骤；

2.能够根据零件图选择合理的编程方法及方式；

3.能够掌握程序的存入和调出。

## 任务一　数控车削编程的内容及步骤

**1.数控车削编程的主要内容**

(1)分析零件图,确定零件加工工艺过程

要根据图样中零件的形状、尺寸、技术要求等选择合理的加工方案,确定加工顺序、加工路线、装夹方式、刀具及切削次数,正确选择对刀点、换刀点,以减少换刀次数。

(2)计算数值

计算零件粗加工、精加工运动轨迹。当零件图样坐标系与编程坐标系不一致时,需要对坐标进行换算。对于形状比较简单的零件(直线与圆弧组成的零件)的轮廓加工,需要计算出几何元素的起点、终点、圆弧的圆心、两几何元素的交点或切点的坐标值。

(3)编写零件加工程序单

根据数控系统指令代码及程序段格式,编写加工程序单,填写有关的工艺文件,如数控加工工序卡、数控刀具卡、数控加工程序单等。

(4)输入程序

手动数据输入或通过计算机传送至机床数控系统。

(5)程序校验与首件试切

在数控仿真系统上仿真加工过程，空运行观察走刀路线是否正确，但这只能检验出运动是否正确，不能检验出被加工零件的加工精度。因此，有必要进行零件的首件试切。

**2.数控车削编程的主要步骤**

数控车削编程的步骤如图 1-7-1 所示。

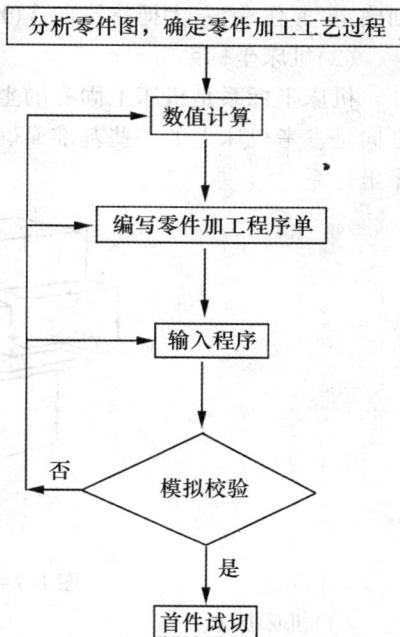

## 任务二　数控车削编程的方法

数控车削编程可分为手工编程和自动编程两种。

**1.手工编程**

对于零件形状比较简单，采用手工编程时，程序简单，而且经济、省时。因此，点定位加工及由直线与圆弧组成的轮廓加工中，手工编程仍被广泛应用。

**2.自动编程**

对于零件形状比较复杂，采用手工编程时，需要计算许多非整点的坐标，程序编制起来比较麻烦且费时，因此，可借助于计算机及相应编程软件编制数控加工程序，这种编程方法称为自动编程。目前常见的编程软件有 MasterCAM、UG、Pro/E、CAXA 制造工程师等。

## 任务三　数控车削编程的基本概念

**1.数控车床的坐标系**

(1)机床坐标轴

为了简化编程和保证程序的正确性及通用性，对数控机床的坐标轴和方向命名制定了统一的标准，规定直线进给坐标轴用 $X$、$Y$、$Z$ 表示，常称基本坐标轴。$X$、$Y$、$Z$ 坐标轴的关系用右手定则决定，如图 1-7-2 所示，图中大拇指的指向为 $X$ 轴的正方向，食指指向为 $Y$ 轴的正方向，中指指向为 $Z$ 轴的正方向。旋转轴 $A(B、C)$ 绕直线轴 $X(Y、Z)$ 旋转，其正方向用右手法

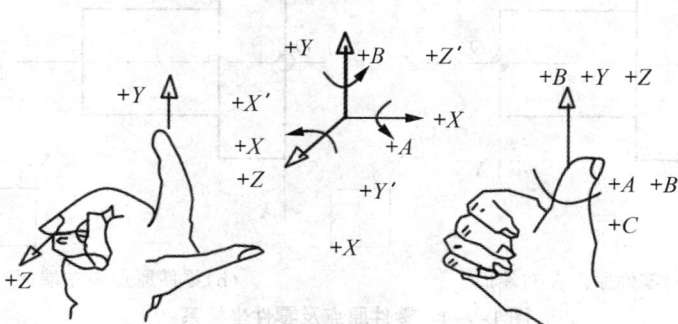

图 1-7-1　数控车削编程步骤

图 1-7-2　右手直角笛卡儿坐标系

则确定,握住拳头,大拇指指向 $X(Y \setminus Z)$ 轴的正方向,则其余四指指向为 $A(B \setminus C)$ 的正方向。

（2）机床坐标系

机床坐标系是机床上固有的坐标系(出厂时已设定好,一般不需要调整),机床坐标系的方向是参考机床上的一些基准面确定的。不同的机床有不同的坐标系。如图 1-7-3 所示为车床坐标系。

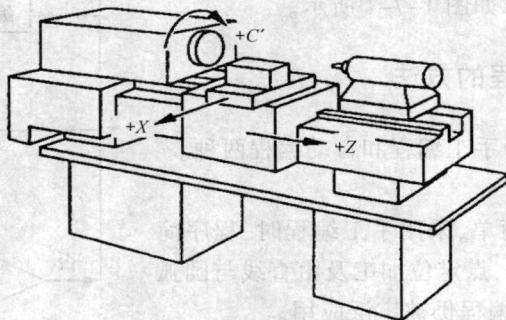

图 1-7-3　卧式车床坐标系（前置刀架）

（3）机床原点

机床原点也称机械原点,是机床坐标系的原点,它的位置在车床 $X \setminus Z$ 轴正向的最大极限处。

（4）工件坐标系（或编程坐标系）

为了方便编程,首先要在零件图上适当地选定一个编程原点(该点应尽量设置在零件的工艺基准和设计基准上),并以这个原点作为坐标系的原点,建立一个新的坐标系,称为编程坐标系或工件坐标系。

编程坐标系用来确定编程和刀具的起点。在数控车床上,编程原点一般设在右端面与轴回转中心线交点 $O$ 上,如图 1-7-4(a)所示。坐标系以机床主轴线方向为 $Z$ 轴方向,刀具远离工件的方向为 $Z$ 轴的正方向,如图 1-7-4(b)所示。$X$ 轴位于水平面且垂直于工件旋转轴线的方向,刀具远离主轴轴线的方向为 $X$ 轴正方向,如图 1-7-4 所示。

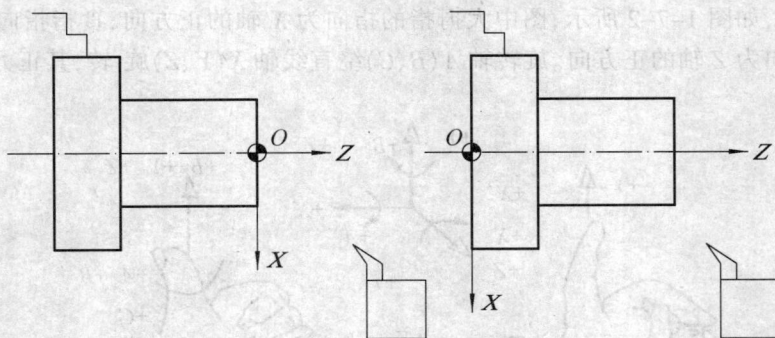

　　(a)零件原点在右端面　　　　　　　　(b)零件原点在左端面

图 1-7-4　零件原点及零件坐标系

## 2.编程方式的选择

### (1)绝对坐标与增量坐标

绝对坐标:所有坐标点的坐标值均从编程原点计算的坐标。绝对坐标常用 $X$、$Z$ 表示。

增量坐标(相对坐标):坐标系中的坐标值是相对刀具前一位置(或起点)来计算的坐标。增量坐标常用 $U$、$W$ 表示,与 $X$、$Z$ 轴平行且同向。

**例 1-1**　对图 1-7-5 所示零件进行编程(分别采用绝对编程、相对编程及混合编程)。

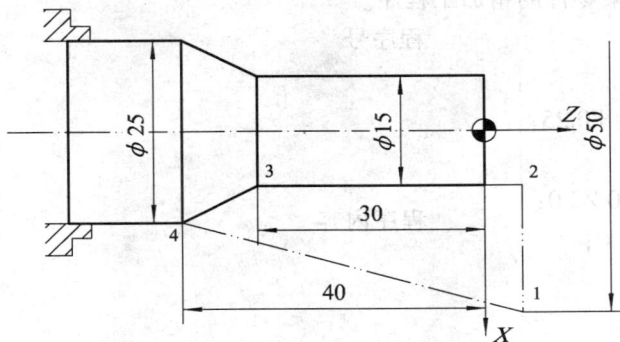

图 1-7-5　绝对编程、相对编程及混合编程

参考程序见表 1-7-1。

表 1-7-1　图 1-7-5 所示零件的加工程序

| 绝对编程 | 相对编程 | 混合编程 |
| --- | --- | --- |
| O0001(%0001) | O0001(%0001) | O0001(%0001) |
| N1:T0101; | N1:T0101; | N1:T0101; |
| N2:G90 M03 S400; | N2:G91 M03 S400; | N2:M03 S400; |
| N3:G00 X35. Z2. ; | N3:G00 X-35.( Z0.) ; | N3:G00 X35. Z2. ; |
| N4:G01 X15. (Z2.) F0.1; | N4:G01 (X0.) Z-32. F0.1; | N4:G01 X15. (Z2.) F0.1; |
| N5:(X15.)Z-30.; | N5:X10. Z-10.; | N5:(X15.)Z-30.; |
| N6:X25. Z-40.; | N6:X25. Z42.; | N6:U10. W-10.; |
| N7:X35. Z2.; | N7:M05; | N7:U10. Z2.; |
| N8:M05; | N8:M30; | N8:M05; |
| N9:M30; | | N9:M30; |

注:绝对编程用 G90,相对编程用 G91,由于 G90 是模态代码,可省略不写。

编程中可根据图样尺寸的标注方式及加工精度要求选用不同的编程方式,在同一个程序段中可采用绝对坐标或增量坐标编程,也可采用两者混合编程。

### (2)直径编程与半径编程

在数控车削编程中,$X$ 坐标值有两种表示方法,即直径编程和半径编程。

直径编程:在绝对坐标方式编程中,$X$ 值为零件的直径值;在增量坐标编程中,$X$ 值为刀具径向实际位移量的两倍。由于零件在图样上的标注及测量多用直径表示,所以大多数数控车削系统采用直径编程。FANUC 系统、华中"世纪星"系统均采用直径编程。

半径编程:不论是在绝对坐标编程方式下还是在增量坐标编程方式下,$X$ 值为零件半径值或刀具实际位移量。

## 任务四　程序的结构与格式

### 1.程序结构

一个完整的程序由程序号、程序内容、程序结束三部分组成。

例 1-2　下面是某零件的精加工程序。

O0001　　　　　　　　　　　　　程序号
N0010：T0101；
N0020：M03 S600 F0.25；
N0030：M08；
N0040：G00 X44.0 Z2.0；
N0050：G01 Z-66.0；　　　　　　程序内容
N0060：X46.0；
N0070：G00 Z2.0；
N0080：M09；
N0090：M30(或 M02)；　　　　　程序结束

(1)程序号

程序号在程序的最前端,由地址码和 1~9999 范围内的任意数字组成,在 FANUC 系统中一般地址码为字母 O,华中"世纪星"系统中地址码用%或 O,其他系统用 P。

(2)程序内容

程序内容主要用以控制数控机床自动完成零件的加工,是整个程序的主要部分,它由若干程序段组成,每个程序段由若干程序字组成,每个字又由地址码和若干个数字组成。

(3)程序结束

程序结束一般用辅助功能代码 M02(程序结束)和 M30(程序结束并返回起点)等来表示。

### 2.程序段格式

程序段格式是指一个程序段中的字、字符和数据的书写规则。常使用的是字地址可变程序段格式。它由程序段号字、数据字和程序段结束符组成。该格式的特点是对一个程序段中字的排列顺序要求不严格,数据的位数可多可少,与上一程序段相同的字可以不写。字地址可变程序段格式如下:

N＿＿＿：G＿＿＿　X(U)＿＿＿　Z(W)＿＿＿　F＿＿＿　S＿＿＿　T＿＿＿　M＿＿＿；

### 3.程序段内各指令字的格式

一个指令字由地址符(指令字符)和带符号(如定义尺寸的字)或不带符号(如准备功能字 G 代码)的数字数据组成。

程序段中不同的指令字符及其后续数值确定了每个指令字的含义。在数控程序段中包含的主要指令字符如表 1-7-2 所示。

表 1-7-2　指令字一览表

| 指令字 | 意 义 说 明 |
|---|---|
| 程序段号 N | 程序段的编号,由地址码和后面的若干位数字表示(例如:N0010)。程序段的编号一般不连续排列,以 5 或 10 间隔,主要是便于编辑修改时插入语句。 |
| 准备功能 G 代码 | G 功能是控制数控机床进行操作的指令,用地址符 G 和两位数字来表示。 |
| 尺寸字 X、Z 等 | 尺寸字由地址码(X、Z、U、W、R、I、K 等)、"+"、"−"符号及绝对值或增量值构成。 |
| 进给功能 F | 表示刀具中心运动时的进给量,由地址码 F 和后面若干位数字构成,其单位是mm/min 或 mm/r。 |
| 主轴功能 S | 主轴转速指定,由地址码和若干位数字组成,单位为 r/min。 |
| 刀具功能 T | 表示刀具所处的位置,由地址码 T 和若干位数字组成。 |
| 辅助功能 M | 表示一些机床的辅助动作指令,由地址码 M 和两位数字组成。 |
| 程序段结束符 | 写在每段程序之后,表示程序段结束,在使用 ISO 标准代码时,结束符为"LF"或"NL",FANUC 系统一般用";",华中"世纪星"系统中";"可省略不写。 |

**4.S、F、T 主要功能说明**

(1)主轴转速功能(S 功能)

利用地址 S 后续数值的指令,可控制主轴的回转速度。如 $n$=500 r/min,该指令可表示为 S500。一个程序段只可以使用一个 S 代码;不同程序段,可根据需要改变主轴的转速。

(2)进给功能(F 功能)

表示刀具中心运动时的进给量,由地址码 F 和后面若干位数字构成。通常有两种形式:一种是刀具每分钟的进给量,其单位是 mm/min;另一种是主轴每转时刀具的进给量,单位是 mm/r。使用下列公式可实现每转进给量与每分钟进给量的转化。

$f_m = f_r \times s$

$f_m$ 为每分钟进给量(mm/min)

$f_r$ 为每转进给量(mm/r)

$s$ 为主轴转速(r/min)

在编程中一个程序段只可使用一个 F 代码,不同程序段可根据需要改变进给量或借助机床控制面板上的倍率按键,在一定范围内进行倍率修调。当执行攻丝循环 G76、G82,螺纹切削 G32 时,倍率开关失效。FANUC 系统中常采用主轴每转时刀具的进给量;华中"世纪星"系统常采用刀具每分钟的进给量。

(3)刀具功能(T 功能)

车削加工中要对各种表面进行加工,又有粗加工、精加工之分,需要选择不同的刀具,每把刀都有其特定的刀具号,以便数控系统识别,如图 1-7-6 所示。

T 功能由地址码 T 和若干位数字组成,数字用来表示刀具号和刀具补偿号,数字的位数由系统决定。FANUC 系统(华中"世纪星"系统)中 T 功能由 T 和四位数字组成,前两位表示刀具号,后两位表示刀具补偿号。例如 T0202,前面的 02 表示 2 号刀具,后面的 02 表示刀具补偿号为 02。

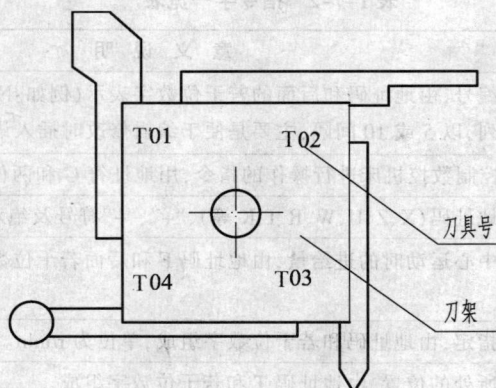

图 1-7-6　刀具、刀架和刀具号

不同的数控系统,其指令不完全相同,使用者可根据使用说明书编写程序。

**5.程序的文件名格式**

数控车床的 CNC 装置可以存入许多程序文件,以文件的方式读写。文件名格式为:O××××(地址符 O 后面必须有四位数字或字母)。

当程序存储在机床 CNC 中时,可通过文件名来调用程序,以实现对程序的修改、编辑、校验等。

## 习题三

1.简述数控编程的主要内容。

2.简述机床坐标系与工件坐标系的区别。

3.分别写出图 1-7-7 中 1、2、3、4 各点的绝对坐标和增量坐标。

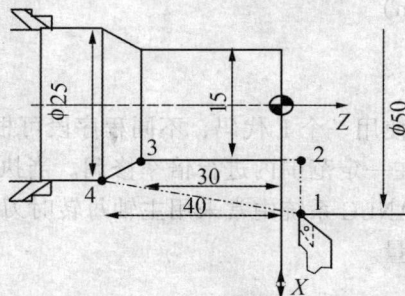

图 1-7-7

4.分别指出下列程序段中各指令字的含义:

N____ G____ X(U)____ Z(W)____ F____ S____ T____ M____;

5.说明下列符号的含义:

T0102 中的"01"和"02";T0202 中前面的"02"和后面的"02"。

# 模块二 技能实训篇

## 课题一 数控车床的基本操作

**【知识目标】**

1.掌握 FANUC 0i Mate-TB 系统指令代码结构、格式及应用；

2.掌握 FANUC 0i Mate-TB 系统操作面板功能；

3.掌握 FANUC 0i Mate-TB 系统下对刀、坐标系建立及刀补设定的方法；

4.掌握华中"世纪星"系统(HNC-21/22T)指令代码结构、格式及应用；

5.掌握华中"世纪星"系统(HNC-21/22T)操作面板功能；

6.掌握华中"世纪星"系统(HNC-21/22T)下对刀、坐标系建立及刀补设定的方法。

**【技能目标】**

1.能够掌握操作面板上各项功能键的操作；

2.能够完成对刀、坐标系建立及刀补设定等操作；

3.能够在机床上完成程序的建立、编辑、存入及调出等操作。

### 任务一 FANUC 0i Mate-TB 系统指令代码介绍

#### 1.准备功能(G 功能)

准备功能又称 G 代码,用来规定刀具和零件的相对运动轨迹(插补功能)、机床坐标系、刀具补偿和固定循环等多种操作。

G 代码分为模态 G 代码和非模态 G 代码。模态 G 代码表示该 G 代码在一个程序段中的功能一直保持到被取消或被同组的另一个 G 代码所代替。非模态 G 代码只在有该代码的程序段中有效。

G 代码根据功能进行了分组,同一功能组的代码可互相代替,但不允许写在同一程序段中。

数控车床常用 G 功能如表 2-1-1 所示。

表 2-1-1 数控车床准备功能 G 代码

| 指令代码 | 功　　能 | 组　别 | 模　　态 |
|---|---|---|---|
| ▲G00 | 快速移动 | 01 | * |
| G01 | 直线插补 | 01 | * |
| G02 | 顺时针圆弧插补 | 01 | * |
| G03 | 逆时针圆弧插补 | 01 | * |
| G04 | 进给暂停 | 00 | |
| G20 | 英制输入 | 06 | * |
| ▲G21 | 公制输入 | 06 | * |
| G22 | 内部行程限位有效 | 04 | * |
| G23 | 内部行程限位无效 | 04 | * |
| G27 | 检查参考点返回 | 00 | |
| G28 | 自动返回原点 | 00 | |
| G29 | 从参考点返回 | 00 | |
| G30 | 返回第二参考点 | 00 | |
| G32 | 切螺纹 | 01 | |
| ▲G40 | 刀尖半径补偿方式取消 | 07 | * |
| G41 | 调用刀尖半径左补偿 | 07 | * |
| G42 | 调用刀尖半径右补偿 | 07 | * |
| G50 | 设定零件坐标系 | 00 | |
| G70 | 精加工循环 | 00 | |
| G71 | 外径、内径固定循环 | 00 | |
| G72 | 端面粗加工循环 | 00 | |
| G73 | 闭合车削循环 | 00 | |
| G74 | Z 向步进钻孔 | 00 | |
| G75 | X 向切槽 | 00 | |
| G76 | 切螺纹环 | 00 | |
| G80 | 取消固定循环 | 10 | |
| G83 | 钻孔循环 | 10 | * |
| G84 | 攻螺纹循环 | 10 | * |
| G85 | 正面镗孔循环 | 10 | * |
| G87 | 侧面钻孔循环 | 10 | * |
| G88 | 侧面攻螺纹循环 | 10 | * |
| G89 | 侧面镗孔循环 | 10 | * |
| G90 | 单一固定循环 | 01 | * |
| G92 | 螺纹切削循环 | 01 | * |
| G94 | 端面切削循环 | 01 | * |
| G96 | 主轴转速恒转速控制 | 12 | * |
| ▲G97 | 取消主轴转速恒转速控制 | 12 | * |
| G98 | 每分钟进给(mm/min) | 05 | * |
| ▲G99 | 每转进给（mm/r） | 05 | * |

注:* 表示模态代码;有▲标记者为缺省值,机床上电后默认为该代码。

（1）尺寸单位选择指令（G20、G21）

格式：G20＿＿＿＿＿；

　　　G21＿＿＿＿＿；

说明：G20 为英制输入制式；

　　　G21 为公制输入制式。

两种制式下线性轴、旋转轴的尺寸单位如表 2-1-2 所示。

表 2-1-2　尺寸输入模式及其单位

| 单位　　　　　　　　　轴 | 线性轴 | 旋转轴 |
|---|---|---|
| 英制（G20） | 英寸 | 度 |
| 公制（G21） | 毫米 | 度 |

注：G20、G21 均为模态指令，可相互注销，G21 为缺省值。

（2）进给速度单位设定指令（G99、G98）

格式：G99＿＿＿＿＿（F＿＿＿＿）；

　　　G98＿＿＿＿＿（F＿＿＿＿）；

说明：G99 为每转进给量（进给速度 mm/r），如图 2-1-1 所示。

　　　G98 为每分钟进给量（进给速度 mm/min），如图 2-1-2 所示。

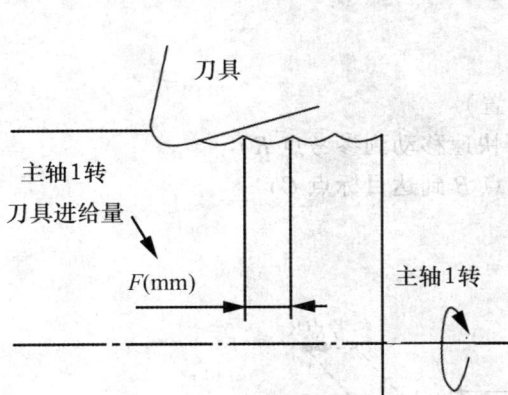

图 2-1-1　每转进给量　　　　　图 2-1-2　每分钟进给量

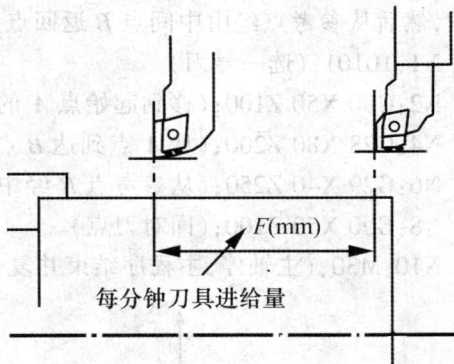

注：G99、G98 均为模态指令，可相互注销，G99 为缺省值。

（3）工件坐标系设定指令（G50）

格式：G50 X＿＿＿＿＿ Z＿＿＿＿＿；

说明：该指令以程序原点为工件坐标系的原点（或中心），其中 X、Z 为对刀点在工件坐标系中的绝对坐标。

（4）主轴转速控制指令（G96、G97）

格式：G96 S＿＿＿＿＿；

　　　G97 S＿＿＿＿＿；

说明：G96 设定主轴线速度恒定，S 为主轴线速度，即切削速度(m/min)。

G97 直接设定主轴的转数，S 为主轴转速(r/min)，缺省值。

例如：设定主轴速度

G97 S600；(取消线速度恒定，设定主轴转速为 600 r/min)

G97 S1200；(主轴最高转速为 1200 r/min)

(5)回参考点控制指令(G28、G29)

格式：G28 X(U)_____ Z(W)_____ ；

X、Z 为绝对编程时中间点在工件坐标系中的坐标；

U、W 为增量编程时中间点相对于起点的位移。

G29 X(U)_____ Z(W)_____ ；

X、Z 为绝对编程时定位终点在工件坐标系中的坐标；

U、W 为增量编程时定位终点相对于 G28 中间点的位移量。

说明：G28 指令用于刀具经过中间点，快速返回参考点。在程序段中不仅产生坐标轴的移动，而且记忆了中间点坐标值，以供 G29 使用。一般用于刀具自动更换或消除机械误差，在执行该指令之前应取消刀尖半径补偿。

G29 可使所有编程轴快速经过由 G28 指令定义的中间点，然后再到达指定点，通常跟在 G28 指令之后。

例如：用 G28、G29 对图 2-1-3 所示的路径编程：要求由点 A 经过中间点 B 并返回参考点 R，然后从参考点经由中间点 B 返回点 C。

N1：T0101；(选一号刀)

N2：G00 X50 Z100；(移到起始点 A 的位置)

N4：G28 X80 Z200；(从 A 点到达 B 点再快速移动到参考点 R)

N6：G29 X40 Z250；(从参考点 R 经中间点 B 到达目标点 C)

N8：G00 X50 Z100；(回对刀点)

N10：M30；(主轴停，主程序结束并复位)

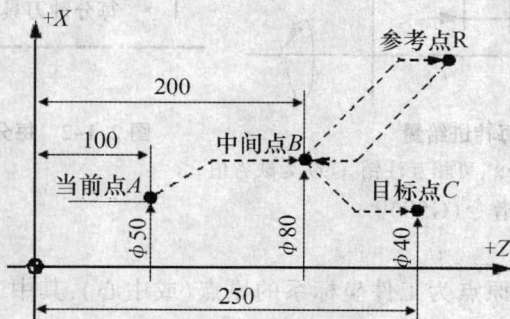

图 2-1-3   G28/G29 编程实例

本例表明，编程人员不必计算从中间点到参考点的实际距离。

**2.辅助功能(M 功能)**

辅助功能又称 M 代码，指加工时与机床操作有关的辅助动作。如表示主轴的旋转方向、启动、停止,切削液的开关等功能。

(1)M00——程序停止

系统执行该指令时,主轴的转动、进给、切削液都停止,可进行某一手动操作。如换刀、零件调头、测量零件尺寸等操作。系统保持这种状态,直到再次按下循环启动键,继续执行 M00 程序段后面的程序。

(2)M01——程序有条件停止

其作用与 M00 完全相同,系统执行该指令时,只有从控制面板上按下"选择停止"键,M01 才有效,否则跳过 M01 指令,继续执行后面的程序。该指令一般用于抽查关键尺寸时使用。

(3)M02——程序结束

该指令表示执行完程序内所有指令后,主轴停止,进给停止,冷却液关闭,机床处于复位状态。

使用 M02 程序结束后,若要重新执行该程序,就得重新调用该程序,然后再按控制面板上的"循环启动"键。

(4)M30——程序结束并返回程序起点

使用 M30 时,除表示 M02 的内容外,刀具还要返回程序的起始状态,准备下一个零件的加工。

(5)M03——主轴正转

(6)M04——主轴反转

(7)M05——主轴停止转动

(8)M07、M08——打开 1 号、2 号冷却液

(9)M09——关闭冷却液

(10)M98——调用子程序

(11)M99——子程序结束并返回

数控车床常用的 M 功能如表 2-1-3 所示。

表 2-1-3　数控车床常用 M 功能

| 代码 | 模态 | 功能说明 | 代码 | 模态 | 功能说明 |
|---|---|---|---|---|---|
| M00 | 非模态 | 程序停止 | M03 | 模态 | 主轴正转 |
| M01 | 非模态 | 程序有条件停止 | M04 | 模态 | 主轴反转 |
| M02 | 非模态 | 程序结束 | M05 | 模态 | 主轴停止 |
| M30 | 非模态 | 程序结束并返回程序起点 | M06 | 非模态 | 换刀 |
| M98 | 非模态 | 调用子程序 | M07 | 模态 | 切削液打开 |
| M99 | 非模态 | 子程序结束 | M09 | 模态 | 切削液关闭 |

## 任务二　FANUC 0i Mate-TB 系统操作面板功能介绍

**1.CKA6150 数控车床操作面板介绍（FANUC 0i Mate-TB 系统）**

（1）FANUC 0i Mate-TB 系统操作面板（CRT/MDI 面板）

系统操作面板由如图 2-1-4 所示的 CRT 显示部分和键盘构成。

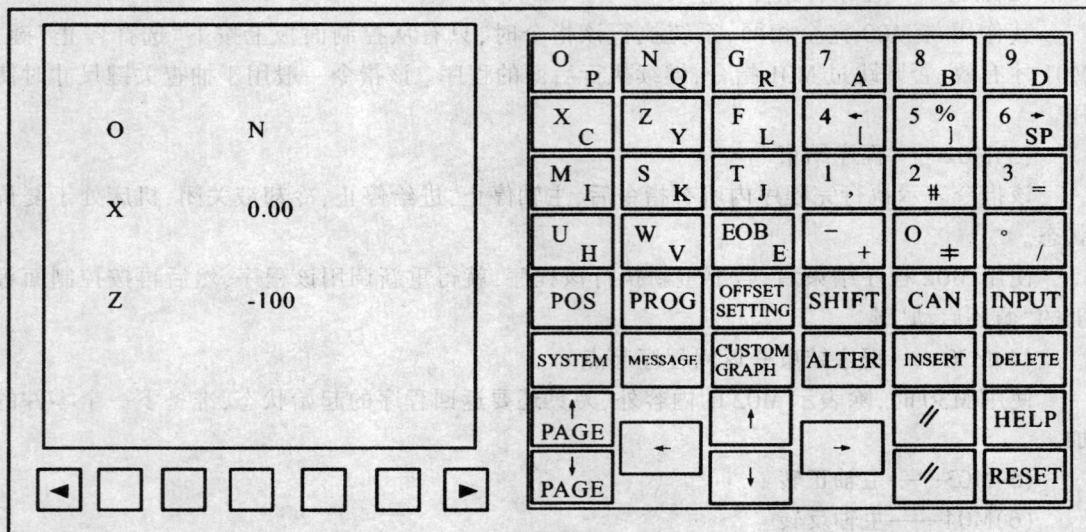

图 2-1-4　FANUC 0i Mate-TB 系统操作面板

（2）CRT/MDI 面板中各键的功能

CRT/MDI 面板中各键的名称及功能如表 2-1-4 所示。

表 2-1-4　FANUC 0i Mate-TB 系统操作面板各键的名称及功能

| 名　称 | 功　能 |
|---|---|
| 复位键 RESET | 解除报警，CNC 复位。 |
| 地址/数字键 | 用于字母、数字等文字的输入。 |
| INPUT 键 | 用于参数、偏置等的输入。还用于 I/O 设备的输入开始、MID 方式指令数据的输入。 |
| 取消键 CAN | 删除输入到缓冲寄存器中的文字或符号。如缓冲器显示为 N001 时，按下 CAN 键，则 N001 被删除。 |
| 程序编辑键 | ALTER 替换<br>INSERT 插入<br>DELETE 删除<br>SHIFT 上档字符选择 |
| 光标移动键 | ↑ 顺方向移动光标<br>↓ 反方向移动光标<br>→ 右方向移动光标<br>← 左方向移动光标 |

| 名　称 | 功　能 |
|---|---|
| 翻页键 | PAGE↓ 顺方向翻 CRT 画面<br>PAGE↑ 反方向翻 CRT 画面 |
| 软键 | 可根据用途提供软键的各种功能。软键功能在 CRT 画面的最下方显示，左端的软键 ◀由软键输入各种功能时，为最初状态(按功能按钮时的状态)而使用。右端的软键 ▶用于显示本画面未显示完的功能。 |
| 功能键 | 功能键用于选择 CRT 屏幕显示方式：<br>POS 当前位置的显示<br>PROG 程序显示屏<br>OFFSET SETTING 偏置量显示<br>SYSTEM 进行参数的设定、诊断数据的显示<br>MESSAGE 进行报警号的显示、软操作面板的显示<br>CUSTOM GRAPH 进行图形显示 |
| 数据输入键 | 由数控据输入键输入的内容，显示在画面的倒数第二行上，同一个键既可输入地址，也可输入数值。 |

(3)FANUC 0i Mate-TB 系统机床操作面板及各键功能

FANUC 0i Mate-TB 系统的机床操作面板如图 2-1-5 所示，机床上各键的功能如表 2-1-5 所示。

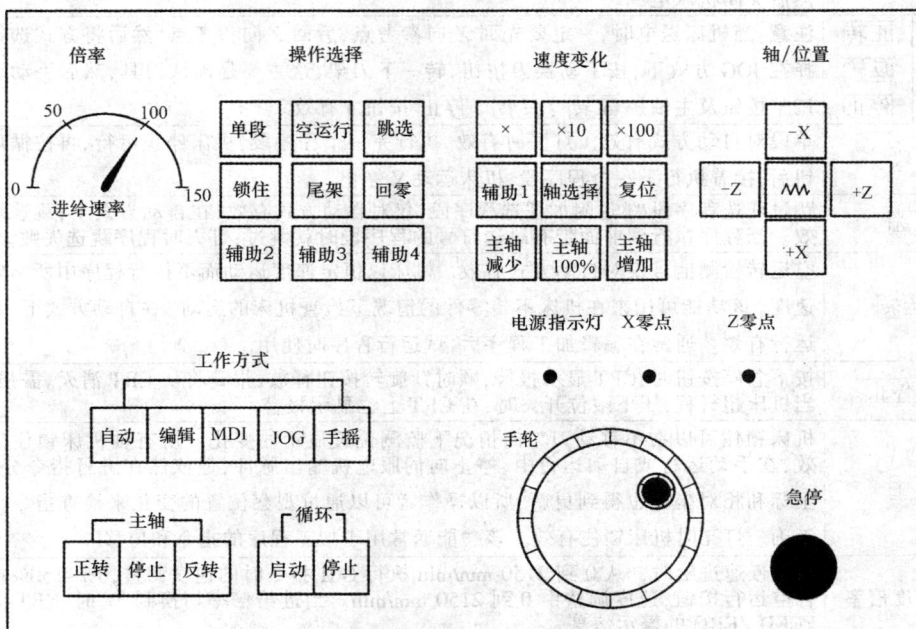

图 2-1-5　FANUC 0i Mate-TB 系统车床操作面板

表 2-1-5　车床操作面板中各键的功能

| 名　称 | | 功　能 |
|---|---|---|
| 复位 | | 此按键为点动键,按下复位键,复位指示灯亮,复位功能启动。复位键的主要功能同系统操作面板的 RESET 键功能一样,在自动运行时,CNC 复位,自动停止,机床控制轴减速并停止。 |
| 回零 | | 机床工作前,一般需返回参考点,按"+X"、"+Z"按钮后,用快速移动速度移动到零点之后,用一定速度移向参考点。机床回零时,要求先回 X 轴,后回 Z 轴,以防止刀架等碰撞尾座。 |
| 工作方式 | 自动 | 选择好要运行的加工程序,设置好刀具刀补值。在防护门关好的前提下,按下循环启动按钮,机床就按加工程序运行。若使机床暂停,按下进给保持按钮;如有意外事件发生,按下紧急停止按钮。 |
| | 编辑 | 在程序保护开关通过钥匙接通的条件下,可以编辑、修改、删除或传输零件的加工程序。 |
| | MDI | MDI 方式也叫手动数据输入方式,它可以从 CRT/MDI 操作面板输入一个程序段的指令并执行该程序段的功能。 |
| | JOG | JOG 方式也叫手动方式。通过 X、Z 轴方向移动按钮,实现两轴各自的连续移动,并通过进给倍率开关选择连续移动的速度,而且还可按下快速 \\\\\\ 按钮,实现快速连续移动。 |
| | 手摇 | 手轮/单步方式,只有在这种方式下,手摇脉冲发生器(手轮)才起作用,通过 轴选择 开关选择 X、Z 方向,同时选择好手轮的分倍率。在这种方式下,也能实现单步移动功能,通过 X、Z 轴移动方向按钮,按下其中选择好的轴移动按钮,就按×1、×10、×100 选择的单位之一移动。 |
| 循环 | 自动 | MID 运转的循环启动或自动运转的循环运转的循环启动。 |
| | 停止 | MID 运转的循环停止或自动运转的循环停止。 |
| 系统启动 | | 按下系统启动键,5~10 秒后,CRT 显示初始画面,等待操作。当按下急停按钮时,CRT 将显示报警。系统启动按钮的主要功能是给系统供电。 |
| 系统停止 | | 按下系统停止按钮,系统断电,CRT 立即关闭。在关闭机床总电源时,首先关闭系统电源,然后关闭机床电源。 |
| 主轴 | 正转 反转 停止 | 注意:当机床送电时,一定要先回 X 向参考点,后回 Z 向参考点,然后将方式选择开关选择在 JOG 方式下,按手动换刀按钮,转一下刀架,这主要是确认刀具,然后手动转动转速调整按钮及主轴按 正转 、反转 、停止 按钮才有效。 |
| 单段 | | 单段对自动方式有效。灯亮时有效,执行完一个程序段,机床停止运行,再按循环启动按钮后,接着执行下一个程序段,机床运动又停止。 |
| 跳选 | | 跳过任选程序段/跳过附加任选程序段,仅对自动方式有效,在自动方式下,跳选灯亮时有效。当程序执行到前面带有跳选符号的程序段时就跳过;灯灭时程序跳选失败。 |
| 空运转 | | 空运转检测信号仅对自动方式有效。机床以恒定速度运动而不执行程序中所指定的进给速度。该功能可用来在机床不装零件的情况下检查机床的运动。在自动方式下,灯亮时空运行有效。通常在编辑加工程序后,试运行程序时使用。 |
| 紧急停止 | | 按下急停按钮时,CRT 显示报警,顺时针旋转按钮释放,报警将从 CRT 消灭。需强调的是,当机床超行程,压下限位开关时,在 CRT 上也显示报警。 |
| 锁住 | | 机床锁住可以在不移动刀架的情况下监视位置显示的变化。所有轴机床锁住信号都有效,在手动运行或自动运行中,停止向伺服电机输出脉冲,但依然在进行指令分配,绝对坐标和相对坐标也得到更新,所以操作者可以通过观察位置的变化来检查指令编制是否正确。灯亮时机床锁住有效。该功能通常用于加工程序的指令和位移。 |
| 进给速度倍率 | | 手动慢速进给时,从 0 到 2150 mm/min 执行 G01 指令时的速度调整,0%~150%执行时配合空运行按钮,速度调整由 0 到 2150 mm/min。当进给倍率切换到"0"时,CRT 上将出现 FEED ZERO 的警示信息。 |
| 主轴倍率 | | 此开关可以改变主轴的转速。根据开关的百分比改变程序中给定的 S 代码速度。此开关在任何工作状态下均起作用。 |

**2.CKA6150 数控车床操作(FANUC 0i Mate-TB 系统)**

(1)开机前的检查

①开机前对机床各按钮进行检查,确定没有问题后,打开机床的总电源开关及系统电源。

②检查控制面板上的各指示灯是否正常,屏幕显示是否正常,各按钮是否处于正常位置,是否有报警。如有报警,系统可能发生故障,需立即进行检查。

(2)开、关机和回参考点

开机:按 POWER ON 接通电源;按 系统启动 按钮。

关机:先按 系统启动 按钮,再按 POWER OFF。

手动返回参考点:

①使工作方式开关置于 JOG 的位置上;

②使操作选择开关放在 回零 上;

③按 +X (或快速进给 /\/\/\ ),此时工作台以快速进给方式移向参考点。快速进给期间进给倍率有效。返回参考点后"X 零点"指示灯亮。同样按 +Z 完成 Z 向返回参考点的操作。

(3)程序的建立

在 FANUC 0i Mate-TB 系统中,建立程序时首先要输入程序号并存储,再输入程序字。具体操作如下:

①将"工作方式"选择按钮放在 编辑 。

②按 PROG 按钮,进入程序编辑画面,如图 2-1-6。

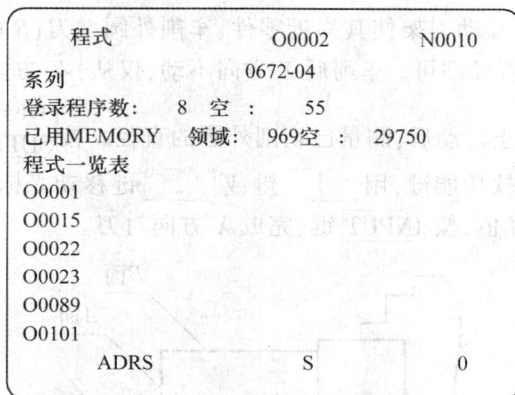

| 程式 | | O0002 | N0010 |
|---|---|---|---|
| 系列 | | 0672-04 | |
| 登录程序数: | 8 空 : | 55 | |
| 已用MEMORY | 领域: | 969空 : | 29750 |
| 程式一览表 | | | |
| O0001 | | | |
| O0015 | | | |
| O0022 | | | |
| O0023 | | | |
| O0089 | | | |
| O0101 | | | |
| ADRS | | S | 0 |

图 2-1-6　程序编辑画面

③键入地址 O。

④输入准备存储的程序号(如 O0001)。

⑤按 INSERT 键,输入程序号,按 EOB 键结束。

⑥依次输入各程序段的字,每输入一个字后按下 INSERT 键,每输完一个程序段后,按下 EOB 键,再按下 INSERT 键,直至全部程序段输入完成。如程序字输入错误可按 CAN 键取消,连续按 CAN 键可取消多个字。

(4)程序的编辑

程序编辑包括修改、插入和删除等操作，具体操作如下：

①用 ↑ 键或 ↓ 键移动光标到需要编辑的字。

②修改字符：输入要修改的字符后，按下 ALTER 键。

③插入字符：输入要插入的字符后，按下 INSERT 键，则在光标所在字之后，插入刚输入的字符。

④删除字符：光标放置在要删除字符上，按下 DELET 键删除。

（5）程序的调用

调用存储器中已有的程序，为编辑或自动加工做准备。具体操作如下：

①转动程序保护开关至"Ⅰ"位。

②按下 编辑 键。

③按下 PROG 键。

④输入程序号，如 O0001。

⑤按下 ↓ 键。

⑥程序显示，可按 PAGE 键或 PAGE 键翻页查看程序。

（6）试切对刀

①设定主轴转速

按下 MDI 键，按 PROG 键，输入 M03，按 INSERT 键，输入 S600，按 INSERT 键，再按 启动 键。

②X 方向对刀

在手动 JOG 方式下移动刀架使其靠近零件，车削外圆一刀（B 面），如图 2-1-7 所示，车削长度至能够测量外圆直径即可。车削后 X 方向不动，仅从 +Z 方向退刀。退出足够距离后按下 停止 键，待主轴停止转动后，测量已切削外圆的直径。按 OFFSET SETTING 键，显示如图 2-1-8 所示，然后按 形状 下的软功能键，用 ↑ 键或 ↓ 键移动光标到相应刀号的位置，如 1 号刀在 G01，输入 X 直径值，按 INPUT 键，完成 X 方向对刀。

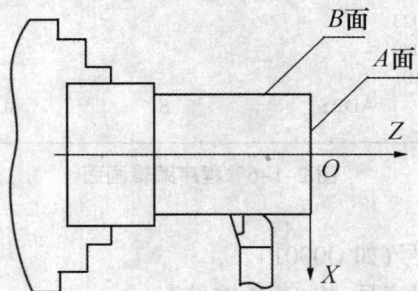

图 2-1-7　对刀示意图

③Z 方向对刀

在手动 JOG 方式下按主轴 正转 键使主轴转动，移动刀架使其靠近零件，车削端面 A，如图 2-1-7 所示，退刀时 Z 方向不动，仅沿 +X 方向退刀，退出足够距离后按下主轴 停止 键，按

$\boxed{\substack{\text{OFFSET}\\\text{SETTING}}}$ 键,显示画面如图 2-1-8 所示,然后按 $\boxed{\text{形状}}$ 下的软功能键,用 $\boxed{\uparrow}$ 键或 $\boxed{\downarrow}$ 键移动光标到相应刀号的位置,如 1 号刀在 G01,输入 $\boxed{\text{Z 0}}$ ,按 $\boxed{\text{INPUT}}$ 键,完成 Z 方向对刀。

(7)刀尖半径($R$)补偿量的设定

刀具磨损补偿量的显示如图 2-1-8 所示,按磨耗下的软键,调整光标至相应的刀号处,输入补偿值。

```
刀具补正/形状                    00016        R0010

番号      X          Z          H          T
G01     0.000      0.000      0.000      0.000
G02     0.000      0.000      0.000      0.000
G03     0.000      0.000      0.000      0.000
G04     0.000      0.000      0.000      0.000
G05     0.000      0.000      0.000      0.000
G06     0.000      0.000      0.000      0.000
G07     0.000      0.000      0.000      0.000
G08     0.000      0.000      0.000      0.000

现在位置    (相对座标)
U-              V-
ADRS            S              T0101
                JOG

[磨耗] [形状] [工件移]
```

图 2-1-8 程序编辑画面

(8)工件坐标系的建立

在操作面板上按 $\boxed{\substack{\text{OFFSET}\\\text{SETTING}}}$ 键,再按下方的 $\boxed{\text{WORK}}$ 软键,进入坐标系设定画面。一般经过对刀后要进入该画面,将要设为坐标原点的点在机床坐标系的坐标值($X$,$Z$)输入到 G54~G59 六个加工坐标系之一即可。如有一点 $A$ 在机床坐标系中的坐标值为(0,-235.324),建立 G55 加工坐标系,操作如下。

①按 $\boxed{\substack{\text{OFFSET}\\\text{SETTING}}}$ 键,再按下方的 $\boxed{\text{WORK}}$ 软键,进入坐标系设定画面。

②按光标移动键 $\boxed{\uparrow}$ 键或 $\boxed{\downarrow}$ 键,将光标移到 G55。

③依次按 X $\to$ 0 $\to$ $\boxed{\text{INPUT}}$ 键,输入 X0。

④依次按 Z $\to$ -235.324 $\to$ $\boxed{\text{INPUT}}$ 键,输入 Z-235.324。

这样即可建立工件坐标系 G55,通常情况下用 G54,其为模态代码,可省略不写。

**3.CKA6150 数控车床操作方式(FANUC 0i Mate-TB 系统)**

车床操作可分为手动运行方式和自动运行方式两种。

(1)手动运行方式

① $\boxed{\text{JOG}}$ 方式

将工件方式选择为 $\boxed{\text{JOG}}$ ,在 $\boxed{\text{JOG}}$ 方式下,按机床操作面板上的进给轴和方向选择开关

+X 、 +Z 、 -X 、 -Z ，机床沿选定轴方向运动。手动连续进给速度可使用进给倍率调节,若使用快速进给,机床以快速移动速度运动。

②手摇进给方式

将工作方式选择为 手摇 方式,手摇脉冲发生器(手轮)才起作用,通过旋钮选择 X、Z 方向,同时选择好手轮的倍率。在这种方式下也能实现单步移动功能,通过 X、Z 轴方向移动按钮,按所选定的轴移动,选择×1、×10、×100 单位之一,旋转手轮移动刀架。

(2)自动运行方式

自动运行方式可分为 MDI 运行和存储器运行。

① MDI 运行

MDI 方式也叫手动数据输入方式,它具有从 CRT/MDI 操作面板输入一个程序段指令并执行该程序段的功能。将工作方式选择开关置于 MDI 位置,按 PROG 按钮,按 PAGE 按钮,输入一个程序段按 INPUT ,按循环 启动 按钮。

②存储器运行

在事先编辑好的程序中,选择比较好的运行程序,设置好刀具补偿值。在防护门关好的前提下,将工作选择开关置于 自动 位置,按循环 启动 按钮,循环指示灯亮。程序运行时,按进给暂停按钮,可使自动运行暂停,循环指示灯灭。

## 任务三　华中"世纪星"系统(HNC-21/22T)指令代码介绍

### 1.准备功能(G 功能)

准备功能 G 指令由 G 后一或两位数值组成。它用来规定刀具和工件的相对运动轨迹、机床坐标系、坐标平面、刀具补偿、坐标偏置等多种加工操作。

G 功能有非模态 G 功能和模态 G 功能之分。

非模态 G 功能:只在所规定的程序段中有效,程序段结束时被注销。

模态 G 功能:一组可相互注销的 G 功能。这些功能一旦被执行,则一直有效,直到被同一组的 G 功能注销为止。

模态 G 功能组中包含一个缺省 G 功能,上电时将被初始化为该功能。

没有共同参数的不同组 G 代码,可以放在同一程序段中而且与顺序无关。

例如:G90 G40 可与 G01 放在同一程序段。

华中"世纪星"数控车床 G 功能指令如表 2-1-6 所示。

表 2-1-6　数控车床准备功能 G 代码

| 指令代码 | 功　　能 | 组别 | 参数(后续地址字) |
|---|---|---|---|
| ▲G00 | 快速移动 | | X,Z |
| G01 | 直线插补 | 01 | 同上 |
| G02 | 顺时针圆弧插补 | | X,Z,I,K,R |
| G03 | 逆时针圆弧插补 | | 同上 |
| G04 | 进给暂停 | 00 | P |

| 指令代码 | 功 能 | 组别 | 参数(后续地址字) |
|---|---|---|---|
| G20 | 英制输入 | 08 | X,Z |
| ▲G21 | 公制输入 | | 同上 |
| G28 | 返回参考点 | 00 | X,Z |
| G29 | 从参考点返回 | | 同上 |
| G32 | 切螺纹 | 01 | X,Z,R,E,P,F,I |
| G34 | 攻丝切削 | | |
| ▲G36 | 直径编程 | 17 | |
| G37 | 半径编程 | | |
| ▲G40 | 刀尖半径补偿方式取消 | 09 | T |
| G41 | 调用刀尖半径左补偿 | | |
| G42 | 调用刀尖半径右补偿 | | |
| ▲G50 | 取消工件坐标系零点平移 | 04 | U,W |
| G51 | 工件坐标系零点平移 | | |
| G53 | 直接机床坐标系编程 | 00 | X,Z |
| G54 | | | |
| G55 | | | |
| G56 | 坐标系选择 | 11 | |
| G57 | | | |
| G58 | | | |
| G59 | | | |
| G71 | 外径、内径车削复合循环 | | U,R,P,Q,E,F,S,T |
| G72 | 端面车削复合循环 | | W,R,P,Q,X,Z,F,S,T |
| G73 | 闭环车削复合循环 | | U,W,R,P,Q,X,ZF,S,T |
| G74 | 端面深孔钻加工循环 | | W,R,Q,F |
| G75 | 外径切槽循环 | 06 | U,R,Q,F |
| G76 | 切螺纹切削复合循环 | | C,R,E,A,X,Z,I,K,U,V,Q,P,F |
| G80 | 内外径车削固定循环 | | X,Z,(I),F |
| G81 | 端面车削固定循环 | | X,Z,(K),F |
| G82 | 螺纹切削固定循环 | | X,Z,I,R,E,C,P,F |
| ▲G90 | 绝对编程 | 13 | |
| G91 | 相对编程 | | |
| G92 | 工件坐标系设定 | 00 | X,Z |
| ▲G94 | 每分钟进给 | 14 | |
| G95 | 每转进给 | | |
| G96 | 恒线速度切削 | 16 | S |
| ▲G97 | 取消恒线速度切削 | | |

注:①00组中的 G 代码是非模态代码,其他各组的 G 代码是模态代码;

②带▲标记者为缺省值,机床上电后默认为该代码。

③凡是与 FANUC 0i Mate - TB 系统指令代码相同的华中"世纪星"系统中不再重讲。

(1)尺寸单位选择指令(G20、G21)

(与 FANUC 0i Mate-TB 系统指令相同,见 FANUC 0i Mate-TB 系统指令代码介绍。)

(2)进给速度单位设定指令(G94、G95)

(与 FANUC 0i Mate-TB 系统指令相同,见 FANUC 0i Mate-TB 系统指令代码介绍。)

(3)工件坐标系设定指令(G92)

格式:G92 X_____ Z_____;

说明:X、Z 为设定的工件坐标系原点到刀具起点的有向距离。

G92 指令通过设定刀具起点(对刀点)与坐标系原点的相对位置建立工件坐标系。工件坐标系一旦建立,绝对值编程时的指令值就是在此坐标系中的坐标值。执行此程序段只建立工件坐标系,刀具并不产生运动。

G92 指令为非模态指令,一般放在一个零件程序的第一段。

G92 指令中的 X、Z 值就是对刀点在工件坐标系下的坐标值。其选择的一般原则为:

①方便数学计算和简化程序;

②容易找正对刀;

③便于加工检查;

④引起的加工误差较小;

⑤不与工件、机床发生碰撞;

⑥方便拆卸工件;

⑦空行程不要太长。

例如:使用 G92 编程,建立如图 2-1-9 所示的工件坐标系。

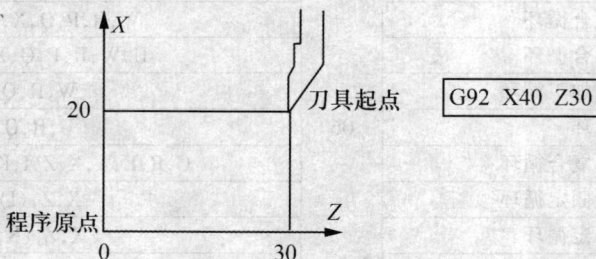

图 2-1-9　建立工件坐标系

(4)绝对编程(G90)与相对编程(G91)

格式:G90 X_____ Z_____

　　　G91 U_____ W_____

说明:G90 绝对值编程——每个编程坐标轴上的编程值是相对程序原点的。G91 相对值编程——每个编程坐标轴上的编程值是相对前一位置而言的,该值等于沿轴移动的距离。

G90、G91 为模态功能,可相互注销,G90 为缺省值。

例如:如图 2-1-10 所示,使用 G90、G91 编程。要求刀具由原点按顺序移动到 1、2、3 点,然后回到原点。

参考程序见表 2-1-7。

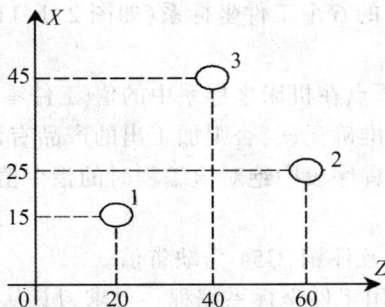

图 2-1-10    G90/G91 编程

表 2-1-7    图 2-1-10 移动参考程序

| 绝对编程 | 相对编程 | 混合编程 |
|---|---|---|
| N1:T0101 | N1:T0101 | N1:T0101 |
| N2:M03 S500 | N2:M03 S500 | N2:M03 S500 |
| N3:G00 X30 Z20 | N3:G00 X30 Z20 | N3:G00 X30 Z20 |
| N4:　　X50 Z60 | N4:　　X20 Z40 | N4:U20 W40 |
| N5:　　X90 Z40 | N5:　　X40 Z-20 | N5:U40 W-20 |
| N6:　　X0 Z0 | N6:　　X-90 Z-40 | N6:　　X0 Z0 |
| N7:M05 | N7:M05 | N7:M05 |
| N8:M30 | N8:M30 | N8:M30 |

选择合适的编程方式可简化编程,当图纸尺寸由一个固定基准给定时,采用绝对方式编程较为方便;而当图纸尺寸是以轮廓顶点之间的间距给出时,采用相对方式编程较为方便。

G90、G91 可用于同一程序段中,但要注意其顺序所造成的差异。

(5)工件坐标系平移指令(G51、G50)

格式:G51 U_____ W_____

　　　　G50

说明:G51 是工件坐标系零点平移,U、W 是平移增量;G50 是取消平移。

注意:G51 只对以 T 指令和 G54~G59 建立的工件坐标系当前零点进行增量平移。工件坐标系平移指令或取消平移指令遇到 T 指令或 G54~G59 指令后才起作用。

(6)直接机床坐标系编程(G53)

G53 是机床坐标系编程,在含有 G53 的程序段中,绝对编程时的指令值是在机床坐标系中的坐标值。其为非模态指令。

(7)坐标系选择(G54~G59)

格式:G54

　　　　G55

　　　　G56

　　　　G57

　　　　G58

　　　　G59

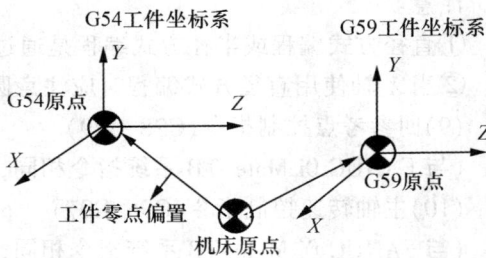

图 2-1-11    工件坐标系选择(G54~G59)

说明:G54~G59是系统预定的6个工件坐标系(如图2-1-11所示),可根据需要任意选用。

这6个预定工件坐标系的原点在机床坐标系中的值(工件零点偏置值)可用MDI方式输入,系统自动记忆。原点值必须准确无误,否则加工出的产品有误差或报废,甚至出现危险。

工件坐标系一旦选定,后续程序段中绝对值编程时的指令值均为相对此工件坐标系原点的值。

G54~G59为模态功能,可相互注销,G54为缺省值。

例如:如图2-1-12所示,使用工件坐标系编程。要求刀具从当前点移动到 A 点,再从 A 点移动到 B 点。

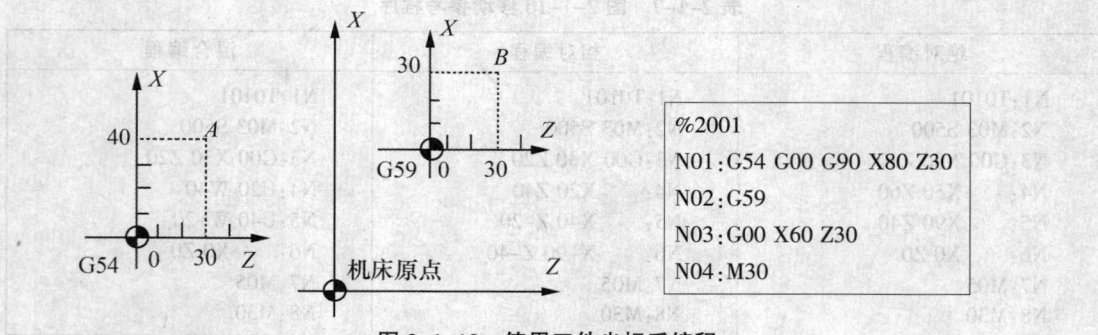

```
%2001
N01:G54 G00 G90 X80 Z30
N02:G59
N03:G00 X60 Z30
N04:M30
```

图 2-1-12　使用工件坐标系编程

注意:使用该组指令前,先用 MDI 方式输入各坐标系的坐标原点在机床坐标系中的坐标值。

(8)直径方式编程(G36)与半径方式编程(G37)

格式:G36

　　　G37

说明:直径方式编程和半径方式编程不是由 G 代码规定的准备功能,但在后面的 G 代码编程示例中经常会用到,故在此处提及。

数控车床的工件外形通常是旋转体,其 X 轴尺寸可以用两种方式加以指定:直径方式和半径方式。G36 为缺省值,机床出厂时一般设为直径编程,本书未经说明均为直径编程。

例如:G36 X100 Z10 表示刀具在 -X 向进给 50 mm。

　　　G37 G90 X100 Z10 表示刀具在 -X 向进给至 100 mm 处。

注意:

①直径方式编程或半径方式编程是通过设置机床参数来选定的;

②当 X 轴使用直径方式编程时应注意圆弧的半径定义,R、I、K 以半径值标明。

(9)回参考点控制指令(G28、G29)

(与 FANUC 0i Mate-TB 系统指令相同,见 FANUC 0i Mate-TB 系统指令代码介绍。)

(10)主轴转速控制指令(G96、G97)

(与 FANUC 0i Mate-TB 系统指令相同,见 FANUC 0i Mate-TB 系统指令代码介绍。)

**2.辅助功能(M 功能)**

辅助功能由地址字 M 和其后的一或两位数字组成,主要用于控制零件程序的走向以及机床各种辅助功能的开关动作。

M 功能有非模态 M 功能和模态 M 功能两种形式。

非模态 M 功能(当段有效代码):只在书写了该代码的程序段中有效。

模态 M 功能(续效代码):是一组可相互注销的 M 功能,这些功能在被同一组的另一个功能注销前一直有效。

模态 M 功能组中包含一个缺省功能,系统上电时将被初始化为该功能。

另外,M 功能还可分为前作用 M 功能和后作用 M 功能两类。

前作用 M 功能:在程序段编制的轴运动之前执行。

后作用 M 功能:在程序段编制的轴运动之后执行。

M00、M02、M30、M98、M99 用于控制零件程序的走向,是 CNC 内定的辅助功能,不由机床制造商设计决定,也就是说与 PLC 程序无关。

其余 M 代码用于机床各种辅助功能的开关动作,其功能不由 CNC 内定而是由 PLC 程序指定,所以有可能因机床制造厂不同而有差异(表 2-1-8 内为标准 PLC 指定的功能)。请使用者参考机床说明书。华中"世纪星"HNC-21T 系统数控车床常用的 M 功能如表 2-1-8 所示。

表 2-1-8　华中"世纪星"(HNC-21T)系统数控车床常用 M 功能表

| 代码 | 模态 | 功能说明 | 代码 | 模态 | 功能说明 |
|---|---|---|---|---|---|
| M00 | 非模态 | 程序停止 | M03 | 模态 | 主轴正转 |
| M01 | 非模态 | 程序有条件停止 | M04 | 模态 | 主轴反转 |
| M02 | 非模态 | 程序结束 | ▲M05 | 模态 | 主轴停止 |
| M30 | 非模态 | 程序结束并返回程序起点 | M06 | 非模态 | 换刀 |
| M98 | 非模态 | 调用子程序 | M07 | 模态 | 切削液打开 |
| M99 | 非模态 | 子程序结束 | ▲M09 | 模态 | 切削液关闭 |

注:带 ▲ 标记者为缺省值,机床上电后默认为该代码。

# 任务四　华中"世纪星"系统(HNC-21/22T)操作面板功能介绍

### 1.华中"世纪星"系统(HNC-21/22T)数控车床控制面板

标准机床控制面板的大部分按键(除"急停"按钮外)位于操作台的下部。"急停"按钮位于操作台的右上角。机床控制面板用于直接控制机床的动作或加工过程,如图 2-1-13 所示。

MPG 手持单元由手摇脉冲发生器、坐标轴选择开关组成,用于手摇方式增量进给坐标轴。

MPG 手持单元的结构如图 2-1-14 所示。

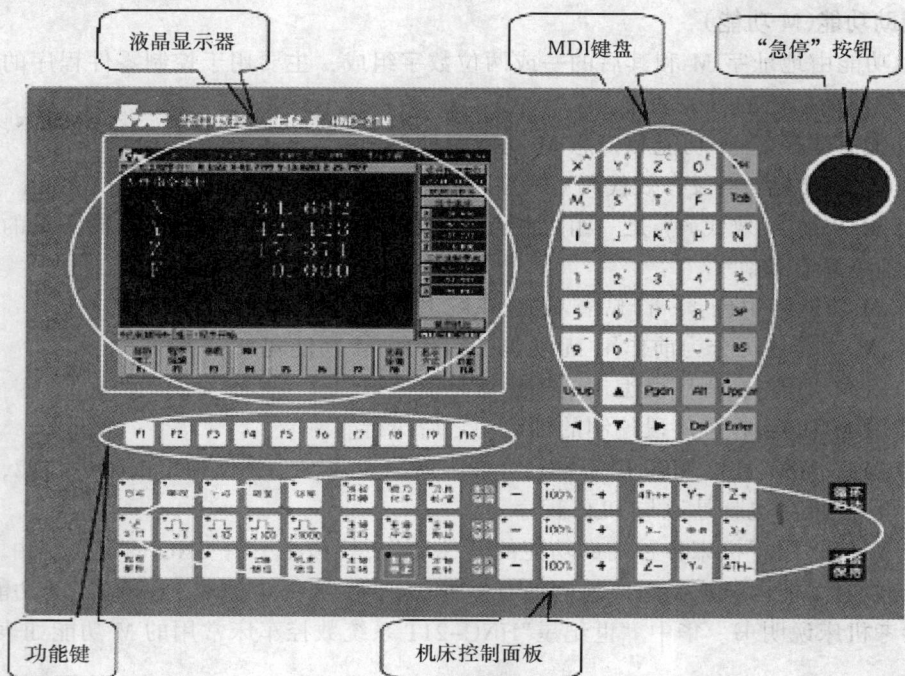

图 2-1-13　机床控制面板示意图

## 2.华中"世纪星"系统(HNC-21/22T)数控车床控制面板上按键、按钮的作用与使用方法

（1）急停

机床运行过程中,在危险或紧急情况下,按下"急停"按钮,CNC 即进入急停状态,伺服进给及主轴运转立即停止工作（控制柜内的进给驱动电源被切断）;松开"急停"按钮(左旋此按钮,按钮将自动跳起）,CNC 进入复位状态。

解除紧急停止前,先确认故障原因已经排除,且紧急停止解除后应重新执行回参考点操作，以确保坐标位置的正确性。

图 2-1-14　MPG 手持单元结构

注意:在启动和退出系统之前应按下"急停"按钮以保障人身、财产安全。

（2）方式选择

机床的工作方式由手持单元和控制面板上的方式选择类按键共同决定。

方式选择类按键及其对应的机床工作方式如下:

①"自动"——自动运行方式;

②"单段"——单程序段执行方式;

③"手动"——手动连续进给方式;

④"增量"——增量/手摇脉冲发生器进给方式;

⑤"回零"——返回机床参考点方式。

其中,按下"增量"按键时,视手持单元的坐标轴选择波段开关位置,对应两种机床工作方式:

①波段开关置于"Off"挡:增量进给方式;

②波段开关置于"Off"挡之外——手摇脉冲发生器进给方式。

注意:

①控制面板上的方式选择类按键互锁,即按一下其中一个有效(指示灯亮),其余几个会失效(指示灯灭);

②系统启动复位后,默认工作方式为"回零";

③当某一方式有效时,相应按键内指示灯亮。

(3)轴手动按键

"+X"、"+Z"、"-X"、"-Z"按键用于在手动连续进给、增量进给和返回机床参考点方式下,选择进给坐标轴和进给方向。"+C"、"-C"只在车削中心上有效,用于手动进给 C 轴。

(4)速率修调

①进给修调

在自动方式或 MDI 运行方式下,当 F 代码编程的进给速度偏高或偏低时,可用进给修调右侧的"100%"和"+"、"-"按键,修调程序中编制的进给速度。按压"100%"按键(指示灯亮),进给修调倍率被置为 100%;按一下"+"按键,进给修调倍率递增 5%,按一下"-"按键,进给修调倍率递减 5%。

在手动连续进给方式下,这些按键可调节手动进给速率。

②快速修调

在自动方式或 MDI 运行方式下,可用快速修调右侧的"100%"和"+"、"-"按键,修调 G00快速移动时系统参数"最高快移速度"设置的速度。

按压"100%"按键(指示灯亮),快速修调倍率被置为 100%;按一下"+"按键,快速修调倍率递增 5%;按一下"-"按键,快速修调倍率递减 5%。

在手动连续进给方式下,这些按键可调节手动快移速度。

③主轴修调

在自动方式或 MDI 运行方式下,当 S 代码编程的主轴速度偏高或偏低时,可用主轴修调右侧的"100%"和"+"、"-"按键,修调程序中编制的主轴速度。

按压"100%"按键(指示灯亮),主轴修调倍率被置为 100%;按一下"+"按键,主轴修调倍率递增 5%;按一下"-"按键,主轴修调倍率递减 5%。

在手动方式时,这些按键可调节手动时的主轴速度。

注:机床齿轮换挡时,主轴速度不能修调。

(5)回参考点

按一下"回零"按键(指示灯亮),系统处于手动回参考点方式,可手动返回参考点。下面以 X 轴回参考点为例说明:

①根据 X 轴"回参考点方向"参数的设置,按一下"+X"("回参考点方向"为"+")或"-X"("回参考点方向"为"-",)按键;

②X 轴将以"回参考点快移速度"参数设定的速度快进;

③X 轴碰到参考点开关后,将以"回参考点定位速度"参数设定的速度进给;

④当反馈元件检测到基准脉冲时,X 轴减速停止,回参考点结束,此时"+X"或"-X"按键内的指示灯亮。

用同样的操作方法,使用"+Z"、"-Z"按键可以使 Z 轴回参考点。

同时按压 X 向和 Z 向的轴手动按键,可使 X 轴、Z 轴同时执行返回参考点操作。

注意:

①在每次电源接通后,必须先用这种方法完成各轴的返回参考点操作,然后再进入其他运行方式,以确保各轴坐标的正确性;

②在回参考点前,应确保回零轴位于参考点的"回参考点方向"相反侧;否则应手动移动该轴直到满足此条件。

(6)手动进给

①手动进给

按一下"手动"按键(指示灯亮),系统处于手动运行方式,可手动移动机床坐标轴。下面以手动移动 X 轴为例说明:

a.按压"+X"或"-X"按键(指示灯亮),X 轴将产生正向或负向连续移动;

b.松开"+X"或"-X"按键(指示灯灭),X 轴立即减速停止。

用同样的操作方法使用"+Z"、"-Z"按键,可以使 Z 轴产生正向或负向连续移动。

同时按压 X 向和 Z 向的轴手动按键,可同时手动连续移动 X 轴、Z 轴。

在手动连续进给方式下,进给速率为系统参数"最高快移速度"的 1/3 乘以进给修调选择的进给倍率(可参考操作说明书)。

②手动快速移动

在手动连续进给时,若同时按压"快进"按键,则产生相应轴的正向或负向快速运动。手动快速移动的速率为系统参数"最高快移速度"乘以快速修调选择的快移倍率。

(7)增量进给

①增量进给

当手持单元的坐标轴选择波段开关置于"Off"挡时,按一下控制面板上的"增量"按键(指示灯亮),系统处于增量进给方式,可增量移动机床坐标轴。下面以增量进给 X 轴为例说明:

a.按一下"+X"或"-X"按键(指示灯亮),X 轴将向正向或负向移动一个增量值;

b.再按一下"+X"或"-X"按键,X 轴将向正向或负向继续移动一个增量值。

用同样的操作方法使用"+Z"、"-Z"按键,可以使 Z 轴向正向或负向移动一个增量值。

同时按一下 X 向和 Z 向的轴手动按键,每次能同时增量进给 X 轴、Z 轴。

②增量值选择

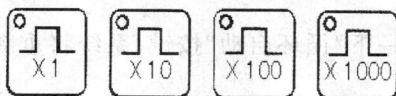

增量进给的增量值由"×1"、"×10"、"×100"、"×1000"四个增量倍率按键控制。增量倍率按键和增量值的对应关系如下表所示：

| 增量分辨率按键 | ×1 | ×10 | ×100 | ×1000 |
|---|---|---|---|---|
| 增量值/mm | 0.001 | 0.01 | 0.1 | 1 |

注意：这几个按键互锁，即按一下其中一个有效（指示灯亮），其余几个会失效（指示灯灭）。

(8)手摇进给

①手摇进给

当手持单元的坐标轴选择波段开关置于"X"、"Z"挡时，按一下控制面板上的"增量"按键（指示灯亮），系统处于手摇进给方式，可以手摇进给机床坐标轴。下面以手摇进给 X 轴为例说明：

a.手持单元的坐标轴选择波段开关置于"X"挡；

b.手动顺时针/逆时针旋转手摇脉冲发生器一格，X 轴将向正向或负向移动一个增量值。

用同样的操作方法使用手持单元，可以使 Z 轴正向或负向移动一个增量值。

注：手摇进给方式每次只能增量进给 1 个坐标轴。

②增量值选择

手摇进给的增量值（手摇脉冲发生器每转一格的移动量）由手持单元的增量倍率波段开关"×1"、"×10"、"×100"、"×1000"控制。

增量倍率波段开关的位置和增量值的对应关系如下表：

| 位置 | ×1 | ×10 | ×100 | ×1000 |
|---|---|---|---|---|
| 增量值/mm | 0.001 | 0.01 | 0.1 | 1 |

(9)自动运行

按一下"自动"按键（指示灯亮），系统处于自动运行方式，机床坐标轴的控制由 CNC 自动完成。

①自动运行启动——循环启动

自动方式下，在系统主菜单下按"F1"键，进入自动加工子菜单，再按"F1"键，选择要运行的程序，然后按一下"循环启动"按键（指示灯亮），自动加工开始。

注意：适用于自动运行方式的按键同样适用于 MDI 运行方式和单段运行方式。

②自动运行暂停——进给保持

在自动运行过程中，按一下"进给保持"按键（指示灯亮），程序执行暂停，机床运动轴减速停止。

暂停期间,辅助功能 M、主轴功能 S、刀具功能 T 保持不变。

③进给保持后的再启动

在自动运行暂停状态下,按一下"循环启动"按键,系统将重新启动,从暂停前的状态开始继续运行。

④空运行

在自动方式下,按一下"空运行"按键(指示灯亮),CNC 处于空运行状态。程序中编制的进给速率被忽略,坐标轴以最大快移速度移动。

空运行不做实际切削,目的在于确认切削路径及程序。

在实际切削时,应关闭此功能,否则可能造成危险。

注:此功能对螺纹切削无效。

⑤机床锁住

禁止机床坐标轴动作。

在自动运行开始前,按一下"机床锁住"按键(指示灯亮),再按"循环启动"按键,系统继续执行程序,显示屏上的坐标轴位置信息变化,但不输出伺服轴的移动指令,所以机床停止不动。这个功能用于校验程序。

注意:

①即便是用 G28、G29 功能,刀具也不运动到参考点;

②机床辅助功能 M、S、T 仍然有效;

③在自动运行过程中,按"机床锁住"按键,机床锁住无效;

④在自动运行过程中,只在运行结束时,方可解除机床锁住;

⑤每次执行此功能后,须再次进行回参考点操作。

(10)单段运行

按一下"单段"按键,系统处于单段自动运行方式(指示灯亮),程序控制将逐段执行:

①按一下"循环启动"按键,运行一程序段,机床运动轴减速停止,刀具、主轴电机停止运行;

②再按一下"循环启动"按键,又执行下一程序段,执行完了后又再次停止。

在单段运行方式下,适用于自动运行的按键依然有效。

(11)超程解除

在伺服轴行程的两端各有一个极限开关,作用是防止伺服机构碰撞而损坏。每当伺服机构碰到行程极限开关时,就会出现超程。当某轴出现超程("超程解除"按键内指示灯亮)时,系统视其状况为紧急停止。要退出超程状态时,必须按照下列操作进行:

①松开"急停"按钮,置工作方式为"手动"或"手摇"方式;

②一直按压着"超程解除"按键(控制器会暂时忽略超程的紧急情况);

③在手动(手摇)方式下,使该轴向相反方向退出超程状态;

④松开"超程解除"按键。

若显示屏上运行状态栏"运行正常"取代了"出错",表示恢复正常,可以继续操作。

注意:在移回伺服机构时请注意移动方向及移动速率,以免发生撞机现象。

(12)手动机床动作控制

①主轴正转

在手动方式下,按一下"主轴正转"按键(指示灯亮),主电机以机床参数设定的转速正转。

②主轴反转

在手动方式下,按一下"主轴反转"按键(指示灯亮),主电机以机床参数设定的转速反转。

③主轴停止

在手动方式下,按一下"主轴停止"按键(指示灯亮),主电机停止运转。

④主轴点动

在手动方式下,可用"主轴正点动"、"主轴负点动"按键,点动转动主轴:

a.按压"主轴正点动"或"主轴负点动"按键(指示灯亮),主轴将产生正向或负向连续转动;

b.松开"主轴正点动"或"主轴负点动"按键(指示灯灭),主轴立即减速停止。

⑤刀位转换

在手动方式下,按一下"刀位转换"按键,转塔刀架转动一个刀位。

⑥冷却启动与停止

在手动方式下,按一下"冷却开停"按键,冷却液开(默认值为冷却液关),再按一下为冷却液关,如此循环。

⑦卡盘松紧

在手动方式下,按一下"卡盘松紧"按键,松开工件(默认值为夹紧),可以进行更换工件操作;再按一下又为夹紧工件,可以进行加工工件操作,如此循环。

**3.华中"世纪星"系统(HNC-21/22T)软件操作介绍**

(1)HNC-21/22T系统的软件操作界面

如图2-1-15所示,其界面由以下几部分组成:

①图形显示窗口

可以根据需要,用功能键F9设置窗口的显示内容。

②菜单命令条

通过菜单命令条中的功能键F1~F10来完成系统功能的操作。

③运行程序索引

自动加工中的程序名和当前程序段行号。

④选定坐标系下的坐标值

·坐标系可在机床坐标系/工件坐标系/相对坐标系之间切换;

·显示值可在指令位置/实际位置/剩余进给/跟踪误差/负载电流/补偿值之间切换。

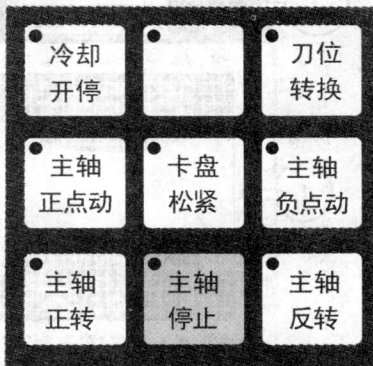

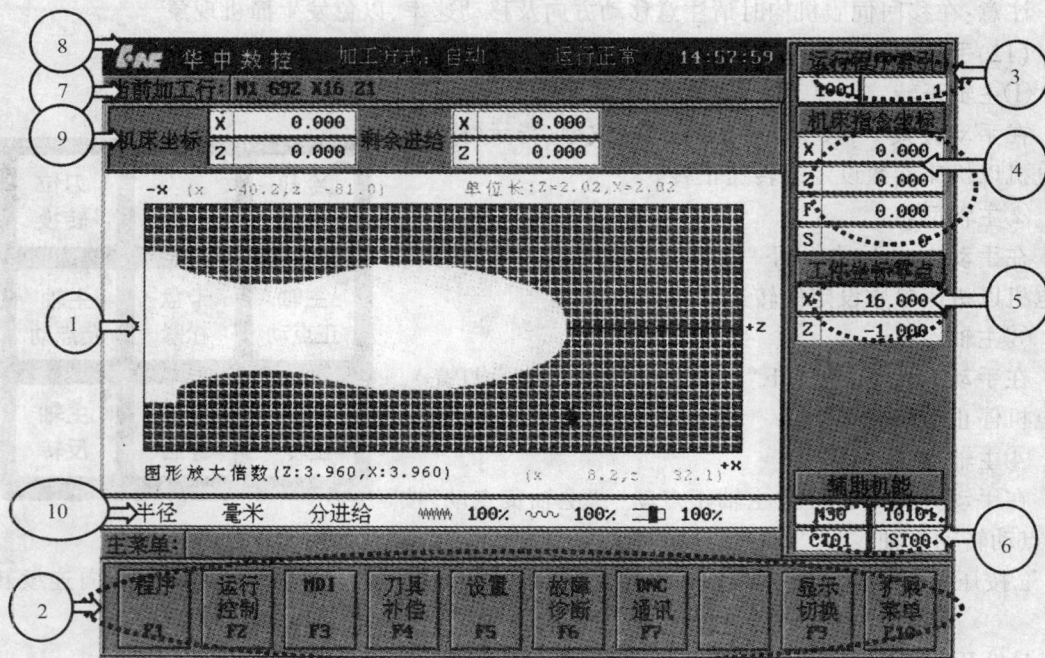

图 2-1-15　HNC-21/22T 的软件操作界面

⑤工件坐标零点

工件坐标系零点在机床坐标系下的坐标。

⑥辅助机能

自动加工中的 M、S、T 代码。

⑦当前加工程序行

当前正在或将要加工的程序段。

⑧当前加工方式、系统运行状态及当前时间

·工作方式:系统工作方式根据机床控制面板上相应按键的状态可在自动(运行)、单段(运行)、手动(运行)、增量(运行)、回零、急停、复位等之间切换;

·运行状态:系统工作状态在"运行正常"和"出错"间切换;

·系统时钟:当前系统时间。

⑨机床坐标、剩余进给

·机床坐标:刀具当前位置在机床坐标系下的坐标;

·剩余进给:当前程序段的终点与实际位置之差。

⑩直径/半径编程、公制/英制编程、每分进给/每转进给、快速修调、进给修调、主轴修调等

(2)HNC-21/22T 系统的软件菜单功能

操作界面中最重要的一块是菜单命令条。系统功能的操作主要通过菜单命令条中的功能键 F1~F10 来完成。由于每个功能包括不同的操作,菜单采用层次结构,即在主菜单下选

择一个菜单项后,数控装置会显示该功能下的子菜单,用户可根据该子菜单的内容选择所需的操作,如图 2-1-16 所示。

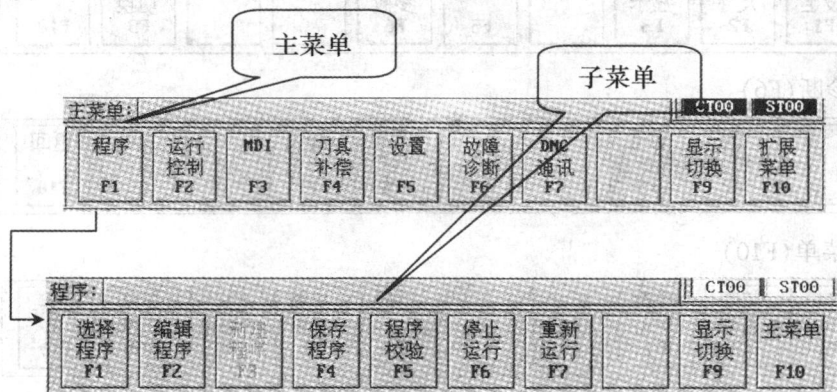

图 2-1-16  菜单层次

当要返回主菜单时,按子菜单下的 F10 键即可。

注意:本书约定用 F1 → F4 格式表示在主菜单下按 F1 键,然后在子菜单下按 F4 键。

①第一级菜单(主菜单)

图 2-1-17  主菜单

②第二级菜单

a.程序(F1)

b.运行控制(F2)

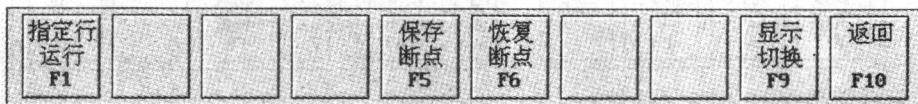

c.MDI(F3)

d.刀具补偿(F4)

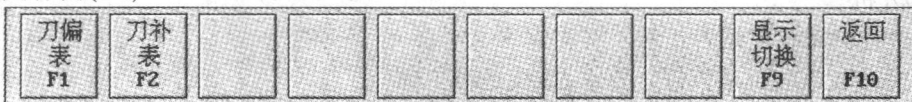

e.设置(F5)

| 坐标系设定 F1 | 毛坯尺寸 F2 | 设置显示 F3 | | 网络 F5 | 串口参数 F6 | | | 显示切换 F9 | 返回 F10 |
| --- | --- | --- | --- | --- | --- | --- | --- | --- | --- |

f.故障诊断(F6)

| | 运行统计 F2 | 预设统计值 F3 | | | 报警显示 F6 | 错误历史 F7 | | 显示切换 F9 | 返回 F10 |
| --- | --- | --- | --- | --- | --- | --- | --- | --- | --- |

g.扩展菜单(F10)

| PLC F1 | 蓝图编程 F2 | 参数 F3 | 版本信息 F4 | | 注册 F6 | 帮助信息 F7 | 后台编辑 F8 | 显示切换 F9 | 主菜单 F10 |
| --- | --- | --- | --- | --- | --- | --- | --- | --- | --- |

③第三级菜单

a.刀偏表(F4→F1)

| X轴置零 F1 | Z轴置零 F2 | | | 刀架平移 F5 | | | | | 返回 F10 |
| --- | --- | --- | --- | --- | --- | --- | --- | --- | --- |

b.坐标系设定(F5→F1)

| G54坐标系 F1 | G55坐标系 F2 | G56坐标系 F3 | G57坐标系 F4 | G58坐标系 F5 | G59坐标系 F6 | 工件坐标系 F7 | 相对值零点 F8 | | 返回 F10 |
| --- | --- | --- | --- | --- | --- | --- | --- | --- | --- |

c.PLC(F10→F1)

| 装入PLC F1 | 编辑PLC F2 | 输入输出 F3 | 状态显示 F4 | | | 备份PLC F7 | | 显示切换 F9 | 返回 F10 |
| --- | --- | --- | --- | --- | --- | --- | --- | --- | --- |

d.参数(F10→F3)

| 参数索引 F1 | 修改口令 F2 | 输入口令 F3 | | 置出厂值 F5 | 恢复前值 F6 | 备份参数 F7 | 装入参数 F8 | | 返回 F10 |
| --- | --- | --- | --- | --- | --- | --- | --- | --- | --- |

e.后台编辑(F10→F8)(选件)

| | 文件选择 F2 | 新建文件 F3 | 保存文件 F4 | | | | | | 返回 F10 |
| --- | --- | --- | --- | --- | --- | --- | --- | --- | --- |

(3)数控车床的(HNC-21/22T系统)开机、复位、关机

①开机

a.检查机床状态是否正常；

b.检查电源电压是否符合要求,接线是否正确；

c.按下"急停"按钮；

d.打开机床电源；

e.打开数控系统电源；

f.检查风扇电机运转是否正常；

g.检查面板上的指示灯是否正常。

接通数控装置电源后，HNC-21/22T 自动运行系统软件。此时，液晶显示器显示如图 2-1-17 所示系统上电屏幕(软件操作界面)，工作方式为"急停"。

②复位

系统上电后进入软件操作界面时，初始工作方式显示为"急停"，若要运行控制系统，需左旋(自动弹起)操作台右上角的"急停"按钮使系统复位，复位后系统默认进入"回参考点"方式，软件操作界面的工作方式变为"回零"。

③关机

a.按下控制面板上的"急停"按钮，断开伺服电源；

b.关闭数控系统电源；

c.关闭机床电源。

(4)手动数据输入(MDI)运行(F3)

在图 2-1-15 所示的操作界面下，按 F3 键进入 MDI 功能子菜单。命令行与菜单条的显示如图 2-1-18 所示：

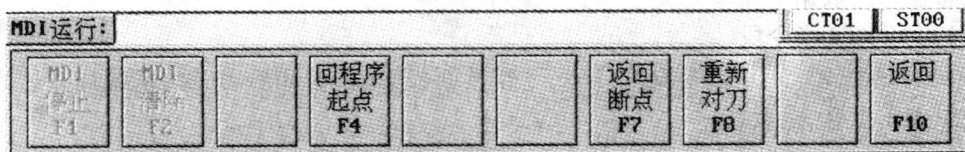

图 2-1-18　MDI 功能子菜单

进入 MDI 菜单后，命令行的底色变成了白色，并且有光标在闪烁，如图 2-1-19 所示。这时可以从 NC 键盘输入并执行一个 G 代码指令段，即"MDI 运行"。

注意：自动运行过程中，不能进入 MDI 运行方式，可在进给保持后进入。

①输入 MDI 指令段

MDI 输入的最小单位是一个有效指令字。因此，输入一个 MDI 运行指令段可以有下述两种方法：

a.一次输入，即一次输入多个指令字的信息；

b.多次输入，即每次输入一个指令字信息。

例如：要输入"G00 X100 Z1000"MDI 运行指令段，可以直接输入"G00 X100 Z1000"并按 Enter 键，图 2-1-19 显示窗口内关键字 G、X、Z 的值将分别变为 00、100、1000；或先输入"G00"并按 Enter 键，图 2-1-19 显示窗口内将显示大字符"G00"，再输入"X100"并按 Enter 键，然后输入"Z1000"，并按 Enter 键，显示窗口内将依次显示大字符"X100"、"Z1000"。

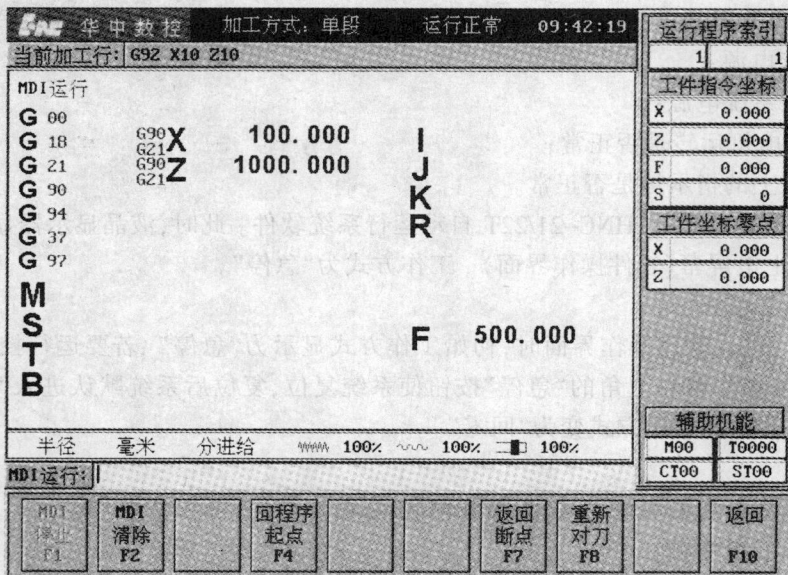

图 2-1-19　MDI 运行

在输入命令时,可以在命令行看见输入的内容,在按 Enter 键之前,发现输入错误,可用 BS、▶、◀ 键进行编辑;按 Enter 键后,系统发现输入错误,会提示相应的错误信息,此时可按 F2 键将输入的数据清除。

②运行 MDI 指令段

在输入完一个 MDI 指令段后,按一下操作面板上的"循环启动"键,系统即开始运行所输入的 MDI 指令。

如果输入的 MDI 指令信息不完整或存在语法错误,系统会提示相应的错误信息,此时不能运行 MDI 指令。

③修改某一字段的值

在运行 MDI 指令段之前,如果要修改输入的某一指令字,可直接在命令行上输入相应的指令字符及数值。

例如:在输入"X100"并按 Enter 键后,希望 X 值变为 109,可在命令行上输入"X109"并按 Enter 键。

④清除当前输入的所有尺寸字数据

在输入 MDI 数据后, 按 F2 键可清除当前输入的所有尺寸字数据 (其他指令字依然有效),显示窗口内 X、Z、I、K、R 等字符后面的数据全部消失。此时可重新输入新的数据。

⑤停止当前正在运行的 MDI 指令

在系统正在运行 MDI 指令时,按 F1 键可停止 MDI 运行。

(5)刀偏数据设置(F4→F1)

刀具补偿是修正实际用的刀具与编程的理想刀具之间的差值(如图 2-1-20 所示,实线画的是理想刀具,虚线画的是实际加工刀具),也就是建立正确的工件坐标系。刀具补偿分为刀具偏置补偿和刀具磨损补偿，其中刀具偏置补偿为刀具头部位置补偿，刀具磨损补偿为刀具头部磨损量的补偿。

刀具偏置补偿数据的设置有两种方法：一种是手工填写，另一种是采用试切法，由系统自动生成。我们推荐采用试切法来设置刀具偏置补偿数据。

①试切法填写刀具偏置值

试切法指的是通过试切，由试切直径和试切长度来计算刀具偏置值的方法。根据是否采用标准刀具，它又可以分为绝对刀偏法和相对刀偏法。

注意：工件坐标系的 $X$ 向零点建立在旋转轴的中心线上。

图 2-1-20　刀具补偿示意

绝对刀偏法是指每一把刀独立建立自己的补偿偏置值，如图 2-1-21 中，该值将会反映到工件坐标系上(注：绝对刀偏法时不存在标准刀具)。

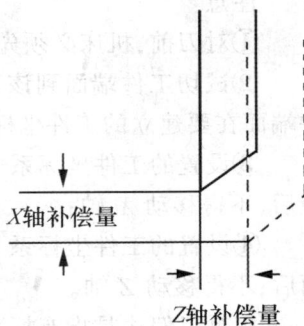

图 2-1-21　刀偏表

注意：补偿的偏置值会反映到相应的工件坐标系上。

绝对刀偏法对刀的具体步骤如下：

a.用光标键↑、↓将蓝色亮条移动到要设置刀具的行。

b.用刀具试切工件的外径，然后沿 $Z$ 轴方向退刀(注意：在此过程中不要移动 $X$ 轴)。

c.测量试切后的工件外径，将它手工填入图 2-1-21 中的"试切直径"这一栏。这样，$X$ 偏置就设置好了。

d.用刀具试切工件的端面，然后沿 $X$ 轴方向退刀。

e.计算试切工件端面到该刀具要建立的工件坐标系的零点位置的有向距离，将它填入图 2-1-21 中的试切长度这一栏。这样这把刀的 $Z$ 偏置就设置好了。

如果要设置其余的刀具，就重复以上步骤。

注意：

①对刀前，机床必须先回机械零点；

②试切工件端面到该刀具要建立的工件坐标系的零点位置的有向距离，也就是试切工件端面在要建立的工件坐标系中的 $Z$ 轴坐标值；

③设置的工件坐标系 $X$ 轴零点偏置=机床坐标系 $X$ 坐标−试切直径，因而试切工件外径后，不得移动 $X$ 轴；

④设置的工件坐标系 $Z$ 轴零点偏置=机床坐标系 $Z$ 坐标−试切长度，因而试切工件端面后，不得移动 $Z$ 轴。

相对刀偏法是指有标准刀具，而其余的每一把刀的偏置是相对于标准刀具(简称标刀)的偏置。该值将不会反映到工件坐标系上，此时只建立一个由标刀确定的工件坐标系。

具体操作步骤如下：

a.先对标刀。如果我们要选择作为标刀的刀具已经是标刀，我们就要将光标键↑、↓移到标刀位置，按 F5 键取消标刀，否则填入"试切直径"和"试切长度"参数时，系统会出现如图2-1-22 所示提示。

图 2-1-22　相对刀偏法标刀对刀提示

b.按照绝对对刀法(共五个步骤)，对好要作为标刀的刀具偏置，建立该刀具所确定的工件坐标系。

c.设置标刀，按光标键↑、↓移动蓝色亮条到已对好刀的刀具位置，按 F5 键设置该刀具为标刀，如图 2-1-23 所示。

图 2-1-23　标刀选择

d.选择要对刀的刀具,按光标键↑、↓移动蓝色亮条到要对刀的刀具位置。

e.按照绝对对刀法(共五个步骤),对好所选的刀具偏置。

如果要设置其余的刀具,就重复以上 d、e 步骤。这样就对好了所有的刀具偏置。

注意:在填写非标准刀具的试切长度时,该长度是指非标准刀具试切工件端面在已使用标刀建立工件坐标系中的 Z 轴坐标值。

②直接填写刀具偏置值

直接填写刀具偏置值就是参照标准刀具来直接填写刀具偏置值。其步骤如下:

a.执行相对刀偏设置中的步骤 a、b、c,填好标刀的偏置。

b.系统在手摇工作方式下,用基准刀具对准工件的一基准点,如图 2-1-24 的 A 点。

c.按 F1"X 轴置零",则屏幕上显示的 X 轴坐标清零;

按 F2"Z 轴置零",则屏幕上显示的 Z 轴坐标清零;

按 F3"X、Z 轴置零",则屏幕上显示的 X、Z 轴坐标清零。

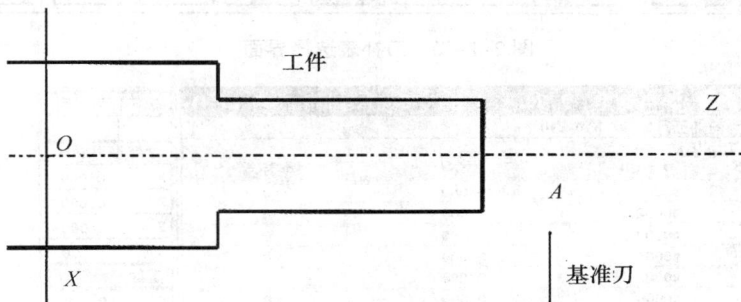

图 2-1-24 测量刀偏数据

d.旋转手摇脉冲发生器,使刀具退刀。

e.选择要对刀的刀具,按光标键↑、↓移动蓝色亮条到要对刀的刀具位置,手动换刀。同样旋转手摇脉冲发生器,使刀尖对基准点 A 。这时屏幕上显示的坐标值,就是该刀对基准刀的偏置值(ΔX,ΔZ) 。

f.将(ΔX,ΔZ) 分别填入已选刀具的 X 偏置和 Z 偏置。

(为方便用户的使用,华中"世纪星"数控系统支持绝对刀偏和相对刀偏,具体设置可在"机床参数"的选项中设置。)

(6)刀补数据设置(F4→F2)

①刀尖方位的定义

车床刀具可以多方向安装,并且刀具的刀尖也有多种形式,为使数控装置知道刀具的安装情况,以便准确地进行刀尖半径补偿,定义了车刀刀尖的位置码。

车刀刀尖的位置码表示理想刀具头与刀尖圆弧中心的位置关系,如图 2-1-25 所示。

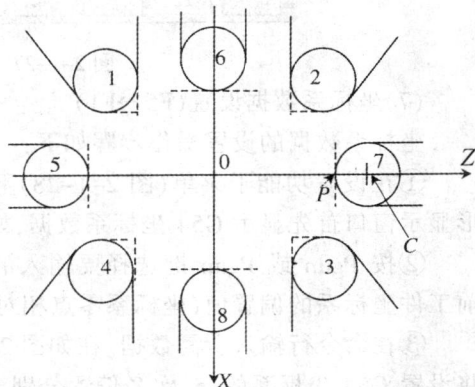

图 2-1-25 刀尖方位的定义

53

大多数的刀尖方位为 3 号方位。

②刀补数据设置的操作步骤如下:

a.在刀具补偿功能子菜单下(图 2-1-26)按 F2 键,图形显示窗口将出现如图 2-1-27 所示刀补数据,可进行刀补数据设置;

b.用↑、↓、←、→、Pgup、Pgdn 移动蓝色亮条选择要编辑的选项;

c.按 Enter 键,蓝色亮条所指刀具数据的颜色和背景都发生变化,同时有一光标在闪烁;

d.用↑、↓、BS、Del 键进行编辑修改;

e.修改完毕,按 Enter 键确认;

f.若输入正确,图形显示窗口相应位置将显示修改过的值,否则原值不变。

图 2-1-26 刀补表选择界面

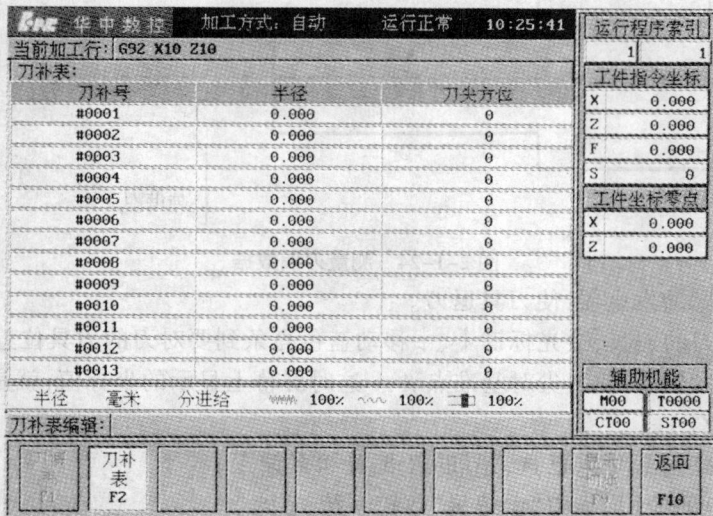

图 2-1-27 刀补数据的输入与修改

(7)坐标系数据设置(F5→F1)

坐标系数据的设置操作步骤如下:

①在设置功能子菜单(图 2-1-28)下按 F1 键,进入 MDI 坐标系手动数据输入方式,图形显示窗口首先显示 G54 坐标系数据,如图 2-1-29 所示。

②按 Pgdn 或 Pgup 键选择要输入的数据类型——G55、G56、G57、G58、G59 坐标系,当前工件坐标系的偏置值(坐标系零点相对于机床零点的值)或当前相对值零点。

③在命令行输入所需数据。在如图 2-1-29 所示情况下输入 X200 Z300,并按 Enter 键,将设置 G54 坐标系的 X 及 Z 偏置分别为 200 和 300。

④若输入正确,图形显示窗口相应位置将显示修改过的值,否则原值不变。

注意:编辑的过程中,在按 Enter 键之前按 F10 键(返回)可退出编辑,但输入的数据将丢失,系统将保持原值不变。

图 2-1-28　坐标系设置菜单

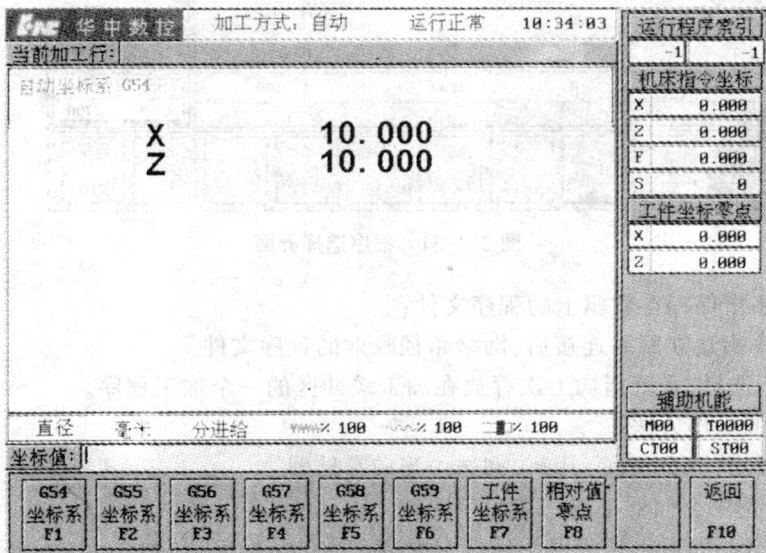

图 2-1-29　坐标系设置

(8)程序输入与文件管理

在系统主操作界面下,按 F1 键进入程序功能子菜单。命令行与菜单条的显示如图 2-1-30 所示。

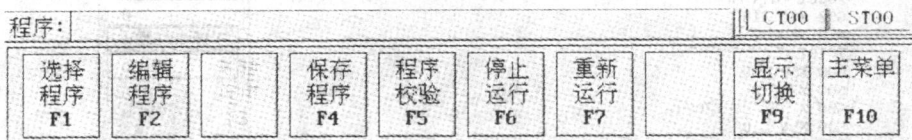

图 2-1-30　程序功能子菜单

在程序功能子菜单下,可以对零件程序进行编辑、存储、校验等操作。

①选择程序(F1→F1)

在程序功能子菜单下(图 2-1-30)按 F1 键,将弹出如图 2-1-31 所示的"选择程序"菜单。其中:

a.电子盘程序指保存在电子盘上的程序文件;

b.DNC 程序指由串口发送过来的程序文件;

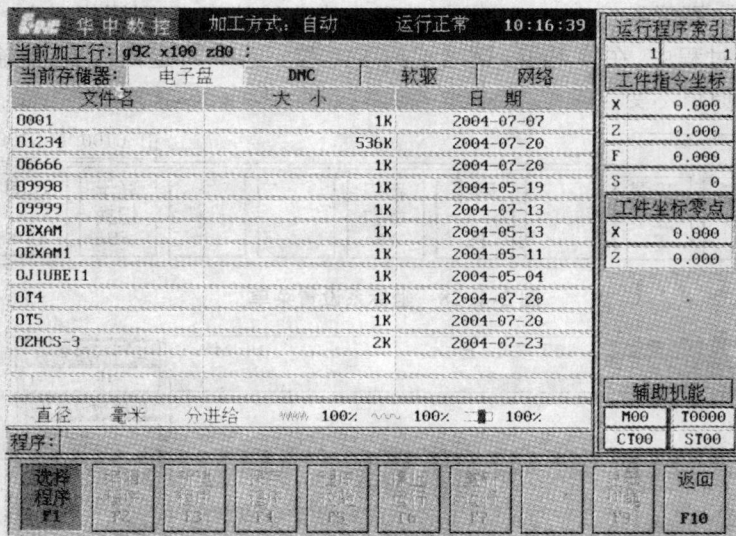

图 2-1-31　程序选择界面

c.软驱程序指保存在软驱上的程序文件;

d.网络程序指建立网络连接后,网络路径映射的程序文件。

注意:如不选择,系统指向上次存放在加工缓冲区的一个加工程序。

选择程序的操作方法:

a.如图 2-1-31 所示界面,用▶、◀选中当前存储器;

b.用▲、▼选中存储器上的一个程序文件;

c.按 Enter 键,即可将该程序文件选中并调入加工缓冲区,如图 2-1-32 所示;

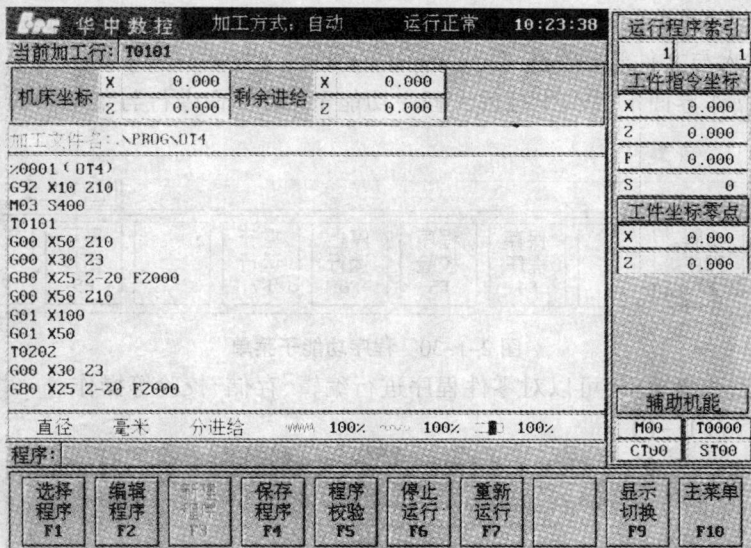

图 2-1-32　调入文件到加工缓冲区

　　d.如果被选程序文件是只读 G 代码文件,则该程序文件编辑后只能另存为其他名字的程序文件。

　　注意:

　　a.程序文件名一般是由字母"O"开头,后跟四个(或多个)数字或字母组成,系统缺省认为程序文件名是由 O 开头的;

　　b.HNC-21/22T 扩展了标识程序文件的方法,可以使用任意 DOS 文件名（即 8+3 文件名:1 至 8 个字母或数字后加点,再加 0 至 3 个字母或数字组成,如"MyPart.001"、"01234"等)标识程序文件。

　　存储器选择程序的具体操作方法如下:

　　a.电子盘——电子盘是系统默认的程序存储器,其选择程序界面如图 2-1-31 所示,选择程序见选择程序的操作方法 b、c。

　　b.软驱——在图 2-1-31 界面,用▶、◀选中软驱,系统给出图 2-1-33 所示提示;按 Enter 键,系统给出图 2-1-34 界面,列出了当前软驱上的程序文件;选择程序见选择程序的操作方法b、c。

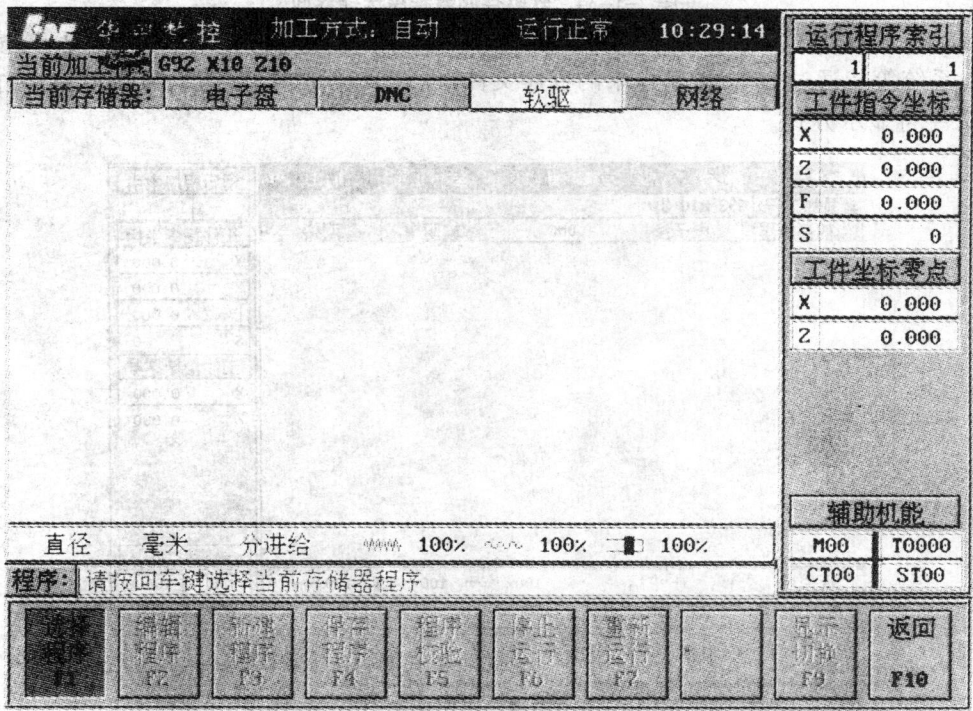

图 2-1-33　软驱存储器选择

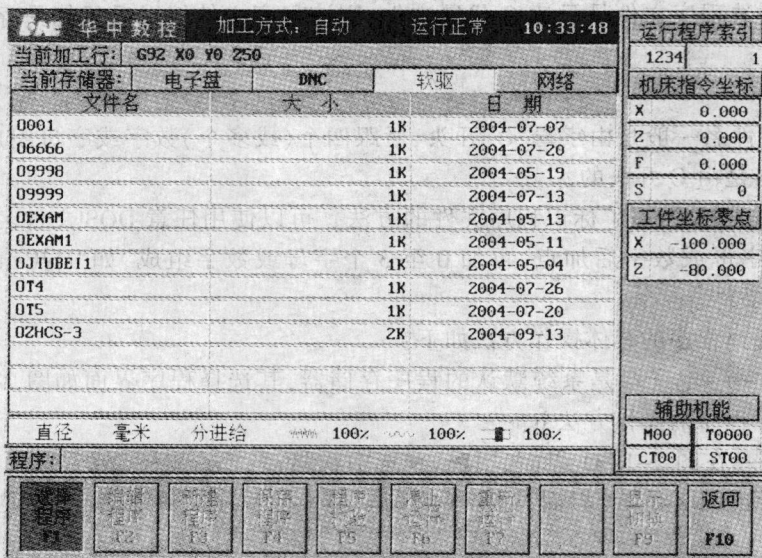

图 2-1-34　软驱存储器程序选择界面

c.DNC——在图 2-1-31 界面,用 ▶、◀ 选中 DNC,系统给出图 2-1-35 所示提示;按 En-ter 键,系统等待通过 DNC 传输过来的程序文件;进入 DNC 选择程序后,系统界面会自动切换到大字符显示方式。

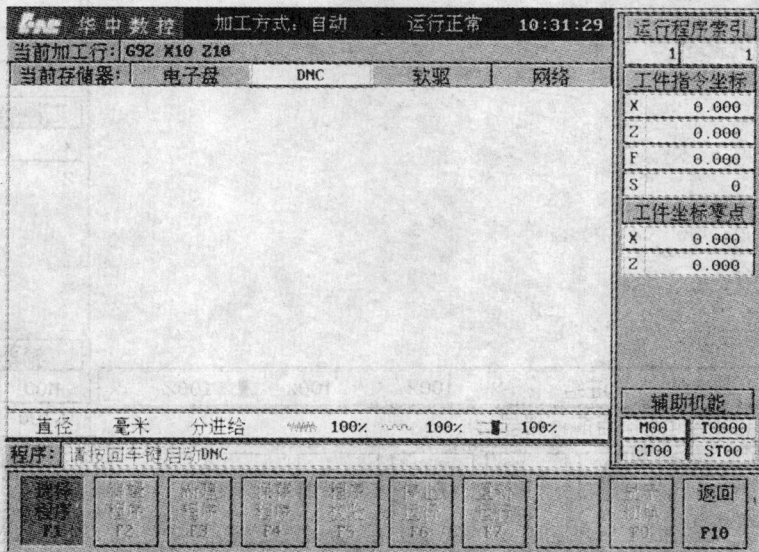

图 2-1-35　DNC 存储器选择

d.网络——在图 2-1-31 界面,用 ▶、◀ 选中网络,系统给出图 2-1-36 所示提示;按 En-ter 键,系统给出图 2-1-37 界面,列出了当前网络映射路径上的程序文件;选择程序见选择程序的操作方法 b、c。

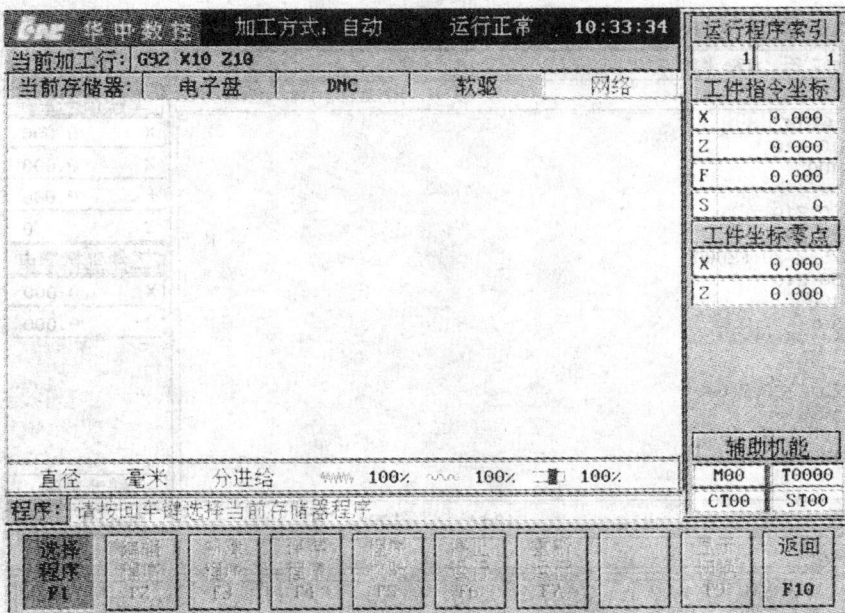

图 2-1-36 　网络存储器选择

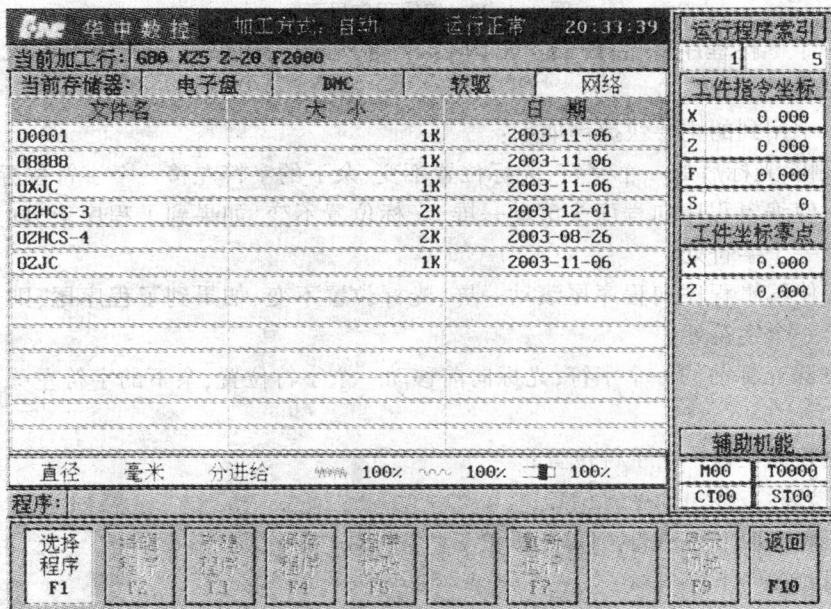

图 2-1-37 　网络程序选择界面

②编辑程序(F1→F2)

在程序功能子菜单下(图 2-1-30)按 F2 键,将弹出如图 2-1-38 所示的"编辑程序"菜单。

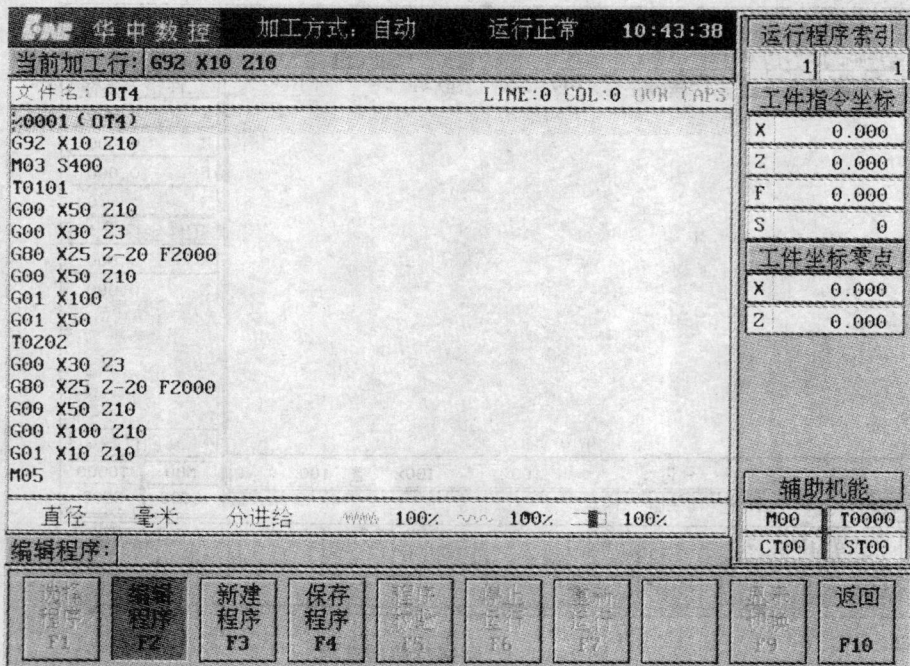

**图 2-1-38 编辑程序界面**

当选择一个零件程序后,系统会给出图 2-1-38 所示的界面,在此界面下可以编辑当前程序。

编辑过程中用到的主要快捷键如下:

Del——删除光标后的一个字符,光标位置不变,余下的字符左移一个字符位置;

Pgup——使编辑程序向程序头滚动一屏,光标位置不变,如果到了程序头,则光标移到文件首行的第一个字符处;

Pgdn——使编辑程序向程序尾滚动一屏,光标位置不变,如果到了程序尾,则光标移到文件末行的第一个字符处;

BS——删除光标前的一个字符,光标向前移动一个字符位置,余下的字符左移一个字符位置;

►——使光标左移一个字符位置;

◄——使光标右移一个字符位置;

▲——使光标向上移一行;

▼——使光标向下移一行。

③删除程序文件

删除程序文件的操作步骤如下:

a.在"选择程序"菜单中用 ▲、▼ 键移动光标条选中要删除的程序文件;

b.按 Del 键,系统弹出如图 2-1-39 所示对话框,系统提示是否要删除选中的程序文件,按 Y 键将选中程序文件从当前存储器上删除,按 N 键则取消删除操作。

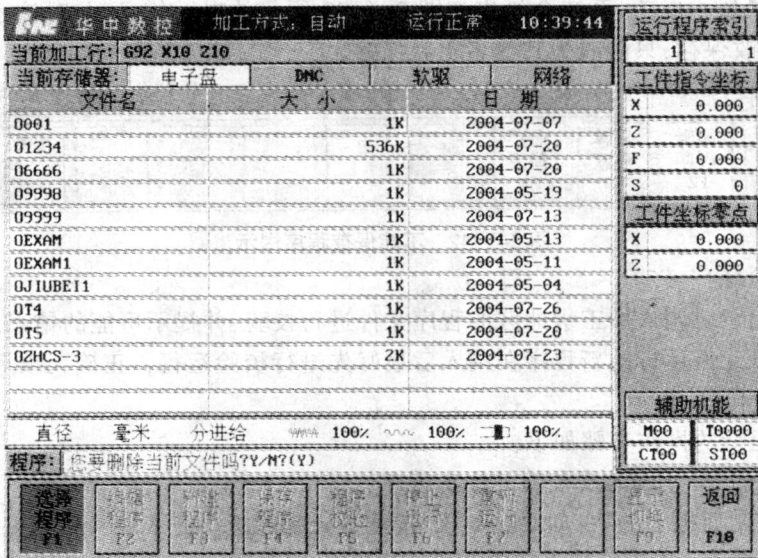

**图 2-1-39　确认是否删除文件**

注意：删除的程序文件不可恢复,删除操作前应确认。

④新建程序文件(F1→F2→F3)

在指定磁盘或目录下建立一个新文件,但新文件不能和已存在的文件同名。

在程序功能子菜单下(图 2-1-38)按 F3 键,将进入如图 2-1-40 所示的"新建程序"菜单,系统提示"输入新建文件名",光标在"输入新建文件名"栏闪烁,输入文件名后,按 Enter 键确认后,就可编辑新建文件了。

**图 2-1-40　新建程序文件界面**

注意：系统设置缺省保存程序文件目录为(Prog)程序目录。

⑤保存程序(F1→F4)

在编辑状态下(图 2-1-38)或在程序功能子菜单下(图 2-1-30)按 F4 键,系统给出如图 2-1-41 所示的菜单,提示文件保存的文件名。按 Enter 键,将以提示的文件名保存当前程序文件。如将提示文件名改为其他名字后,系统可将当前编辑程序另存为其他文件,另存文件的前提是另存新文件不能和已存在文件同名。

**图 2-1-41　保存程序界面**

如果存盘操作不成功,系统会给出如图 2-1-42 所示的提示信息,此时该程序文件是可读文件,不能更改保存,只能改为其他名字后保存。

图 2-1-42　不能保存程序提示

⑥程序校验(F1→F5)

程序校验用于对调入加工缓冲区的程序文件进行校验,并提示可能的错误。

以前未在机床上运行的新程序在调入后最好先进行校验运行,正确无误后再启动自动运行。

程序校验运行的操作步骤如下:

a.按照前面的方法,调入要校验的加工程序;

b.按机床控制面板上的"自动"或"单段"按键进入程序运行方式;

c.在程序菜单下,按 F5 键,此时软件操作界面的工作方式显示改为"校验运行"(如图2-1-43);

d.按机床控制面板上的"循环启动"按键,程序校验开始;

e.若程序正确,校验完后,光标将返回程序头,且软件操作界面的工作方式显示改为"自动"或"单段";若程序有错,命令行将提示程序的哪一行有错。

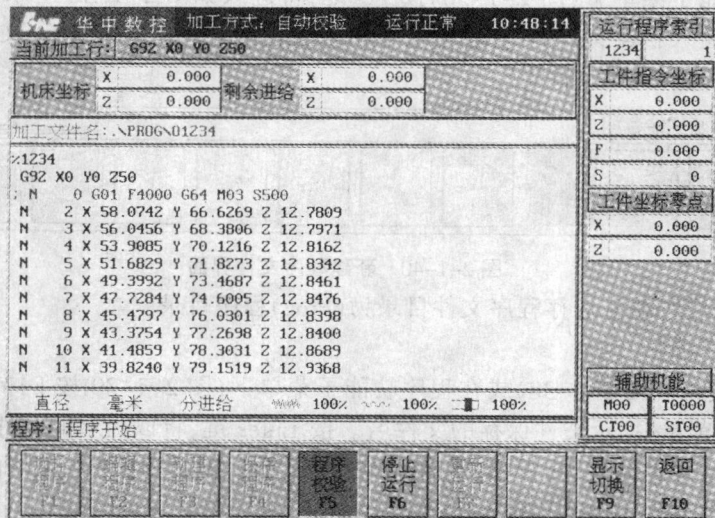

图 2-1-43　校验运行界面

注意:

a.校验运行时,机床不动作;

b.为确保加工程序正确无误,请选择不同的图形显示方式来观察校验运行的结果。

⑦程序停止运行

在程序运行的过程中,需要暂停运行,可按下述步骤操作:

在程序子菜单下,按 F6 键,弹出如图 2-1-44 所示对话框,按 N 键则暂停程序运行,并保留当前运行程序的模态信息(暂停运行后,可按"循环启动"键从暂停处重新启动运行);按 Y 键则停止程序运行,并卸载当前运行程序的模态信息(停止运行后,只能选择程序后从头重新启动运行)。

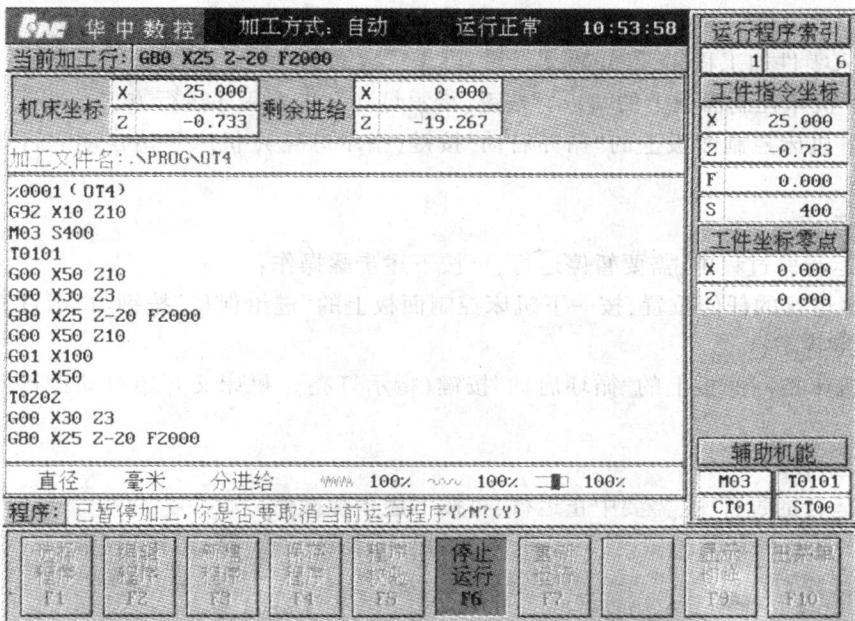

图 2-1-44　程序运行过程中暂停运行

⑧重新运行(F1→F7)

当前正在加工的程序要中止自动运行,希望从程序头重新开始运行时,可按下述步骤操作:

a.在程序菜单下,按 F7 键,系统给出图 2-1-45 所示提示;

图 2-1-45　自动方式下重新运行程序

b.按 N 键则取消重新运行;

c.按 Y 键则光标将返回程序头,再按机床控制面板上的"循环启动"按键,从程序首行开始重新运行当前加工程序。

(9)程序运行控制

在系统的主菜单操作界面下,按 F2 键进入程序"运行控制"子菜单。命令行与菜单条的显示如图 2-1-46 所示。

| PLC F1 | 蓝图编程 F2 | 参数 F3 | 版本信息 F4 | | 注册 F6 | 帮助信息 F7 | 后台编辑 F8 | 显示切换 F9 | 主菜单 F10 |
|---|---|---|---|---|---|---|---|---|---|

**图 2-1-46　程序运行子菜单**

在运行控制子菜单(图 2-1-46)下,可以对程序文件进行指定行运行、保存等操作。

①启动自动运行

系统调入零件加工程序,经校验无误后,可正式启动运行:

a.按一下机床控制面板上的"自动"按键(指示灯亮),进入程序运行方式;

b.按一下机床控制面板上的"循环启动"按键(指示灯亮),机床开始自动运行调入的零件加工程序。

②暂停运行

在程序运行的过程中,需要暂停运行,可按下述步骤操作:

a.在程序运行的任何位置,按一下机床控制面板上的"进给保持"按键(指示灯亮),系统处于进给保持状态;

b.再按机床控制面板上的"循环启动"按键(指示灯亮),机床又开始自动运行调入的零件加工程序。

③中止运行

在程序运行的过程中,需要中止运行,可按下述步骤操作:

a.在程序运行的任何位置,按一下机床控制面板上的"进给保持"按键(指示灯亮),系统处于进给保持状态;

b.按下机床控制面板上的"手动"键,将机床的 M 、S 功能关掉;

c.此时如要退出系统,可按下机床控制面板上的"急停"键,中止程序的运行;

d.此时如要中止当前程序的运行,又不退出系统,可按下"程序"功能下的 F7 键(重新运行),重新装入程序。

④从红色行开始运行

从红色行开始运行的操作步骤如下:

a.在运行控制子菜单下,按机床控制面板上的"进给保持"按键(指示灯亮),系统处于进给保持状态;

b.用 ▲、▼、Pgup、Pgdn 键移动蓝色亮条到要开始运行行,此时蓝色亮条变为红色亮条;

c.按 F1 键,系统给出图 2-1-47 所示对话框;

从红色行开始运行 F1
从指定行开始运行 F2
从当前行开始运行 F3

**图 2-1-47　暂停运行时从任意行开始运行**

d.按 Enter 键选择"从红色行开始运行"选项,此时选中要开始运行的行(红色亮条变为蓝色亮条);

64

e.按机床控制面板上的"循环启动"按键,程序从蓝色亮条(即红色行)处开始运行。

⑤从指定行开始运行

从指定行开始运行的操作步骤如下:

a.按机床控制面板上的"进给保持"按键(指示灯亮),系统处于进给保持状态;

b.在运行控制子菜单下,按 F1 键,系统给出如图 2-1-47 所示提示;

c.用▲、▼键选择"从指定行开始运行"选项,系统给出如图 2-1-48 所示提示;

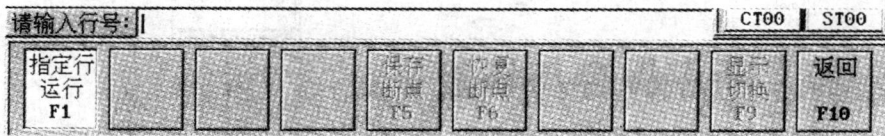

**图 2-1-48 从指定行开始运行**

d.输入开始运行行的行号,按 Enter 键;

e.按机床控制面板上的"循环启动"按键,程序从指定行开始运行。

⑥从当前行开始运行

从当前行开始运行的操作步骤如下:

a.按机床控制面板上的"进给保持"按键(指示灯亮),系统处于进给保持状态;

b.在运行控制子菜单下,按 F1 键,系统给出如图 2-1-47 所示提示;

c.用▲、▼键选择"从当前行开始运行"选项,按 Enter 键;

d.按机床控制面板上的"循环启动"按键,程序从蓝色亮条处开始运行。

⑦空运行

在自动方式下,按一下机床控制面板上的"空运行"按键(指示灯亮),CNC 处于空运行状态。程序中编制的进给速率被忽略,坐标轴以最大快移速度移动。

空运行不做实际切削,目的在于确认切削路径及程序。

在实际切削时,应关闭此功能,否则可能造成危险。

注意:此功能对螺纹切削无效。

⑧单段运行

按一下机床控制面板上的"单段"按键(指示灯亮),系统处于单段自动运行方式,程序控制将逐段执行:

a.按一下"循环启动"按键,运行一程序段,机床运动轴减速停止,刀具、主轴电机停止运行;

b.再按一下"循环启动"按键,又运行下一程序段,运行完后又再次停止。

(10)加工断点保存与恢复

一些大零件,其加工时间一般都会超过一个工作日,有时甚至需要好几天。如果能在零件加工一段时间后,保存断点(让系统记住此时的各种状态),关断电源;隔一段时间后,打开电源,恢复断点(让系统恢复上次中断加工时的状态),从而继续加工,可为用户提供极大的方便。

①保存加工断点(F2→F5)

保存加工断点的操作步骤如下:

a.按机床控制面板上的"进给保持"按键(指示灯亮),系统处于进给保持状态;

b.按 F5 键,系统提示输入保存断点文件的提示,如图 2-1-49 所示;

c.按 Enter 键,系统将自动建立一个名为当前加工程序名,后缀为 BPI 的断点文件,用户也可将该文件名改为其他名字,此时不用输入后缀。

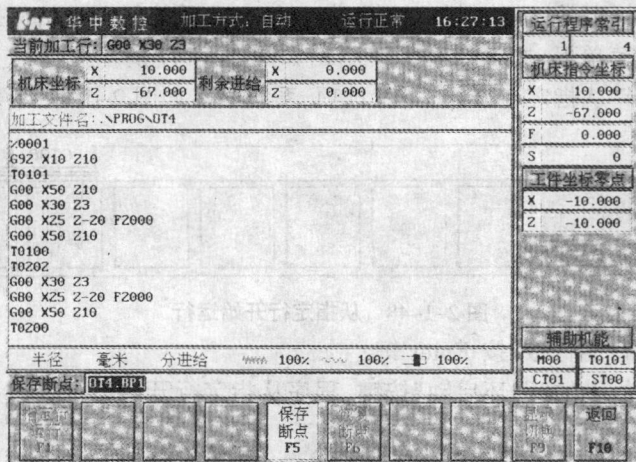

图 2-1-49  输入保存断点的文件名

②恢复加工断点( F2→F6 )

恢复加工断点的操作步骤如下:

a.如果在保存断点后,关断了系统电源,则上电后首先应进行回参考点操作,否则直接进入步骤 b;

b.按 F6 键,系统给出所有的断点文件,如图 2-1-50 所示;

c.用 ▲ 、▼键移动蓝色亮条到要恢复的断点文件名,如当前目录下的" O0001.BP1";

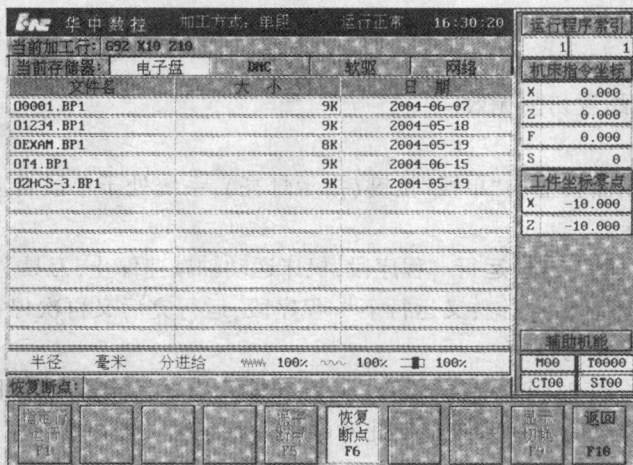

图 2-1-50  选择要恢复的断点文件名

d.按 Enter 键,系统会根据断点文件中的信息,恢复中断程序运行时的状态,系统给出如图 2-1-51 所示提示。

图 2-1-51　运行断点文件调入后的系统提示

③定位至加工断点（F3→F7）

在保存断点后，如果对某些坐标轴，还进行过移动操作，那么在从断点处继续加工之前，必须先重新定位至加工断点。

具体操作如下：

a.手动移动坐标轴到断点位置附近，确保在机床自动返回断点时不发生碰撞；

②在 MDI 方式子菜单下按 F7 键，自动将断点数据输入 MDI 运行程序段，如图 2-1-52 所示；

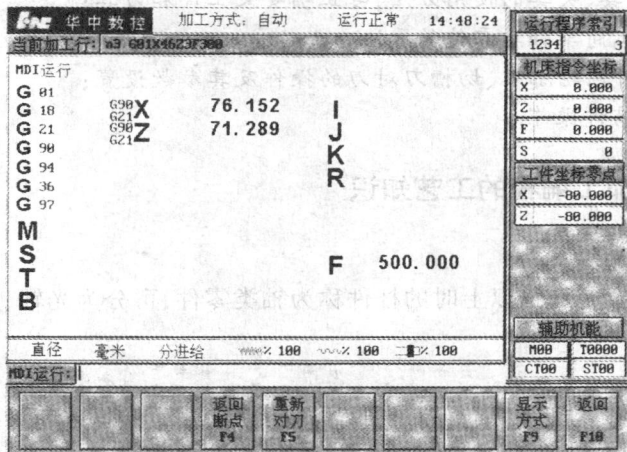

图 2-1-52　定位至断点系统界面

③按"循环启动"键启动 MDI 运行，系统将移动刀具到断点位置；

④按 F10 键退出 MDI 方式。

定位至加工断点后，按机床控制面板上的"循环启动"键即可继续从断点处加工了。

注意：

在恢复断点之前，必须调入相应的零件程序，否则系统会提示：不能成功恢复断点。

## 习题四

1.简述数控车床开、关机的操作方法。

2.简述对刀的方法。

3.简述工件坐标系选择的原则。

4.简述工件加工过程中为什么要选择多个坐标系(如 G54、G55、G56 等)。

5.简述 M00 与 M01、M02 与 M30 的区别。

# 课题二　阶梯轴编程与加工操作

## 【知识目标】

1.会识读零件图；

2.掌握基本编程指令的运用；

3.掌握程序编制方法；

4.掌握阶梯轴的加工工艺制订。

## 【技能目标】

1.掌握工具、量具、夹具的使用方法，会正确安装工件和刀具；

2.掌握数控加工简单轴类零件的方法；

3.能熟练进行外圆轮廓刀、切槽刀对刀的操作及其参数设置；

4.掌握程序的编辑操作。

## 任务一　阶梯轴加工编程的工艺知识

### 1.轴类的相关知识

车削长度大于直径 3 倍以上时的杆件称为轴类零件,可分为光轴、台阶轴、偏心轴和空心轴等。

（1）技术要求

一般轴类零件都有尺寸精度、表面粗糙度值、形状和位置精度要求,具体要看零件图的要求。

（2）毛坯形式

毛坯常采用热轧圆棒料、冷拉圆棒料。机械上的轴类零件,大多采用锻件,少数结构复杂的轴类零件采用球墨铸铁、稀土铸铁铸造。

（3）常用刀具

常用车刀有 90°偏刀、45°车刀、切断刀。

### 2.阶梯轴的车削方法

阶梯轴的车削方法分低台阶车削和高台阶车削。

（1）低台阶车削

相邻圆柱体直径相差较小,粗车时可用车刀一次车出,再精车一刀。

（2）高台阶车削

相邻两圆柱体直径相差较大,粗车时先采用分层切削车出每个轴段,最后一刀精车车出整个工件。

### 3.编程尺寸计算

单件小批量生产时,精加工零件轮廓尺寸偏差较大时,编程应取极限尺寸的平均值,即

$$编程尺寸=基本尺寸+\frac{上偏差+下偏差}{2}$$

## 任务二　阶梯轴加工的编程方法

**1.快速点定位指令(快速进给指令)G00**

格式：

G00 X(U)＿＿ Z(W)＿＿；

说明：

X、Z为目标点(终点)的绝对坐标；

U、W为目标点(终点)相对直线起点的增量坐标。

功能：

G00指令要求刀具以机床给定的最快速度从刀具所在点（当前点）移动到目标点（终点）。它只是快速定位，而无运动轨迹要求。

注意事项：

①G00指令主要应用于刀具快速接近或快速离开零件。

②X(U)坐标按直径值输入。

③在同一轴上相对位置不变时,可以省略该轴的移动指令。

④在同一程序段中,绝对坐标指令和增量坐标指令可以混用。

⑤进给速度F对G00指令无效,快速移动的速度由系统内部的参数设定。

⑥G00是模态代码,有续效功能。可被同类指令(G01、G02、G03等)注销。

⑦在执行G00指令时,由于各轴以各自速度移动,不能保证各轴同时到达终点,因而联动直线轴的合成轨迹不一定是一条直线。也可能是一条折线,依系统不同而有所不同。如图2-2-1所示。

⑧在使用G00指令时,操作者要特别注意刀具不能和工件及夹具发生干涉,以免发生意外。为防止出现意外,可以采用单坐标移动的方式进行刀具的定位,并应该留有缓冲距离。

⑨车削时,快速定位目标点不能选在零件上,一般要离开零件表面2~5 mm。

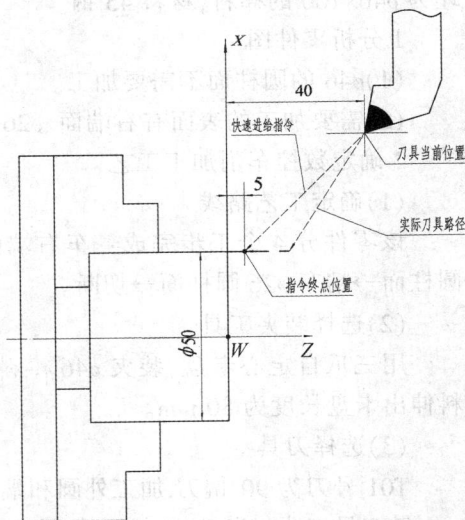

图2-2-1　G00快速进刀

**2.直线插补指令(G01)**

格式：

G01 X(U)＿＿ Z(W)＿＿ F＿＿；

说明：

X、Z 为目标点(终点)的绝对坐标；

U、W 为目标点(终点)相对直线起点的增量坐标；

F 为刀具在切削路径上的进给量，根据切削要求确定，单位为 mm/r。

功能：

G01 指令使刀具以设定的进给量从所在点出发，直线插补到目标点(终点)。

注意事项：

①G01 指令主要用于完成端面、内圆、外圆、槽、倒角、圆锥面等表面的加工。

②该指令用于直线或斜线运动，可以使数控车床沿 X 轴、Z 轴方向执行单轴运动，也可以沿 X、Z 平面内任意斜率的直线运动。

③在程序中，应用第一个 G01 指令时，一定要指定一个进给量 F。F 为模态代码，在后面的程序段中，若没有指定新的 F 指令，进给速度 F 将保持不变。

④G01 为模态指令，可被同组指令(G01、G02、G03 等)注销。

## 任务三　阶梯轴编程与操作

【例 2-1】车削台阶零件，如图 2-2-2 所示，毛坯为 ϕ46×100 的棒料，材料 45 钢。

1.分析零件图

(1)ϕ46 的圆柱面不需要加工。

(2)需要加工的表面有右端面、ϕ26 圆柱面。

2.确定数控车削加工工艺

(1)确定工艺路线

该零件分 4 个工步完成：车右端面→粗车 ϕ26 圆柱面→精车 ϕ26 圆柱面→切断。

(2)选择装夹工具

用三爪自定心卡盘，装夹 ϕ46 棒料的外表面，棒料伸出卡盘长度为 80 mm。

(3)选择刀具

T01 号刀为 90°偏刀，加工外圆和端面。

T02 号刀为切断刀，切断工件，选左刀尖点为刀位点，刀宽 4 mm。

(4)确定切削用量(如表 2-2-1 所示)

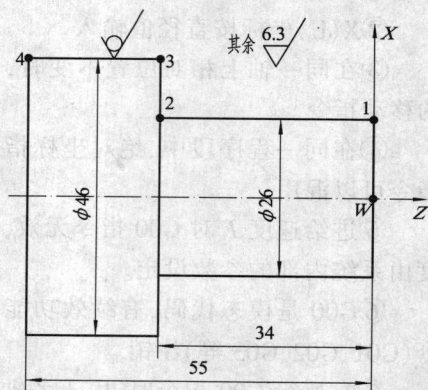

图 2-2-2

表 2-2-1

| 切削用量 / 工步 | 背吃刀量/mm | 进给量/mm·r⁻¹ | 主轴转速/r·min⁻¹ |
|---|---|---|---|
| 车右端面 | | 0.1 | 500 |
| 粗车 ϕ26 外圆 | 2 | 0.2 | 500 |
| 精车 ϕ26 外圆 | 0.5 | 0.1 | 800 |
| 切断 | | 0.1 | 400 |

### 3.设定工件坐标系

选取工件右端面与轴线中心点为工件坐标系的原点。

### 4.参考程序见下表（FANU 系统编程）

表 2-2-2 为图 2-2-2 所示零件的加工程序。

表 2-2-2

| 程序名 | O2001; | |
|---|---|---|
| 程序段号 | 程序内容 | 说　明 |
| N10 | G00 G40 G21 G97 G99; | 机床工艺初始化 |
| N20 | G00 X150.0; | 换刀点 |
| N30 | Z150.0; | |
| N40 | T0101; | 换 1 号刀,调用 01 号刀补 |
| N50 | M03 S500; | 主轴正转,转速 500 r/min |
| N60 | M08; | 切削液打开 |
| N70 | G00 X50.0; | 切削起点(50,5) |
| N80 | Z5.0; | |
| N90 | G01 Z0 F0.2; | 车削右端面 |
| N100 | X−1.0 F0.1; | 分 5 次粗车 $\phi26$ 外圆 |
| N110 | G00 Z5.0; | |
| N120 | X42.0; | |
| N130 | G01 Z−33.9 F0.2; | Z 方向预留 0.1 mm 余量 |
| N140 | X50.0; | |
| N150 | G00 Z5.0; | |
| N160 | X38.0; | |
| N170 | G01 Z−33.9; | |
| N180 | X50.0; | |
| N190 | G00 Z5.0; | |
| N200 | X34.0; | |
| N210 | G01 Z−33.9; | |
| N220 | X50.0; | |
| N230 | G00 Z5.0; | |
| N240 | X30.0; | |
| N250 | G01 Z−33.9; | X 方向预留 0.5 mm 余量 |
| N260 | X50.0; | |
| N270 | G00 Z5.0; | |
| N280 | X26.5; | |
| N290 | G01 Z−33.9; | |
| N300 | X50.0; | |
| N310 | G00 Z5.0; | 精车 $\phi26$ 外圆 |
| N320 | X26.0; | |
| N330 | G01 Z−34.0 F0.1; | |
| N340 | X50.0; | |
| N350 | G00 X150.0; | 返回换刀点 |
| N360 | Z150.0; | |
| N370 | M05; | |
| N380 | M09; | |
| N390 | M00; | 程序暂停,检查工件尺寸 |
| N400 | T0202; | 换 2 号切断刀,调用 02 号刀补 |
| N410 | M03 S400; | |
| N420 | M08; | |
| N430 | G00 X50.0; | 到达切断位置 |
| N440 | Z−59.0; | |
| N450 | G01 X−1.0 F0.1; | |
| N460 | X50.0; | |
| N470 | G00 X150.0; | 退回换刀点 |
| N480 | Z150.0; | |
| N490 | M09; | 冷却液关 |
| N500 | M05; | 主轴停 |
| N510 | M30; | 程序结束 |

华中系统编程,只需在 N10 行前加 N5:%2001,修改 N10:G00 G40 G21 G97 G94,再将所有 F 的单位由 mm/r 换算成 mm/min。

【例2-2】车削台阶零件,如图2-2-3所示,毛坯为ø46×100的棒料,材料45钢。试编写其加工程序。

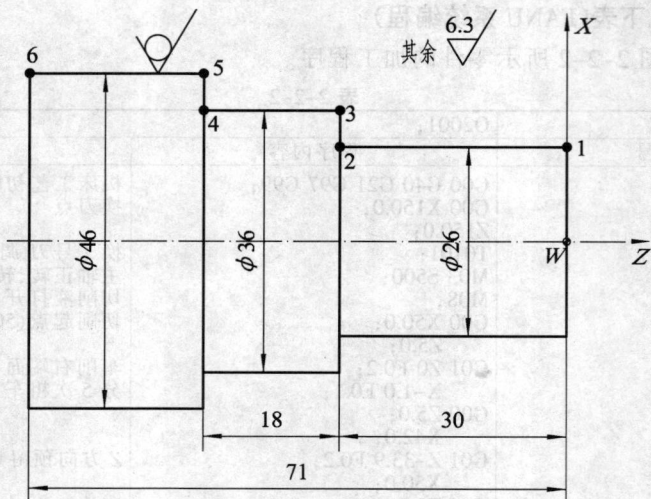

图 2-2-3

1.分析零件图

(1)ø46的圆柱面不需要加工。

(2)需要加工的表面有右端面,ø26、ø36外圆柱面。

2.确定数控车削加工工艺

(1)确定工艺路线

该零件分4个工步完成:

车右端面→粗车 ø36、ø26 圆柱面→精车 ø36、ø26 外圆柱面→切断。

(2)选择装夹工具

用三爪自定心卡盘,装夹 ø46 棒料的外表面,棒料伸出卡盘长度为 100 mm。

(3)选择刀具

T01 号刀为 90°偏刀,加工外圆和端面。

T02 号刀为切断刀,切断工件,选左刀尖点为刀位点,刀宽 4 mm。

(4)确定切削用量(如表 2-2-3 所示)

表 2-2-3

| 切削用量<br>工步 | 背吃刀量/ mm | 进给量/mm·r⁻¹ | 主轴转速/r·min⁻¹ |
|---|---|---|---|
| 车右端面 | | 0.1 | 500 |
| 粗车 ø36、ø26 外圆 | 2 | 0.2 | 500 |
| 精车 ø36、ø26 外圆 | 0.5 | 0.1 | 800 |
| 切断 | | 0.1 | 400 |

3.设定工件坐标系

选取工件右端面的中心点为工件坐标系的原点。

**4.参考程序见表2-2-4(FANUC系统编程)**

表2-2-4 图2-2-3所示零件的加工程序

| 程序名 | O2002; | |
|---|---|---|
| 程序段号 | 程序内容 | 说　明 |
| N10 | G00 G40 G21 G97 G99; | 机床工艺初始化 |
| N20 | G00 X150.0; | 换刀点 |
| N30 | Z150.0; | |
| N40 | T0101; | 换1号刀,调用01号刀补 |
| N50 | M03 S500; | 主轴正转,转速500 r/min |
| N60 | M08; | 切削液打开 |
| N70 | G00 X50.0; | 切削起点(50,5) |
| N80 | Z5.0; | |
| N90 | G01 Z0 F0.2; | 车削右端面 |
| N100 | X−1.0 F0.1; | |
| N110 | G00 Z5.0; | 分3次粗车 ø36 外圆 |
| N120 | X42.0; | |
| N130 | G01 Z−47.9 F0.2; | Z 方向预留 0.1 mm 留量 |
| N140 | X50.0; | |
| N150 | G00 Z5.0; | |
| N160 | X38.0; | |
| N170 | G01 Z−47.9; | |
| N180 | X50.0; | |
| N190 | G00 Z5.0; | X 方向预留 0.5 mm 留量 |
| N200 | X36.5; | |
| N210 | G01 Z−47.9; | |
| N220 | X50.0; | 分2次粗车 ø26 外圆 |
| N230 | G00 Z5.0; | |
| N240 | X32.0; | |
| N250 | G01 Z−29.9; | Z 方向预留 0.1 mm 留量 |
| N260 | X50.0; | |
| N270 | G00 Z5.0; | X 方向预留 0.5 mm 留量 |
| N280 | X26.5; | |
| N290 | G01 Z−29.9; | |
| N300 | X50.0; | |
| N310 | G00 Z5.0; | |
| N320 | X26.0; | |
| N330 | G01 Z−30.0 F0.1; | 精车 ø36、ø26 外圆 |
| N340 | X36.0; | |
| N350 | Z−48.0; | |
| N360 | X46.0; | |
| N370 | X50.0; | |
| N380 | G00 X150.0; | 返回换刀点 |
| N390 | Z150.0; | |
| N400 | M05; | |
| N410 | M09; | |
| N420 | M00; | 程序暂停,检查工件尺寸 |
| N430 | T0202; | 换2号切断刀,调用02号刀补 |
| N440 | M03 S400; | |
| N450 | M08; | |
| N460 | G00 X50.0; | 到达切断位置 |
| N470 | Z−75.0; | |
| N480 | G01 X−1.0 F0.1; | 切断工件 |
| N490 | X50.0; | |
| N500 | G00 X150.0; | 退回换刀点 |
| | Z150.0; | |
| | M09; | 冷却液关 |
| | M05; | 主轴停 |
| | M30; | 程序结束 |

华中系统编程,只需在 N10 行前加 N5:%2001,修改 N10:G00 G40 G21 G97 G94,再将所有 F 的单位由 mm/r 换算成 mm/min。

### 5.注意事项

(1)对于车削件,一般先车端面,这样有利于确定长度方向的尺寸。

(2)在车削右端面时,为了方便对刀,车小余量(1~2 mm)端面,一般采用90°右偏刀车削,而且刀尖一定要与工件轴线等高,否则将在端面中心处留下小凸台或将刀尖损坏。

(3)对于数控车削来说,由于对刀时须车削,因此端面一般都用手动车削,编程时可以不将端面程序编出。

(4)车削台阶轴时首先应车直径较大的一端,以免降低零件的刚性。在车削时不能采用45°外圆车刀,左向台阶和工件外圆只能用90°右偏刀。90°右偏刀也适合于车削直径较大和长度较短的工件端面。

(5)工件若过长,应采用一夹一顶的装夹方式,这种方式在编程退刀时应注意刀具不能与尾座相撞。

(6)零件在精车后,一般先不要切断,应先让程序暂停,检查各部分尺寸及精度是否符合图纸要求,若直径尺寸和长度尺寸不符合图纸要求,则要在 OFFSET 工具补正/磨耗中进行调整,若表面粗糙度值达不到要求,则应从刀具和切削用量选择两个方面进行调整。待工件符合图纸要求后,再进行切断操作。

## 习题五

1.试述 G00、G01 指令的异同。使用时应注意哪些事项?

2.零件如图 2-2-4 所示,毛坯为 ϕ50×60 的棒料,材料 45 钢。试编制其加工程序。

3.零件如图 2-2-5 所示,毛坯为 ϕ50×100 的棒料,材料 45 钢。试编制其加工程序。

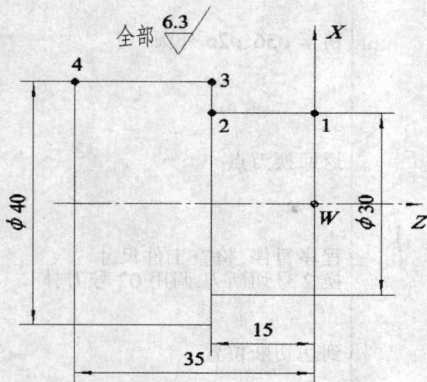

图 2-2-4

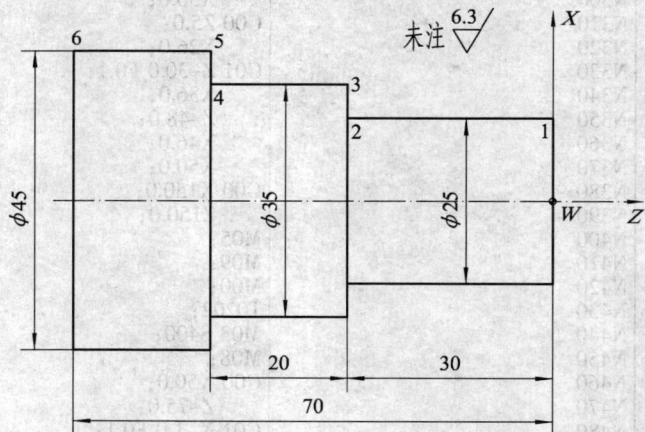

图 2-2-5

# 课题三　外圆锥面编程与加工操作

## 【知识目标】

1.会识读零件图;

2.会运用基本编程指令;

3.掌握程序编制方法;

4.掌握圆锥面的加工工艺制订。

## 【技能目标】

1.掌握工具、量具、夹具的使用方法,会正确安装工件和刀具;

2.掌握数控加工简单锥面类零件的方法;

3.能熟练进行外圆轮廓刀、切槽刀对刀的操作及其参数设置;

4.掌握程序的编辑操作及程序的校验。

## 任务一　外圆锥面加工编程的工艺知识

### 1.圆锥参数及圆锥尺寸的计算

如图 2-3-1 所示,常用的圆锥台参数有:

(1)圆锥台大端直径 $D$;

(2)圆锥台小端直径 $d$;

(3)圆锥台长度 $L$;

(4)圆锥半角: $\dfrac{\alpha}{2}$。

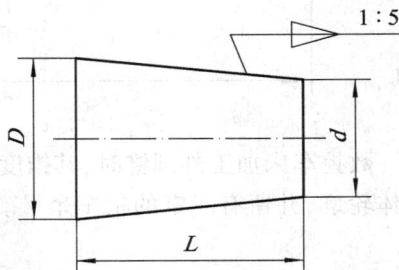

图 2-3-1

圆锥四个参数之间的关系,即　　$\tan(\dfrac{\alpha}{2})=\dfrac{D-d}{2L}$ 　　　　①

圆锥半角 $\dfrac{\alpha}{2}$ 须查三角函数表,也可用近似公式:

$$\dfrac{\alpha}{2}=28.70\times(D-d)/L\approx28.70\times C$$

(5)圆锥锥度 $C$:圆锥台大端直径和小端直径之差与圆锥台长度的比值称为圆锥锥度。

即　　　　　　　　　　　　　$C=\dfrac{D-d}{L}$ 　　　　　　　　②

由②式可知: $D=d+CL,d=D-CL$

### 2.刀具选择

用数控车床加工圆锥时,使用的刀具一般与车削阶梯轴时的刀具相同。车削倒锥时,要注意选用副偏角较大的刀具,使刀具副切削刃不与锥面相碰。

### 3.加工路线的确定

外圆锥有正锥(2-3-1)和倒锥(2-3-2)两种情况。

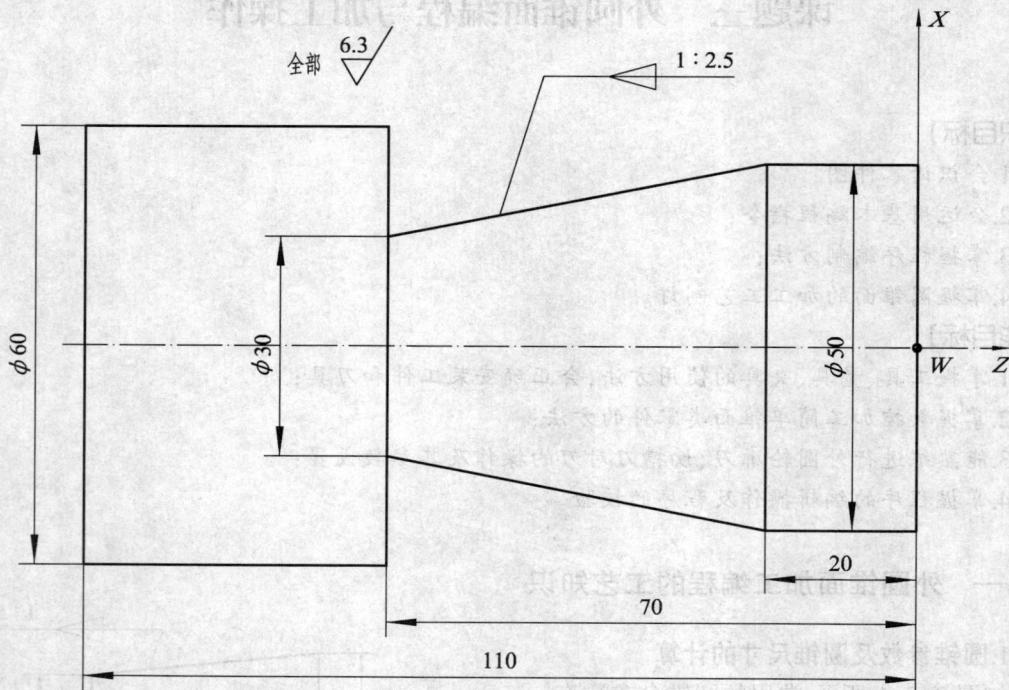

图 2-3-2

数控车床加工外圆锥时,其锥度由加工锥体的起点和终点坐标决定,粗加工时直接形成锥体轮廓,并留有一定的精车余量。此外,要注意退刀路线的合理安排,避免刀具与零件碰撞。

## 任务二  外圆锥面编程加工的方法

### 1.刀尖圆弧半径补偿

(1)刀尖半径

数控机床是按理论刀尖运动位置进行编程的。理论上刀尖是尖锐的,如图 2-3-3(a)所示,而实际选用的刀具的刀尖不可能绝对尖锐,总有一个圆弧过渡刃,如图 2-3-3(b)所示,因此,车刀切削时,实际切削点是过渡刃圆弧与零件轮廓表面的切点。车削圆柱和端面时,切削刃轨迹与工件轮廓一致,并无误差产生。车削锥面和圆弧时,切削刃实际车出的形状与零件轮廓并不一致,会产生欠切现象或过切现象,导致零件表面精度不高,因此,应考虑刀尖圆弧半径对零件加工位置与形状的影响。现代数控车床的数控系统中均具有刀具补偿功能,可对刀尖圆弧半径引起的误差进行补偿,称为刀具半径补偿。

(2)理论刀尖

如图 2-3-3(b)中的 $P$ 点为该刀具的理论刀尖,相当于图(a)尖头刀的刀尖点。理论刀尖实际上是不存在的。

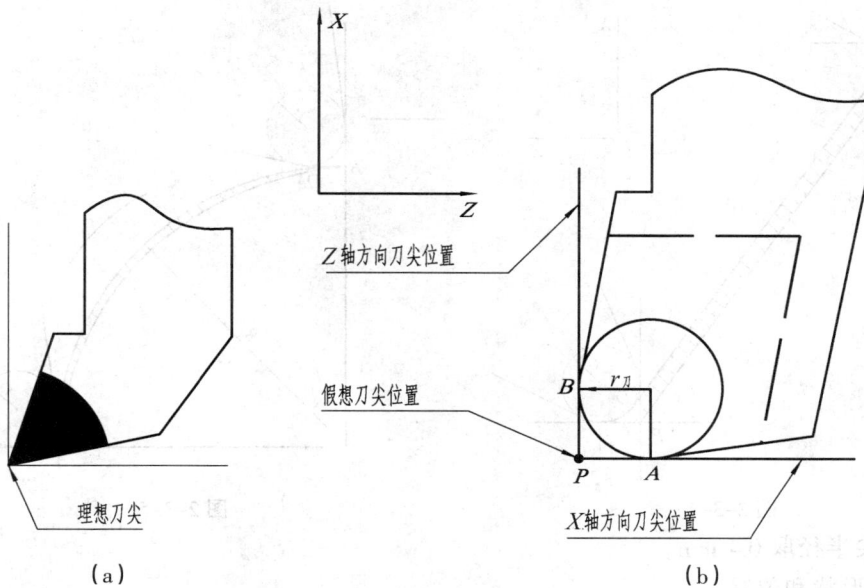

图 2-3-3　刀尖半径

(3)按理论刀尖加工零件产生的误差

按理论刀尖车削锥面时,如图 2-3-4 所示,AB 为工件轮廓,理论刀尖轨迹 $P_1P_2$ 与 AB 重合,刀具实际切削轨迹 CD 与 AB 不重合,因此,按理论刀尖车削锥面时有加工误差(产生欠切削现象)。

按理论刀尖车削圆弧面时,如图 2-3-5 所示,AB 为工件轮廓,理论刀尖轨迹与 AB 重合,刀具实际切削轨迹 CD 与 AB 不重合,因此,按理论刀尖车削圆弧面时也有加工误差(产生过切削现象)。

采用刀尖半径补偿的方法,把刀尖圆弧半径和刀尖圆弧位置等参数输入刀具数控系统内,然后按工件的实际轮廓编程。数控系统会自动计算刀刃轨迹并进行补偿,然后进行切削加工,从而消除了刀尖圆弧引起的加工误差。

刀具半径补偿的方法是在加工前,通过机床数控系统的操作面板向系统存储器中输入刀具半径补偿的相关参数,即刀尖圆弧半径 R 和刀尖方位 T。编程时,按零件轮廓编程,并在程序中采用刀具半径补偿指令。当系统执行程序中的半径补偿指令时,数控装置读取存储器中相应刀具号的半径补偿参数,刀具自动沿刀尖方位 T 方向偏离零件轮廓一个刀尖圆弧半径值 R,刀具按刀尖圆弧圆心轨迹运动,加工出符合要求的零件。

(4)刀具半径补偿参数及设置

①刀尖半径设置

补偿刀尖圆弧半径后,刀具自动偏离零件轮廓一个半径距离。因此,必须将刀尖圆弧半径尺寸值输入系统的存储器中。刀尖圆弧半径尺寸值可由刀具、刀片使用说明手册查得。一般粗加工取 0.8 mm,半精加工取 0.4 mm,精加工取 0.2 mm。若粗加工、精加工采用同一把

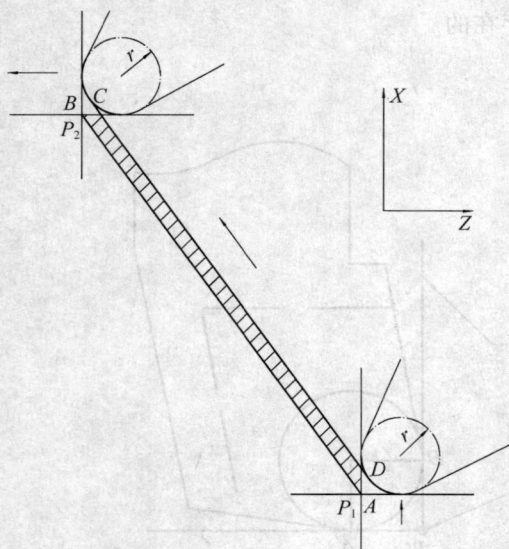

图 2-3-4

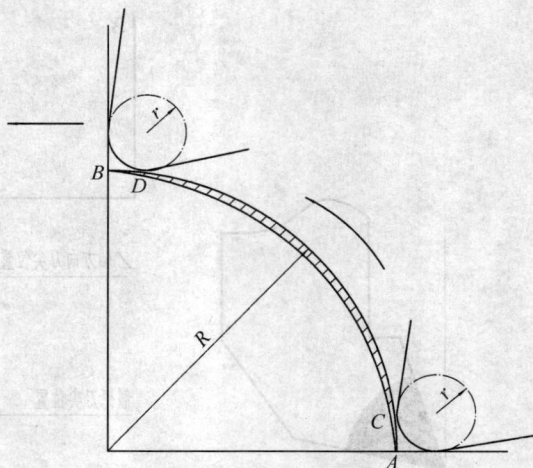

图 2-3-5

刀,一般刀尖半径取 0.4 mm。

②车刀形状和位置

车刀形状不同,决定刀尖圆弧所处的位置不同,执行刀具补偿时,刀具自动偏离零件轮廓的方向也就不同。因此,也要把代表车刀形状和位置的参数输入存储器中。车刀形状和位置参数称为刀尖方位 $T$,共有 9 种,分别用参数 0~9 表示,$P$ 为理论刀尖点。若刀尖方位号设为 0 或 9 时, 机床将以刀尖圆弧中心为刀位点进行刀补计算处理;当刀尖方位号设为 1~8 时,机床将以假想刀尖为刀位点,根据相应的代码方位进行刀补计算处理。常见刀具刀尖方位 $T$:外圆右偏刀 $T=3$,镗孔右偏刀 $T=2$,右切刀 $T=3$,螺纹刀 $T=8$。根据装刀位置、刀具形状确

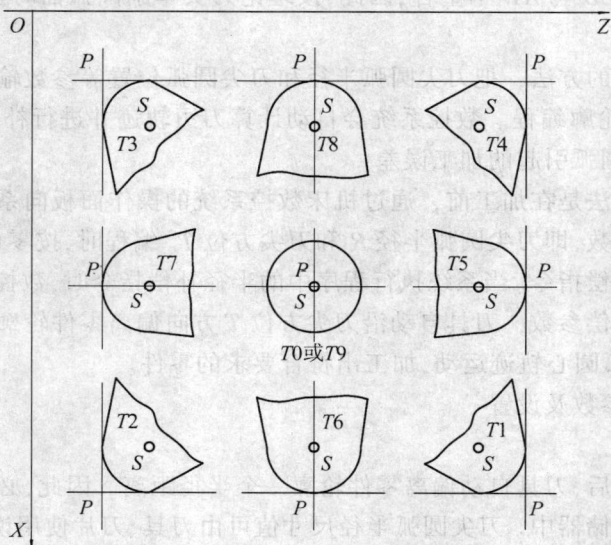

图 2-3-6　理论刀尖方位号

定刀尖方位号,通过机床面板上的功能键 OFFSET(刀具补正/形状)分别设定、修改这些参数值。

理论刀尖的方位如图 2-3-6、2-3-7、2-3-8 所示,从刀尖中心观察的理论刀尖方位由切削时刀具的方向决定,它必须同偏移值一起提前设定。

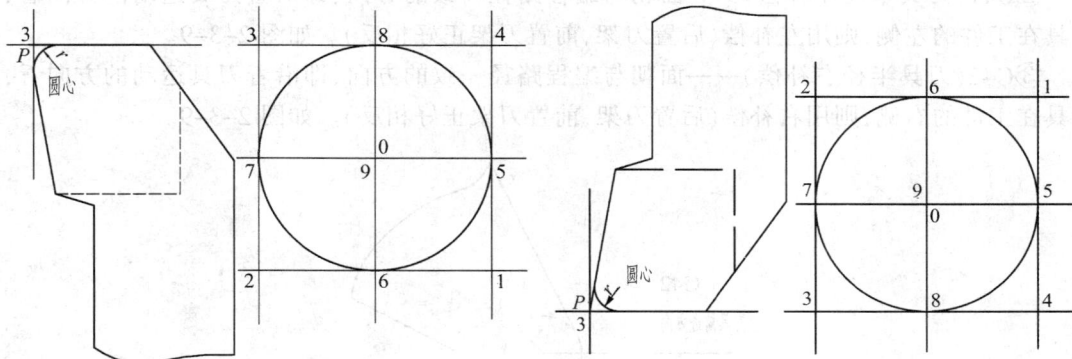

图 2-3-7　前置刀架理论刀尖位置序号(方位号)确定　图 2-3-8　后置刀架假想刀尖位置序号(方位号)确定

说明:将刀具圆弧中心放置在坐标中心原点处,刀具圆弧落在哪个象限,则该数字就为该刀具的理论刀尖位置序号(即方位号)。

(4)刀具半径补偿指令(G41、G42、G40)

格式:

| G40 | G00 | X(U)＿＿＿Z(W)＿＿＿; |
| G41 | | |
| G42 | G01 | X(U)＿＿＿Z(W)＿＿＿F＿＿＿; |

说明:

X(U)、Z(W)为建立(G41、G42)或取消(G40)刀具补偿程序段中刀具移动的终点(目标点)坐标。

注意事项:

①G41、G42、G40 指令只能与 G01 或 G00 指令一起配合使用,并通过直线运动建立或取消刀补。

②G41、G42、G40 为模态指令,可相互注销。

③G41、G42 不能同时使用,即同一程序段中不能同时出现。

④建立(或取消)刀补必须选择合适的位置,即在到达起刀点(或从起刀点回退)的过程中。

⑤G40 与 G41、G42 要成对出现(即建立刀补后,程序结束前必须取消刀补)。

⑥刀具在进入切削前要建立完刀补,刀具在切削完工件离开工件后取消刀补。刀具在切削过程中不能建立刀补或取消刀补。

⑦建立刀补和取消刀补时,刀具移动距离至少要大于刀尖半径的 0.8 倍以上。

⑧进行刀补的建立和取消时,刀具位置的变化是一个渐变的过程。刀具补偿的引入和取消必须在不切削的空行程段上进行。

79

功能:

①G40——解除(取消)刀具半径补偿。应写在程序开始的第一个程序段及取消刀具半径补偿的程序段,取消 G41、G42 指令。使用该指令后,G41、G42 指令失效,即理论刀尖轨迹与编程轨迹重合。

②G41(刀具半径左补偿)——面朝与编程路径一致的方向,即沿着刀具运动的方向看,刀具在工件的左侧,则用左补偿(后置刀架,前置刀架正好相反)。如图 2-3-9。

③G42(刀具半径右补偿)——面朝与编程路径一致的方向,即沿着刀具运动的方向看,刀具在工件的右侧,则用右补偿(后置刀架,前置刀架正好相反)。如图 2-3-9。

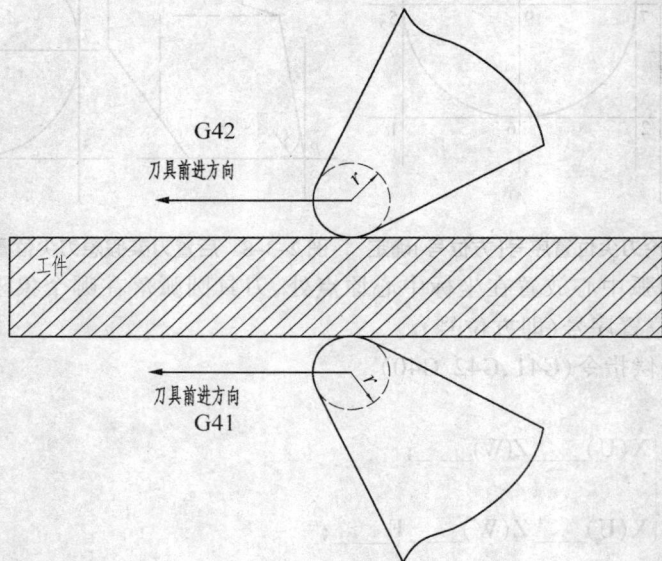

图 2-3-9  G41、G42 指令

(5)刀具半径补偿的其它应用

①当刀具磨损或刀具重磨后,刀尖圆弧半径变化,只需重新设置刀尖圆弧半径的补偿量,不必修改程序就可以进行加工。

②应用刀具半径补偿,可使用同一个加工程序,对零件轮廓分别进行粗加工、精加工。若精加工余量为 $\Delta$,则粗加工时设置补偿量为 $r+\Delta$;精加工时设置补偿量为 $r$ 即可。

## 任务三  外圆锥面编程与加工操作

【例 2-3】加工如图 2-3-10 所示零件,已知毛坯为 $\phi46\times80$,材料 45 钢,试编制其加工程序。

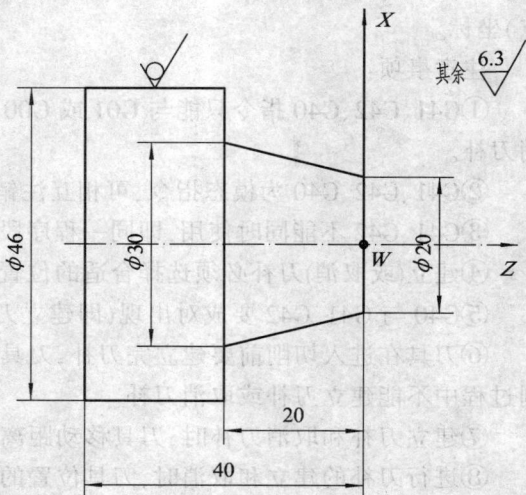

图 2-3-10

### 1.工艺分析

该零件由外圆柱面及圆锥面组成，$\phi$46 圆柱面不需要加工，需要加工的表面有右端面、圆锥表面。零件材料为 45 钢，切削加工性能较好，无热处理和硬度要求。

### 2.工艺过程

(1)确定工艺路线:车右端面 →粗车外圆锥面→精车外圆锥面→切断;

(2)选择装夹工具:用三爪自定心卡盘，装夹 $\phi$46 棒料的外圆表面，棒料伸出卡盘长度 85 mm;

(3)对刀,设置编程原点 O 在右端面中心;

(3)粗车外圆锥面;

(4)精车外圆锥面至要求尺寸;

(5)切断。

### 3.选择刀具

1 号刀为硬质合金 93°偏刀,用于粗加工、精加工零件各表面,刀尖半径 $R$=0.4 mm,刀尖方位 $T$=3,置于 T01 刀位;2 号刀为切断刀,选左刀尖作为刀位点,刀宽 4 mm。

### 4.确定切削用量

切削用量如表 2-3-1 所示。

表 2-3-1 　图 2-3-10 所示零件的切削用量

| 工步 ＼ 切削用量 | 背吃刀量/mm | 进给量/mm·r⁻¹ | 主轴转速/r·mm⁻¹ |
|---|---|---|---|
| 车右端面 | | 0.1 | 500 |
| 粗车外圆锥面 | 2 | 0.2 | 500 |
| 精车外圆锥面 | 0.5 | 0.1 | 800 |
| 切断 | | 0.1 | 400 |

### 4.编程

参考程序如表 2-3-2(FANUC 系统编程)

表 2-3-2 　图 2-3-10 所示零件的参考程序

| 程序名 | O2003; | |
|---|---|---|
| 程序段号 | 程序内容 | 说　明 |
| N10 | G00 G40 G21 G97 G99; | 机床工艺初始化 |
| N20 | G00 X150.0; | 换刀点 |
| N30 | 　　Z150.0; | |
| N40 | T0101; | 换 1 号刀,调用 01 号刀补 |
| N50 | M03 S500; | 主轴正转,转速 500 r/min |
| N60 | M08; | 切削液打开 |
| N70 | G00 G42 X50.0; | 快速到达切削起点过程中建立右刀补 |
| N80 | 　　Z5.0; | |
| N90 | G01 Z0 F0.2; | 车削右端面 |
| N100 | 　　X-1.0 F0.1; | |
| N110 | G00 Z5.0; | 分 4 次粗车至 $\phi$30 外圆柱 |
| N120 | 　　X42.0; | |
| N130 | G01 Z-19.9 F0.2; | Z 方向预留 0.1 mm 余量 |
| N140 | 　　X50.0; | |
| N150 | G00 Z5.0; | |
| N160 | 　　X38.0; | |
| N170 | G01 Z-19.9; | |

续表 2-3-2

| 程序名 | O2003; | |
|---|---|---|
| 程序段号 | 程序内容 | 说　明 |
| N180 | X50.0; | |
| N190 | G00 Z5.0; | |
| N200 | X34.0; | |
| N210 | G01 Z−19.9; | |
| N220 | X50.0; | |
| N230 | G00 Z5.0; | |
| N240 | X30.5; | X 方向预留 0.5 mm 留量 |
| N250 | G01 Z−19.9; | |
| N260 | X50.0; | |
| N270 | G00 Z5.0; | |
| N280 | X26.0; | |
| N290 | G01 X30.5 Z−19.9; | 分 3 次沿锥面粗车 |
| N300 | X50.0; | |
| N310 | G00 Z5.0; | |
| N320 | X22.0; | |
| N330 | G01 X30.5 Z−19.9; | |
| N340 | X50.0; | |
| N350 | G00 Z5.0; | |
| N360 | X20.5; | X 方向预留 0.5 mm 留量 |
| N370 | G01 X30.5 Z−19.9; | |
| N380 | X50.0; | |
| N390 | G00 Z5.0; | |
| N400 | X20.0 S800; | 精车外圆锥面 |
| N410 | G01 X30.0 Z−20.0 F0.1; | |
| N420 | G40 G01 X50.0; | |
| N430 | G00 X150.0; | 返回换刀点 |
| N440 | Z150.0; | |
| N450 | M09; | 切削液停 |
| N460 | M05; | 主轴停 |
| N470 | M00; | 程序暂停,检查工件尺寸 |
| N480 | T0202; | 换 2 号切断刀,调用 02 号刀补 |
| N490 | M03 S400; | |
| N500 | M08; | |
| N510 | G00 X50.0; | 到达切断位置 |
| N520 | Z−44.0; | |
| N530 | G01 X−1.0 F0.1; | 切断工件 |
| N540 | X50.0; | |
| N550 | G00 X150.0; | 退回换刀点 |
| N560 | Z150.0; | |
| N570 | M09; | 冷却液关 |

　　华中系统编程,只需在 N10 行前加 N5:%2001,修改 N10:G00 G40 G21 G97 G94,再将所有 F 的单位由 mm/r 换算成 mm/min。

　　说明:

　　(1)车削圆锥面时,刀尖必须严格对准工件轴线,否则将产生双曲线误差。

　　(2)锥度一般用量规检验,用涂色法检验其接触大小确定锥度的正确性。用圆锥塞规检验锥孔时,涂层应薄而均匀,套合时用力要轻,转动量一般在半圈以内。转动量过多不便于观测,以致误判。要求套规和外圆锥的接触面积达 60%以上。若发现只有大端部分接触,则说明锥角太小;反之,若发现只有小端部分接触,则说明锥角太大。

　　(3)锥径一般可用圆锥界限量规检验,当工件的端面在圆锥量规台阶或两刻度线中间时即为合格。

## 习题六

1.为什么要进行刀具半径补偿？刀尖方位号 T 的含义是什么？如何确定？

2.试述 G40、G41、G42 指令的含义,使用时应注意哪些事项？

3.如图 2-3-11 所示零件,毛坯为 ø50×100 的圆棒料,材料 45 钢。试编写其加工程序。

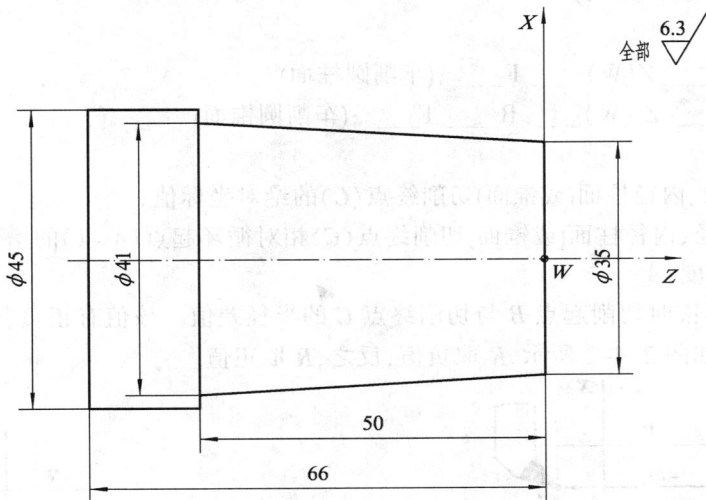

图 2-3-11

# 课题四 循环指令编程与加工操作

【知识目标】

1.会识读零件图；

2.会运用固定循环编程指令；

3.会掌握程序编制方法；

4.掌握圆锥面的加工工艺制订。

【技能目标】

1.掌握工具、量具、夹具的使用方法,会正确安装工件和刀具；

2.掌握数控加工简单锥面类零件的方法；

3.能熟练进行外圆轮廓刀、切槽刀对刀的操作及其参数设置；

4.掌握程序的编辑操作及程序的校验。

对于加工余量较大的毛坯,刀具常常反复执行相同的动作,需要编写很多相同或相似的程序段,为了简化程序,缩短编程时间,用一个或几个程序段指定刀具做反复切削动作,这就是循环指令功能。循环指令包括简单形状固定循环指令和复合形状固定循环指令。

## 任务一　简单形状固定循环指令编程与加工操作

### 1.内、外圆柱(圆锥)面切削循环指令

(1)FANUC 系统(G90)

格式:

G90 X(U)＿＿＿ Z(W)＿＿＿ F＿＿＿;(车削圆柱面)

G90 X(U)＿＿＿ Z(W)＿＿＿ R＿＿＿ F＿＿＿;(车削圆锥面)

说明:

X、Z 为外径、内径柱面(或锥面)切削终点($C$)的绝对坐标值;

U、W 为外径、内径柱面(或锥面)切削终点($C$)相对循环起点($A$ 点)的增量坐标;

F 为切削速度;

R 为车削圆锥时切削起点 $B$ 与切削终点 $C$ 的半径差值。该值有正负,若 $B$ 点半径值小于 $C$ 点半径值,如图 2-4-2 所示,$R$ 取负值,反之,$R$ 取正值。

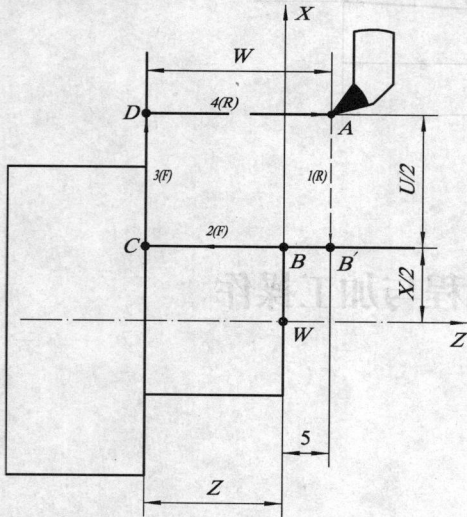

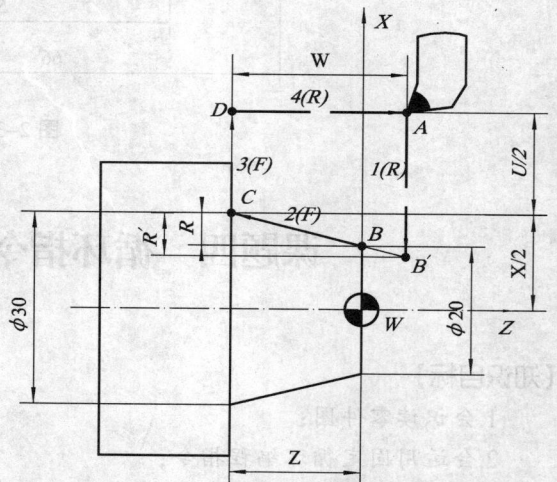

图 2-4-1　G90 切削圆柱面循环动作(走刀轨迹)　　图 2-4-2　G90 指令切削圆锥面循环动作(走刀轨迹)

功能:

实现外圆柱面(圆锥面)和内圆柱面(图 2-4-3)、内圆锥面(图 2-4-4)毛坯余量较大的零件的粗车。

图 2-4-1、2-4-2 所示为刀具从循环起点开始按矩形循环,最后又回到循环起点的过程。运动轨迹是 1→2→3→4,其中轨迹 1、4 为快速运动(以 G00 方式进行),轨迹 2、3 为切削进给(以 G01 方式进行)。U、W 的符号取决于轨迹 1、2 的运动方向,图中 U、W 均为负值。图中 D 点为退刀点,$B'$ 点为 Z 向考虑安全距离后的延伸点。

注意事项：

①用绝对坐标编程时，$X$ 以直径值表示；用增量坐标值编程时，$U$ 为实际径向位移量的 2 倍值。$F$ 为进给量。

②使用该指令时，只需指定刀具切削终点的坐标值，刀具即可完成一个加工循环。

③G90 动作的第一步为 G00 快速走刀，应注意循环起点的位置设置，为了确保安全，一般 $X$ 方向比坯料大 2~3 mm（单边），$Z$ 方向距离工件右端面 2~5 mm。

④$R$ 为圆锥体大小端的半径差。由于刀具沿径向移动是快速移动，为避免打刀，刀具在 $Z$ 向应该有一定的安全距离。所以在考虑 $R$ 时，应按延伸后的值进行考虑（如图 2-4-2 中 $R=-6.25$ 而不是 $R=-5$，$R'$ 为考虑安全距离后的实际值，$R$ 为理论值）。编程时，还应注意 $R$ 的符号，具体确定的方法是：锥面起点 $X$ 坐标大于终点 $X$ 坐标时取正，反之取负。

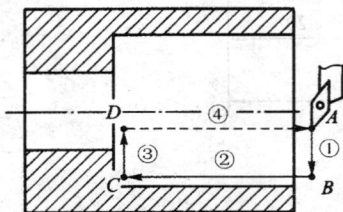

图 2-4-3　G90 切削内圆柱面循环动作　　　图 2-4-4　G90 切削内圆锥面循环动作

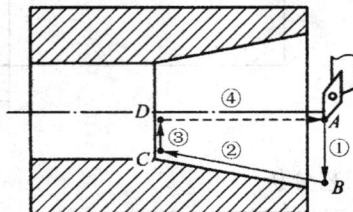

(2)华中"世纪星"系统(G80)

格式：

G90 X(U)＿＿ Z(W)＿＿ F＿＿；(车削圆柱面)

G90 X(U)＿＿ Z(W)＿＿ R＿＿ F＿＿；(车削圆锥面)

说明：

X、Z 为外径、内径柱面切削终点($C$)的绝对坐标值；

U、W 为外径、内径柱面切削终点($C$)相对循环起点($A$ 点)的增量坐标；

I 值为圆锥面切削始点 $B$ 与切削终点 $C$ 的半径差值，有正负。

F 为切削速度。

功能：

实现外圆柱面(或圆锥)和内圆柱面(圆锥面)毛坯余量较大的零件粗车。

如图 2-4-1、图 2-4-2、图 2-4-3、图 2-4-4 所示，刀具从循环起点 $A$ 开始按矩形 $A \rightarrow B \rightarrow C \rightarrow D \rightarrow A$ 进行循环，最后又回到循环起点。运动轨迹是 1→2→3→4，其中轨迹 1、4 为快速运动(G00 方式)，轨迹 2、3 为切削进给(G01 方式)。$I$ 为切削圆锥面起点半径减去终点半径的差值，有正负。对于外径车削，半径左大右小，$I$ 值为负；反之为正。对于内孔车削，半径左小右大，$I$ 值为正；反之为负。

(3)循环指令编程与加工操作

【例 2-4】如图 2-4-5 所示零件，毛坯为 $\phi46 \times 65$ 的棒料，材料 45 钢。若加工 $\phi26$ 外圆至要求尺寸，试编写加工程序。

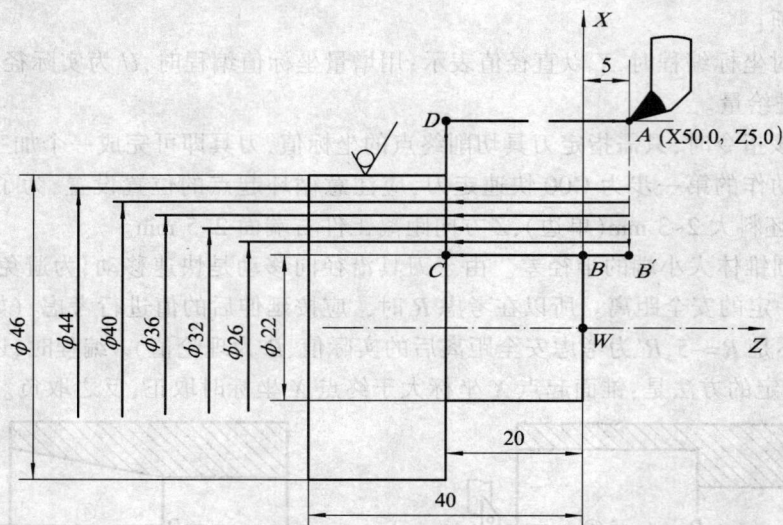

图 2-4-5

(1)工艺分析

参阅课题二【例 2-1】内容。

(2)编程

参考程序见表 2-4-1(FANUC 系统编程)、2-4-2(华中"世纪星"系统编程)。

表 2-4-1　图 2-4-5 所示零件的加工程序

| 程序名 | O2003; | |
|---|---|---|
| 程序段号 | 程序内容 | 说　明 |
| N10 | G00 G40 G21 G97 G99; | 机床工艺初始化 |
| N20 | G00 X150.0; | 换刀点 |
| N30 | Z150.0; | |
| N40 | T0101; | 换 1 号刀,调用 01 号刀补 |
| N50 | M03 S500; | 主轴正转,转速 500 r/min |
| N60 | M08; | 切削液打开 |
| N70 | G00G42 X50.0; | |
| N80 | Z5.0; | |
| N90 | G01 Z0 F0.2; | 车削右端面 |
| N100 | X−1.0 F0.1; | |
| N110 | G00 Z5.0; | 循环起点(50,5) |
| N120 | X50.0; | |
| N130 | G90 X42.0 Z−19.9 F0.2; | Z 方向预留 0.1 mm 留量 |
| N140 | X38.0; | 分 6 次粗车 |
| N150 | X34.0; | |
| N160 | X30.0; | |
| N170 | X26.0; | |
| N175 | X22.5; | X 向单边余量 0.25 mm |
| N180 | X22.0 Z−20.0 F0.1 S1000; | 精车 |
| N190 | G00G40 X150.0; | 返回换刀点 |
| N200 | Z150.0; | |
| N210 | M09; | |
| N220 | M05; | |
| N230 | M00; | 程序暂停,检查工件尺寸,设置磨耗值 |
| N240 | T0202; | 换 2 号切断刀,调用 02 号刀补 |

续表 2-4-1

| 程序名 | O2004; | |
|---|---|---|
| 程序段号 | 程序内容 | 说　明 |
| N250 | M03 S400; | 刀宽 4 mm,刀位点左刀尖 |
| N260 | M08; | |
| N270 | G00 X50.0; | |
| N280 | Z-44.0; | 到达切断位置 |
| N290 | G01 X-1.0 F0.1; | 切断工件 |
| N300 | G00 X150.0; | 退回换刀点 |
| N310 | Z150.0; | |
| N320 | M09; | 冷却液关 |
| N330 | M05; | 主轴停 |
| N340 | M30; | 程序结束 |

表 2-4-2　图 2-4-5 所示零件的加工程序

| 程序名 | %2004 | |
|---|---|---|
| 程序段号 | 程序内容 | 说　明 |
| N10 | %2004 | |
| N20 | G00 G40 G21 G97 G94; | 机床工艺初始化 |
| N30 | G00 X150.0; | 换刀点 |
| N40 | Z150.0; | |
| N50 | T0101; | 换 1 号刀,调用 01 号刀补 |
| N60 | M03 S500; | 主轴正转,转速 500r/min |
| N70 | M08; | 切削液打开 |
| N80 | G00G42 X50.0; | 循环起点(50,5) |
| N90 | Z5.0; | |
| N100 | G90 X42.0 Z-19.9 F100; | Z 方向预留 0.1 mm 留量 |
| N110 | X38.0; | 分 6 次粗车 |
| N120 | X34.0; | |
| N130 | X30.0; | |
| N140 | X26.0; | |
| N150 | X22.5 | X 向单边余量 0.25 mm |
| N160 | X22.0 Z-20.0 F80 S1000; | 精车 |
| N170 | G00G40 X150.0; | 返回换刀点 |
| N180 | Z150.0; | |
| N190 | M09; | |
| N200 | M05; | |
| N210 | M00; | 程序暂停,检查工件尺寸 |
| N220 | T0202; | 换 2 号切断刀,调用 02 号刀补 |
| N230 | M03 S400; | 刀宽 4 mm,刀位点左刀尖 |
| N240 | M08; | |
| N250 | G00 X50.0; | |
| N260 | Z-44.0; | 到达切断位置 |
| N270 | G01 X-1.0 F40; | 切断工件 |
| N280 | G00 X150.0; | 退回换刀点 |
| N290 | Z150.0; | |
| N300 | M09; | 冷却液关 |
| N310 | M05; | 主轴停 |
| N320 | M30; | 程序结束 |

【例 2-5】如图 2-4-6 所示零件,用 ø46×70 的棒料毛坯,加工零件的锥面。试编写加工程序。

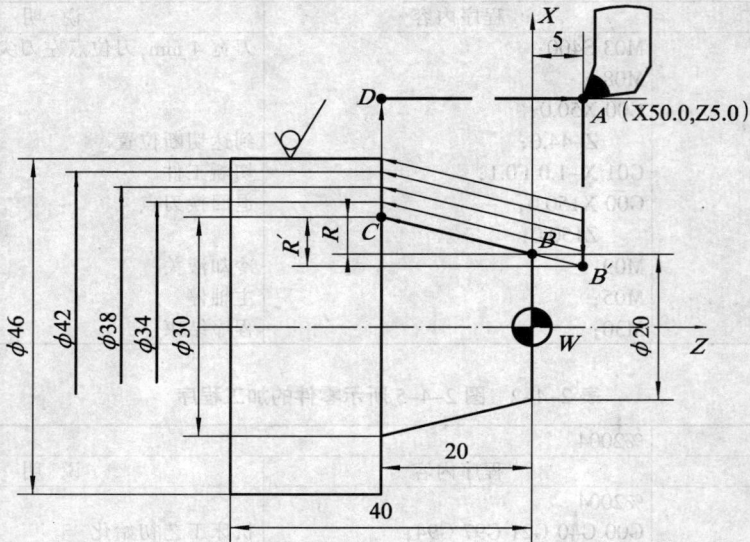

图 2-4-6

(1)工艺分析

参阅课题二【例 2-1】内容。

(2)R(I)数值计算

$$R(I)=(X_{起}-X_{终})/2$$

计算 $R(I)$ 值时,要考虑 Z 向的安全距离,应按延伸后的数值进行考虑,利用三角形的相似原理进行计算,如图 2-4-7 所示。

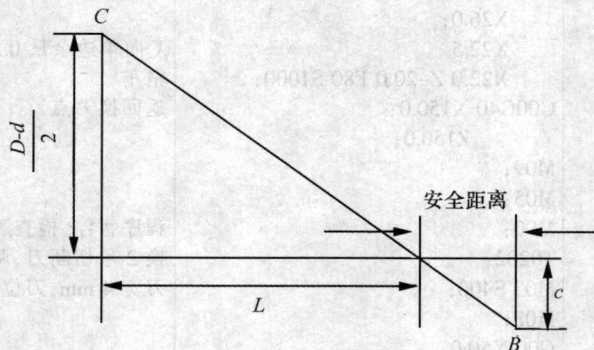

图 2-4-7

(3)编程

参考程序见表 2-4-3(FANUC 系统编程)、2-4-4(华中"世纪星"系统编程)。

表 2-4-3　图 2-4-6 所示零件的加工程序

| 程序名 | O2006; | |
|---|---|---|
| 程序段号 | 程序内容 | 说　明 |
| N10 | G00 G40 G21 G97 G99; | 机床工艺初始化 |
| N20 | G00 X150.0; | 换刀点 |
| N30 | Z150.0; | |
| N40 | T0101; | 换 1 号刀,调用 01 号刀补 |
| N50 | M03 S500; | 主轴正转,转速 500 r/min |
| N60 | M08; | 切削液打开 |
| N70 | G00 X50.0; | |
| N80 | Z5.0; | |
| N90 | G01 Z0 F0.2; | 车削右端面 |
| N100 | X-1.0 F0.1; | |
| N110 | G00 Z5.0; | 循环起点(50,5) |
| N120 | X50.0; | |
| N130 | G90 X44.0 Z-20.0 R-6.25 F0.2; | |
| N140 | X40.0 R-6.25; | 分 5 次粗车 |
| N150 | X36.0 R-6.25; | |
| N160 | X32.0 R-6.25; | |
| N170 | X31.0 R-6.25; | $X$ 向单边余量 0.5 mm |
| N180 | X30.0 Z-20.0 R-6.25 F0.1 | 精车 |
| N190 | S1000; | |
| N200 | G00 X150.0; | 返回换刀点 |
| N210 | Z150.0; | |
| N220 | M09; | |
| N230 | M05; | |
| N240 | M00; | 程序暂停,检查工件尺寸,设置磨耗 |
| N250 | T0202; | 换 2 号切断刀,调用 02 号刀补 |
| N260 | M03 S400; | 刀宽 4 mm,刀位点左刀尖 |
| N270 | M08; | |
| N280 | G00 X50.0; | |
| N290 | Z-44.0; | 到达切断位置 |
| N300 | G01 X-1.0 F0.1; | 切断工件 |
| N310 | G00 X150.0; | 退回换刀点 |
| N320 | Z150.0; | |
| N330 | M09; | 冷却液关 |
| N340 | M05; | 主轴停 |
| N350 | M30; | 程序结束 |

表 2-4-4　图 2-4-6 所示零件的加工程序

| 程序名 | %2007 | |
|---|---|---|
| 程序段号 | 程序内容 | 说　明 |
| | %2007 | |
| N10 | G00 G40 G21 G97 G94 | 机床工艺初始化 |
| N20 | G00 X150.0; | 换刀点 |
| N30 | Z150.0; | |
| N40 | T0101; | 换 1 号刀,调用 01 号刀补 |
| N50 | M03 S500; | 主轴正转,转速 500r/min |
| N60 | M08; | 切削液打开 |
| N70 | G00 X50.0; | |
| N80 | Z5.0; | |
| N90 | G01 Z0 F100; | 车削右端面 |
| N100 | X-1.0 F80; | |

续表 2-4-4

| 程序名 | %2007 | |
|---|---|---|
| 程序段号 | 程序内容 | 说　明 |
| N110 | G00 Z5.0; | 循环起点(50,5) |
| N120 | 　　X50.0; | |
| N130 | G80 X44.0 Z-20.0 I-6.25 F100; | 分 5 次粗车 |
| N140 | 　　X40.0 I-6.25; | |
| N150 | 　　X36.0 I-6.25; | |
| N160 | 　　X32.0 I-6.25; | X 向单边余量 0.5 mm |
| N170 | 　　X31.0 I-6.25; | 精车 |
| N180 | 　　X30.0 Z-20.0 I-6.25 F80 | |
| N190 | S1000; | |
| N200 | G00 X150.0; | 返回换刀点 |
| N210 | 　　Z150.0; | |
| N220 | M09; | |
| N230 | M05; | |
| N240 | M00; | 程序暂停,检查工件尺寸,设置磨耗 |
| N250 | T0202; | 换 2 号切断刀,调用 02 号刀补 |
| N260 | M03 S400; | 刀宽 4 mm,刀位点左刀尖 |
| N270 | M08; | |
| N280 | G00 X50.0; | |
| N290 | 　　Z-44.0; | 到达切断位置 |
| N300 | G01 X-1.0 F40; | 切断工件 |
| N310 | G00 X150.0; | 退回换刀点 |
| N320 | 　　Z150.0; | |
| N330 | M09; | 冷却液关 |
| N340 | M05; | 主轴停 |
| N350 | M30; | 程序结束 |

## 习题七

1.试述 G90(G80)加工圆柱面、圆锥面时的走刀路径。参数 $R(I)$ 的含义是什么？如何确定？使用时应注意哪些事项？

2.如图 2-4-8 所示零件,毛坯为 ø50×60 的圆棒料,材料 45 钢。试用 G90 指令编写其加工程序。

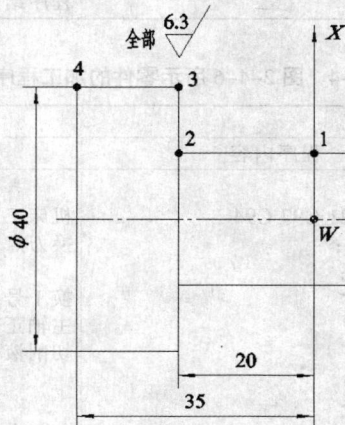

图 2-4-8

3.如图 2-4-9 所示零件,毛坯为 ∅50×100 的圆棒料,材料 45 钢。试编写其加工程序。

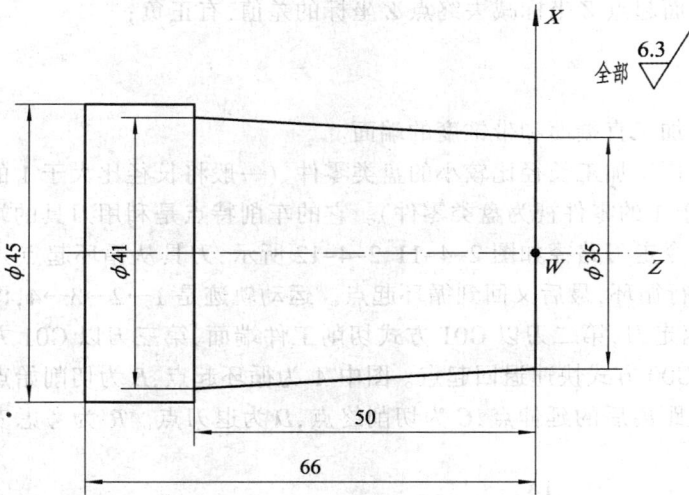

图 2-4-9

4.如图 2-4-10 所示零件,毛坯为 ∅65×150 的圆棒料,材料 45 钢。编写其加工程序。

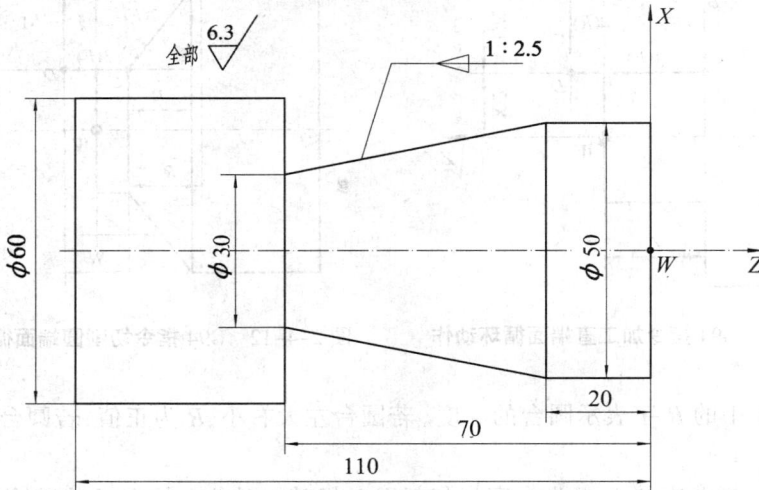

图 2-4-10

**2.圆柱(圆锥)端面切削循环指令**

(1)FANUC 0i Mate-TB 系统指令(G94)

格式:

G94 X(U)____ Z(W)____ F____;(圆柱端面切削固定循环)

G94 X(U)____ Z(W)____R____F____;(圆锥端面切削固定循环)

说明:

X、Z 为端面切削终点坐标;

U、W 为端面切削起点相对于切削终点的增量；

R 表示圆锥面起点 $Z$ 坐标减去终点 $Z$ 坐标的差值,有正负；

F 为进给量。

功能：

该指令用来加工直端面和带锥度的端面。

该指令主要用于加工长径比较小的盘类零件（一般将长径比大于 1 的零件视为轴套类零件；长径比小于 1 的零件视为盘类零件）。它的车削特点是利用刀具的端面切削刃作为主切削刃。G94 指令走刀路径如图 2-4-11、2-4-12 所示,刀具从循环起点 $A$ 开始按矩形 $A \rightarrow B \rightarrow C \rightarrow D \rightarrow A$ 进行循环,最后又回到循环起点。运动轨迹是 1→2→3→4,即第一刀沿 $Z$ 方向以 G00 方式快速走刀,第二刀以 G01 方式切削工件端面,第三刀以 G01 方式退刀光整工件外圆,第四刀以 G00 方式快速退回起点。图中 $A$ 为循环起点,$B$ 为切削始点,$B'$ 为 $X$ 向（直径方向）考虑安全距离后的延伸点,$C$ 为切削终点,$D$ 为退刀点。$R'$ 为考虑安全距离后的实际值,$R$ 为理论值。

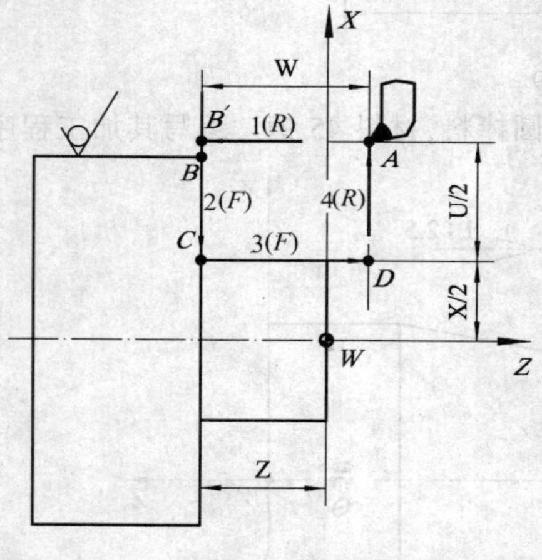

图 2-4-11　G94 指令加工直端面循环动作 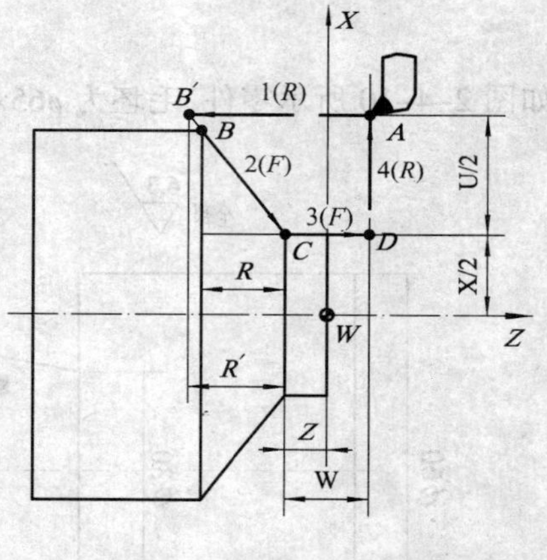　　图 2-4-12　G94 指令切削圆端面循环动作

注意事项：

①G94 指令中的 $R$ 字表示圆台的高度。若圆台左大右小,$R$ 为正值；若圆台左小右大,则 $R$ 为负值。

②G90、G94 指令中的 $X$、$Z$ 坐标字指与起刀点相对的对角点的坐标(切削终点)。

③用 G90、G94 指令加工锥度有所区别。G90 是在工件的外圆上加工出锥度, 而 G94 是在工件的端面上加工出斜面。

④实际加工中,由于循环起点与工件之间都有一个安全距离,所以要对 $R$ 值进行计算. 方法同例 2-5。

(2)华中"世纪星"系统(G81)

格式：

G81 X(U)＿＿＿ Z(W)＿＿＿ F＿＿＿;(圆柱端面切削循环)

G81 X(U)＿＿＿ Z(W)＿＿＿ R＿＿＿ F＿＿＿;(圆锥端面切削循环)

说明：

X、Z 为端面切削终点坐标；

U、W 端面切削起点相对于切削终点的增量；

K 为切削起点(B)相对于切削终点(C)的 Z 方向有向距离,有正负号。

F 为进给量。

功能：

该指令用来加工直端面和圆锥端面。

G81 指令的循环动作与 FANUC 0i 系统的 G94 指令相同,参见图 2-4-11、2-4-12。

(3)循环指令编程与加工操作

【例 2-6】编写如图 2-4-13 所示零件的加工程序,毛坯为 ∅46×65 的棒料,材料 45 钢。

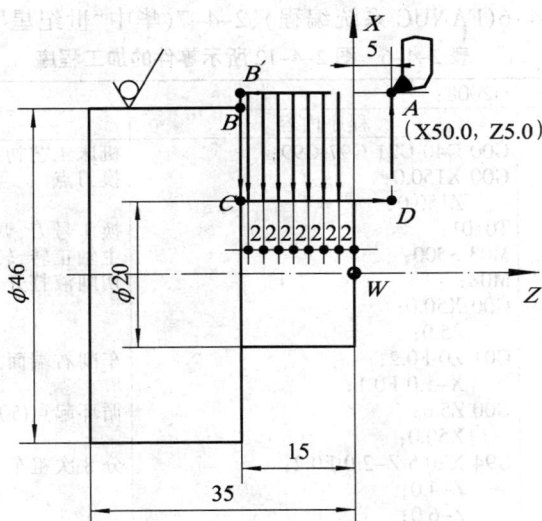

图 2-4-13

(1)分析零件图

①∅46 的圆柱面不需要加工。

②需要加工的表面有右端面、∅20 外圆柱面。

(2)确定数控车削加工工艺

①确定工艺路线

该零件分 4 个工步完成:车右端面→粗车 ∅20 外圆柱面→精车 ∅20 外圆柱面→切断。

②选择装夹工具

用三爪自定心卡盘,装夹 ∅46 棒料的外表面,棒料伸出卡盘长度为 50 mm。

③选择刀具

1 号刀为 90°端切偏刀,加工圆柱端面和右端面;2 号刀为切断刀,切断工件,以左刀尖点为刀位点,刀宽 4 mm。

(3)确定切削用量(如表 2-4-5 所示)

表 2-4-5　切削用量

| 工步 | 背吃刀量/mm | 进给量/mm·r⁻¹ | 主轴转速/r·min⁻¹ |
|---|---|---|---|
| 车右端面 | | 0.1 | 600 |
| 粗车∅20圆柱端面 | 2 | 0.2 | 600 |
| 精车∅20圆柱端面 | 0.5 | 0.1 | 1000 |
| 切断 | | 0.1 | 400 |

（4）设定工件坐标系

选取工件右端面的中心点为工件坐标系的原点。

（5）编程

参考程序见表 2-4-6（FANUC 系统编程）、2-4-7（华中"世纪星"系统编程）。

表 2-4-6　图 2-4-12 所示零件的加工程序

| 程序名 | O2008; | |
|---|---|---|
| 程序段号 | 程序内容 | 说　明 |
| N10 | G00 G40 G21 G97 G99; | 机床工艺初始化 |
| N20 | G00 X150.0; | 换刀点 |
| N30 | Z150.0; | |
| N40 | T0101; | 换 1 号刀,调用 01 号刀补 |
| N50 | M03 S500; | 主轴正转,转速 500 r/min |
| N60 | M08; | 切削液打开 |
| N70 | G00 X50.0; | |
| N80 | Z5.0; | |
| N90 | G01 Z0 F0.2; | 车削右端面 |
| N100 | X-1.0 F0.1; | |
| N110 | G00 Z5.0; | 循环起点(50,5) |
| N120 | X50.0; | |
| N130 | G94 X20.5 Z-2.0 F0.2; | 分 8 次粗车 |
| N140 | Z-4.0; | |
| N150 | Z-6.0; | |
| N160 | Z-8.0; | |
| N170 | Z-10.0; | |
| N180 | Z-12.0; | |
| N190 | Z-14.0; | |
| N200 | Z-14.5; | Z 向余量 0.5 mm |
| N210 | X20.0 Z-15.0 F0.1 S1000; | 精车 |
| N220 | G00 X150.0; | 返回换刀点 |
| N230 | Z150.0; | |
| N240 | M09; | |
| N250 | M05; | |
| N260 | M00; | 程序暂停,检查工件尺寸,设置磨耗 |
| N270 | T0202; | 换 2 号切断刀,调用 02 号刀补 |
| N280 | M03 S400; | |
| N290 | M08; | |
| N300 | G00 X50.0; | |
| N310 | Z-39.0; | 到达切断位置 |
| N320 | G01 X-1.0 F0.1; | 切断工件 |
| N330 | G00 X150.0; | 退回换刀点 |
| N340 | Z150.0; | |
| N350 | M09; | 冷却液关 |
| N360 | M05; | 主轴停 |
| N370 | M30; | 程序结束 |

表 2-4-7 图 2-4-13 所示零件的加工程序

| 程序名 | %2009 | |
|---|---|---|
| 程序段号 | 程序内容 | 说　明 |
| | %2009 | |
| N10 | G00 G40 G21 G97 G94; | 机床工艺初始化 |
| N20 | G00 X150.0; | 换刀点 |
| N30 | Z150.0; | |
| N40 | T0101; | 换 1 号刀,调用 01 号刀补 |
| N50 | M03 S500; | 主轴正转,转速 500 r/min |
| N60 | M08; | 切削液打开 |
| N70 | G00 X50.0; | |
| N80 | Z5.0; | |
| N90 | G01 Z0 F100; | 车削右端面 |
| N100 | X-1.0 F80; | |
| N110 | G00 Z5.0; | 循环起点(50,5) |
| N120 | X50.0; | |
| N130 | G94 X20.5 Z-2.0 F100; | 分 8 次粗车 |
| N140 | Z-4.0; | |
| N150 | Z-6.0; | |
| N160 | Z-8.0; | |
| N170 | Z-10.0; | |
| N180 | Z-12.0; | |
| N190 | Z-14.0; | |
| N200 | Z-14.5; | Z 向余量 0.5 mm |
| N210 | X20.0 Z-15.0 F80 S1000; | 精车 |
| N220 | G00 X150.0; | 返回换刀点 |
| N230 | Z150.0; | |
| N240 | M09; | |
| N250 | M05; | |
| N260 | M00; | 程序暂停,检查工件尺寸,设置磨耗 |
| N270 | T0202; | 换 2 号切断刀,调用 02 号刀补 |
| N280 | M03 S400; | |
| N290 | M08; | |
| N300 | G00 X50.0; | |
| N310 | Z-39.0; | 到达切断位置 |
| N320 | G01 X-1.0 F40; | 切断工件 |
| N330 | G00 X150.0; | 退回换刀点 |
| N340 | Z150.0; | |
| N350 | M09; | 冷却液关 |
| N360 | M05; | 主轴停 |
| N370 | M30; | 程序结束 |

【例 2-7】编写如图 2-4-14 所示零件的加工程序,毛坯为 ∅46×65 的棒料,材料 45 钢。

(1)分析零件图

①∅46 的圆柱面不需要加工。

②需要加工的表面有右端面、圆锥端面。

(2)确定数控车削加工工艺

①确定工艺路线

该零件分 4 个工步完成:车右端面→粗车圆锥端面→精车圆锥端面→切断。

②选择装夹工具

用三爪自定心卡盘,装夹 ∅46 棒料的外表面,棒料伸出卡盘长度为 50 mm。

③选择刀具

1 号刀为 90°偏刀,加工圆锥端面和右端面;2 号刀为切断刀,切断工件,以左刀尖点为刀

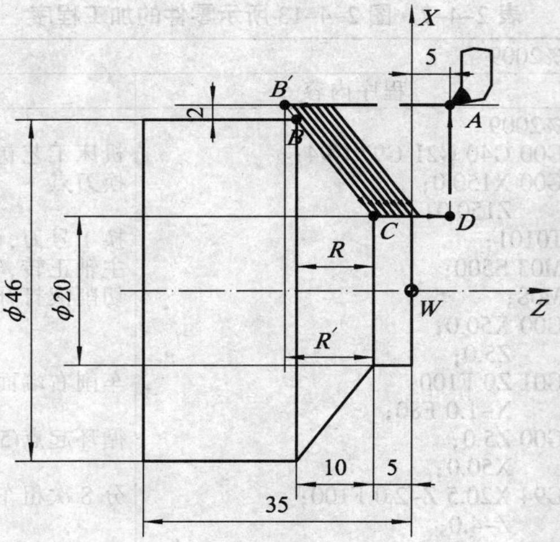

图 2-4-14

位点,刀宽 4 mm。

(3)确定切削用量(如表 2-4-8 所示)

表 2-4-8

| 工 步 \ 切削用量 | 背吃刀量/mm | 进给量/mm·r⁻¹ | 主轴转速/r·min⁻¹ |
|---|---|---|---|
| 车右端面 | | 0.1 | 600 |
| 粗车圆锥端面 | 2 | 0.2 | 600 |
| 精车圆锥端面 | 0.5 | 0.1 | 1000 |
| 切断 | | 0.1 | 400 |

(4)设定工件坐标系

选取工件右端面的中心点为工件坐标系的原点。

(5)相关计算

计算 $R(K)$ 值时,要考虑 $X$ 向的安全距离,应按延伸后的数值进行考虑,利用三角形的相似原理进行计算。如图 2-4-15 所示。

$$R(K)=Z_起-Z_终=-11.538$$

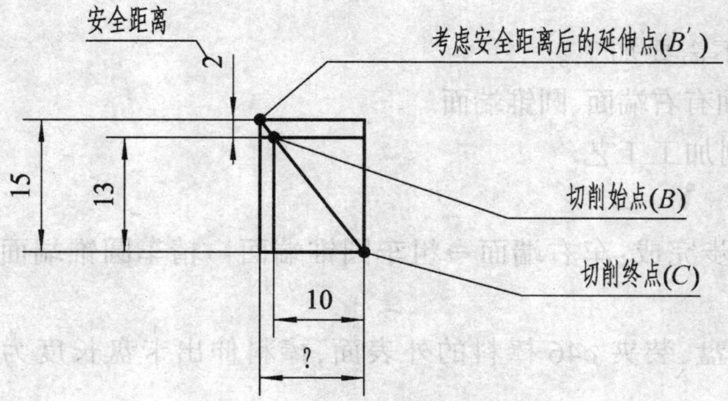

图 2-4-15

（7）编程

参考程序见表2-4-9（FANUC系统编程）、2-4-10（华中"世纪星"系统编程）。

表2-4-9　图2-4-14所示零件的参考程序

| 程序名 | O2010; | |
|---|---|---|
| 程序段号 | 程序内容 | 说　明 |
| N10 | G00 G40 G21 G97 G99; | 机床工艺初始化 |
| N20 | G00 X150.0; | 换刀点 |
| N30 | Z150.0; | |
| N40 | T0101; | 换1号刀，调用01号刀补 |
| N50 | M03 S500; | 主轴正转，转速500 r/min |
| N60 | M08; | 切削液打开 |
| N70 | G00 X50.0; | |
| N80 | Z5.0; | |
| N90 | G01 Z0 F0.2; | 车削右端面 |
| N100 | X-1.0 F0.1; | |
| N110 | G00 Z5.0; | 循环起点(50,5) |
| N120 | X50.0; | |
| N130 | G94 X20.0 Z0 R-11.538 F0.2; | 分6次粗车 |
| N140 | Z-1.0; | |
| N145 | Z-2.0; | |
| N150 | Z-3.0; | |
| N160 | Z-4.0; | |
| N170 | Z-4.5; | 精车 |
| N180 | X20.0 Z-5.0 R-11.538 F0.1 | |
| N190 | S1000; | |
| N200 | G00 X150.0; | 返回换刀点 |
| N210 | Z150.0; | |
| N220 | M09; | |
| N230 | M05; | |
| N240 | M00; | 程序暂停，检查工件尺寸，设置磨耗 |
| N250 | T0202; | 换2号切断刀，调用02号刀补 |
| N260 | M03 S400; | |
| N270 | M08; | |
| N280 | G00 X50.0; | |
| N290 | Z-39.0; | 到达切断位置 |
| N300 | G01 X-1.0 F0.1; | 切断工件 |
| N310 | G00 X150.0; | 退回换刀点 |
| N320 | Z150.0; | |
| N330 | M09; | 冷却液关 |
| N340 | M05; | 主轴停 |
| N350 | M30; | 程序结束 |

表2-4-10　图2-4-14所示零件的参考程序

| 程序名 | %2011 | |
|---|---|---|
| 程序段号 | 程序内容 | 说　明 |
| | %2011 | |
| N10 | G00 G40 G21 G97 G94; | 机床工艺初始化 |
| N20 | G00 X150.0; | 换刀点 |
| N30 | Z150.0; | |
| N40 | T0101; | 换1号刀，调用01号刀补 |
| N50 | M03 S500; | 主轴正转，转速500 r/min |
| N60 | M08; | 切削液打开 |
| N70 | G00 X50.0; | |
| N80 | Z5.0; | |
| N90 | G01 Z0 F100; | |
| N100 | X-1.0 F80; | |

续表 2-4-10

| 程序名 | %2011 | |
|---|---|---|
| 程序段号 | 程序内容 | 说　明 |
| N110 | G00 Z5.0; | 循环起点(50,5) |
| N120 | 　　　X50.0; | |
| N130 | G81 X20.0 Z0 K-11.538 F100; | 分6次粗车 |
| N145 | 　　　Z-1.0; | |
| N140 | 　　　Z-2.0; | |
| N150 | 　　　Z-3.0; | |
| N160 | 　　　Z-4.0; | |
| N170 | 　　　Z-4.5; | |
| N180 | 　　　X20.0 Z-5.0 K-11.538 F80 | 精车 |
| N190 | S1000; | |
| N200 | G00 X150.0; | 返回换刀点 |
| N210 | 　　　Z150.0; | |
| N220 | M09; | |
| N230 | M05; | |
| N240 | M00; | 程序暂停,检查工件尺寸,设置磨耗 |
| N250 | T0202; | 换2号切断刀,调用02号刀补 |
| N260 | M03 S400; | |
| N270 | M08; | |
| N280 | G00 X50.0; | |
| N290 | 　　　Z-39.0; | 到达切断位置 |
| N300 | G01 X-1.0 F40; | 切断工件 |
| N310 | G00 X150.0; | 退回换刀点 |
| N320 | 　　　Z150.0; | |
| N330 | M09; | 冷却液关 |
| N340 | M05; | 主轴停 |
| N350 | M30; | 程序结束 |

# 习题八

1.试述 G94(G81)指令加工圆柱端面、圆锥端面的走刀路径。参数 $R(K)$ 的含义是什么? 如何确定? 使用时应注意哪些事项?

2.如图 2-4-16 所示零件,毛坯为 $\phi50\times60$ 的圆棒料,材料45钢。试用 G94 指令编制其加工程序。

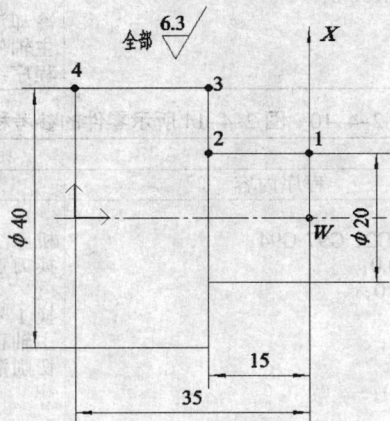

图 2-4-16

3.如图 2-4-17 所示零件,毛坯为 ⌀50×65 的圆棒料,材料 45 钢。试编写其加工程序。

4.如图 2-4-18 所示零件,毛坯为 ⌀50×70 的圆棒料,材料 45 钢。试编写其加工程序。

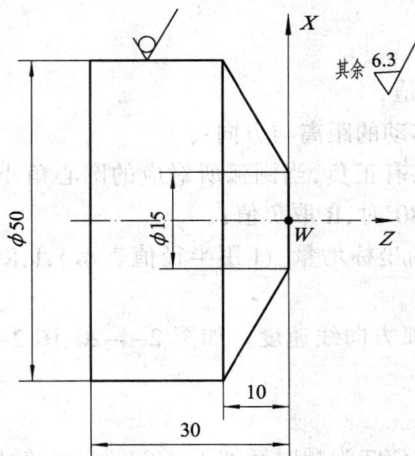

图 2-4-17

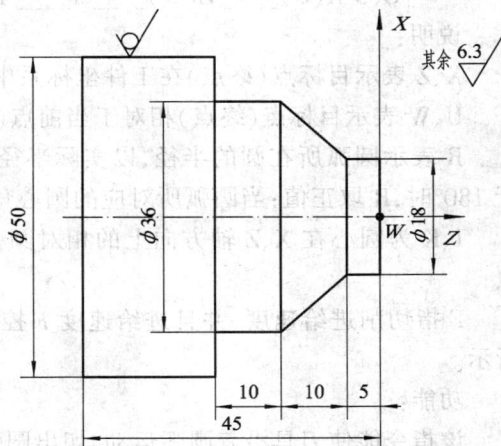

图 2-4-18

## 任务二 复杂形状固定循环指令编程与加工操作

简单循环只能完成一次切削,实际加工中,仍不能有效地简化程序,如粗加工时切削余量太大、切削表面形状复杂等,可采用复合固定循环指令。

### 一、外圆粗精车循环及相关知识

**1.FANUC 0i Mate-TB 系统指令**

(1)平面选择指令(G17、G18、G19)

格式:

G17

G18

G19

功能:

选择插补的平面。如图 2-4-19 所示。

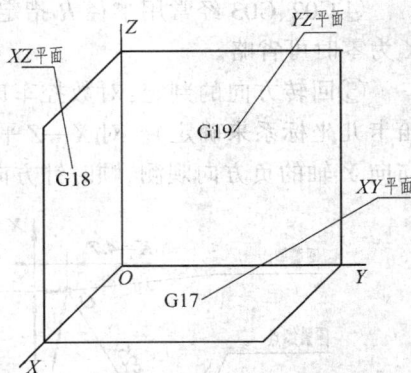

图 2-4-19　平面选择示意图

G17:选择 XY 平面;

G18:选择 ZX 平面;

G19:选择 YZ 平面。

在三坐标机床上加工零件时,进行圆弧插补,要规定加工所在的平面,用 G 代码可以进行平面选择。其中,在数控加工中心、数控铣床上使用时 G17 可以省略,在数控车床上使用时 G18 可以省略。

(2)圆弧插补指令(G02、G03)

格式:

G02 X(U)____ Z(W)____ R____ F____;

G02 X(U)＿＿ Z(W)＿＿ I＿＿ K＿＿ F＿＿;

G03 X(U)＿＿ Z(W)＿＿ R＿＿ F＿＿;

G03 X(U)＿＿ Z(W)＿＿ I＿＿ K＿＿ F＿＿;

说明:

X、Z表示目标点(终点)在工件坐标系中的坐标值;

U、W表示目标点(终点)相对于当前点(始点)移动的距离与方向;

R表示圆弧所在圆的半径,以实际半径值表示,有正负,当圆弧所对应的圆心角小于等于180°时,R取正值;当圆弧所对应的圆心角大于180°时,R取负值;

I、K为圆心在X、Z轴方向上的相对圆弧起点的坐标增量 (I用半径值表示),I、K有正负;

F指切削进给速度,并且进给速度F控制沿圆弧方向线速度。如图2-4-20、图2-4-21所示。

功能:

该指令能使刀具沿着圆弧运动,切出圆弧轮廓。G02为顺时针加工,G03为逆时针加工。刀具进行圆弧插补时必须规定所在平面,然后再确定回转方向。

注意事项:

①在圆弧插补程序段内不能有刀具功能(T)指令。

②指定比始点到终点的距离的一半还小的R值时,按180°圆弧计算。

③当I、K和R同时被指定时,R指令优先,I、K值无效。

④G02、G03经常用半径R指定,I、K一般用于整圆的加工。R不能用于整圆的加工。I、K为零时可省略。

⑤回转方向的判定:对数控车床来说,只有X轴、Z轴,无Y轴(Y轴仍可以由右手直角笛卡儿坐标系来确定)。对X—Z平面(G18确定)来说,观测圆弧的方向应该从Y轴的正方向向Y轴的负方向观测,顺时针方向加工为G02,逆时针方向加工为G03。反之,如果观察者

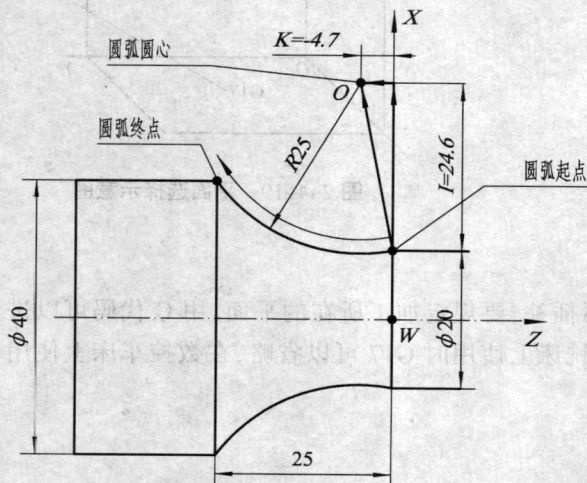

图2-4-20 顺时针圆弧插补(G02指令)

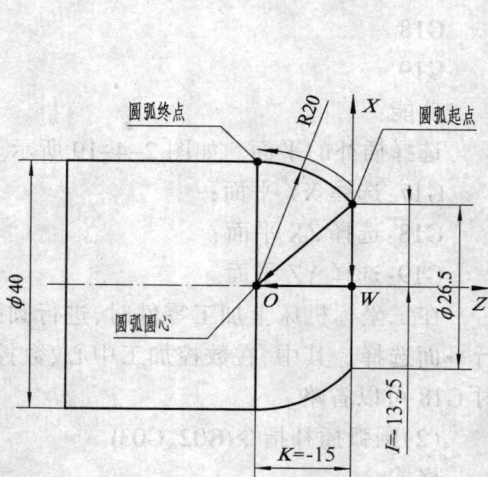

图2-4-21 逆时针圆弧插补(G03指令)

站在 $Y$ 轴的负方向向 $Y$ 轴的正方向看去,顺时针方向为 G03,逆时针方向为 G02。切不可将方向搞错。如图 2-4-20 所示,无论是前置刀架的车床还是后置刀架的车床,加工该圆弧时用 G02 指令;如图 2-4-21 所示,无论是前置刀架的车床还是后置刀架的车床,加工该圆弧时用 G03 指令。切不可用错指令。

【例 2-8】顺时针圆弧插补,如图 2-4-20,逆时针圆弧插补如图 2-4-21。程序如表 2-4-11 所示。

表 2-4-11 图 2-4-20、2-4-21 程序

| 地址字 R 编程 | 地址字 I、K 编程 |
|---|---|
| G02 X40.0 Z-25.0 R25.0 F0.2; | G02 X40.0 Z-25.0 I24.6 K-4.7 F0.2; |
| G02 U20.0 W-25.0 R25.0 F0.2; | G02 U20.0 W-25.0 I24.6 K-4.7 F0.2; |
| G03 X40.0 Z-15.0 R20.0 F0.2; | G03 X40.0 Z-15.0 I-13.25 K-15.0 F0.2; |
| G03 U13.5 W-15.0 R20.0 F0.2; | G03 U13.5 W-15.0 I-13.25 K-15.0 F0.2; |

(3)加工倒棱角与倒圆角指令

G01 指令在数控车削编程中,还可以直接用来进行倒棱角和倒圆角。

①倒棱角

格式:

G01 X(U)____ Z(W)____ C____ F____;

说明:

X、Z 是相邻两直线的假想交点在工件坐标系中的坐标值。也可用增量坐标值 U、W 表示。C 值是假想交点相对于倒角起点的距离。

功能:

可以在两相邻轨迹的 G01 程序段之间插入倒角,并且直线的倒角角度不受限制。使用倒角控制功能,可以简化编程。

②倒圆角

格式:

G01 X(U)____ Z(W)____ R____ F____;

说明:

X、Z 是相邻两直线的假想交点在工件坐标系中的坐标值。也可用增量坐标值 U、W 表示。R 值是圆角的半径值。

功能:

可以在两相邻轨迹的 G01 程序段之间插入圆角,并且直线的圆角角度不受限制。使用倒圆角控制功能,可以简化编程。

注意事项:

a.倒棱角和倒圆角控制指令只能用在两相邻的 G01 走刀轨迹之间。

b.FANUC 系统旧版本中,地址 C 和 R 有正负之别,另外某些 FANUC 系统倒角采用地址 I 和 K 指令来表示 C 值,使用时要注意。

【例 2-9】倒棱角如图 2-4-22 所示;倒圆角如图 2-4-23 所示。程序如表 2-4-12 所示。

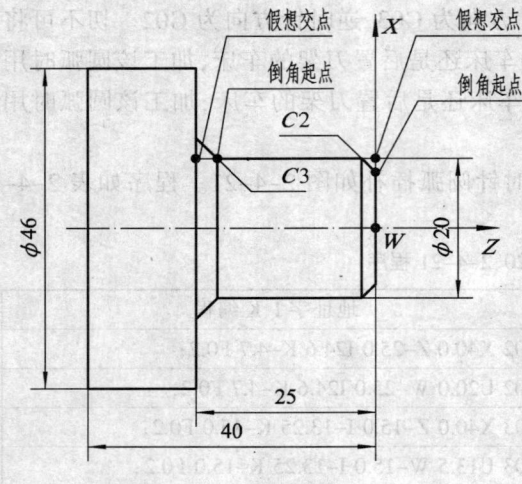

图 2-4-22

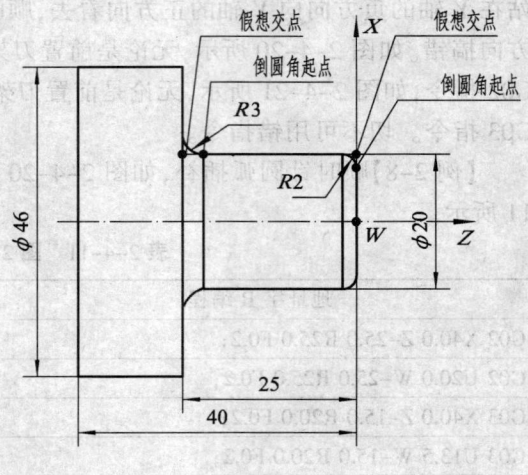

图 2-4-23

表 2-4-12　图 2-4-22、2-4-23 程序

| 参考程序名:O2012 | 参考程序名:O2013 |
|---|---|
| N10 G40 G00 G21 G97 G99; | N10 G40 G00 G21 G97 G99; |
| N20 T0101 ;(90°外圆偏刀) | N20 T0101 ;(90°外圆偏刀) |
| N30 M03 S500; | N30 M03 S500; |
| N40 G00 X50.0; | N40 G00 X50.0; |
| N50 Z5.0; | N50 Z5.0; |
| N60 G00 X0; | N60 G00 X0; |
| N70 G01 Z0 F0.1; | N70 G01 Z0 F0.1; |
| N80 G01 X20.0 Z0 C2.0 ;(倒 C2 倒角) | N80 G01 X20.0 Z0 R2.0 ;(倒 R2 圆角) |
| N90 G01 X20.0 Z−25.0 C3.0 ;(倒 C3 倒角) | N90 G01 X20.0 Z−25.0 R3.0 ;(倒 R3 圆角) |
| N100 X46.0; | N100 X46.0; |
| N110 Z−45.0; | N110 Z−45.0; |
| N120 G00 X100.0; | N120 G00 X100.0; |
| N130 Z100.0; | N130 Z100.0; |
| N140 M05; | N140 M05; |
| N150 M30; | N150 M30; |

(4)内外径粗车循环指令(G71)

格式:

G00 X $\underline{\alpha}$ Z $\underline{\beta}$ ;

G71 U $\underline{\Delta d}$ R $\underline{e}$ ;

G71 P $\underline{n_s}$ Q $\underline{n_f}$ U $\underline{\Delta u}$ W $\underline{\Delta w}$ F $\underline{f}$ S $\underline{S}$ T $\underline{t}$ ;

说明:

①$\alpha$、$\beta$ 为粗车循环起点位置坐标。$\alpha$ 值确定切削的起始直径。在圆柱毛坯料粗车外径时,$\alpha$ 值应比毛坯直径大 1~2 mm;$\beta$ 值应离毛坯右端面 2~3 mm。在圆筒毛坯料粗镗内径时,$\alpha$ 值应比筒料内径小 1~2 mm,$\beta$ 值应离毛坯右端面 2~3 mm。

②$\Delta d$ 表示循环切削过程中径向的背吃刀量。即粗加工每次切深。半径值,单位为 mm,无正负号。一般 45 钢件取 1~2 mm,铝件取 1.5~3 mm。

③$e$ 表示循环切削过程中径向的退刀量。粗加工每次退刀量。半径值,单位为 mm,无正负号,一般取 0.5~1 mm。

④$n_s$ 表示指定精加工轨迹(路线)第一个程序段的顺序号。轮廓循环开始程序段的段号。

⑤$n_f$ 表示指定精加工轨迹(路线)最后一个程序段的顺序号。轮廓循环结束程序段的段号。

⑥$\Delta u$ 为 X 方向(径向)上的精加工余量。直径值,单位为 mm。一般取 0.5 mm。在加工外轮廓时为正值,在加工内轮廓时为负值。

⑦$\Delta w$ 为 Z 方向(轴向)上的精加工余量。单位为 mm。一般取 0.05~0.1 mm。

功能:

G71 指令适用于棒料毛坯去除较大余量的切削和有底孔的毛坯粗镗内孔。在 G71 指令后面描述零件的精加工轮廓。车床 CNC 系统根据加工程序所描述的轮廓形状和 G71 指令内的各个参数自动生成加工路径,将粗加工余量切除掉,保留精加工余量。如图 2-4-24 所示。

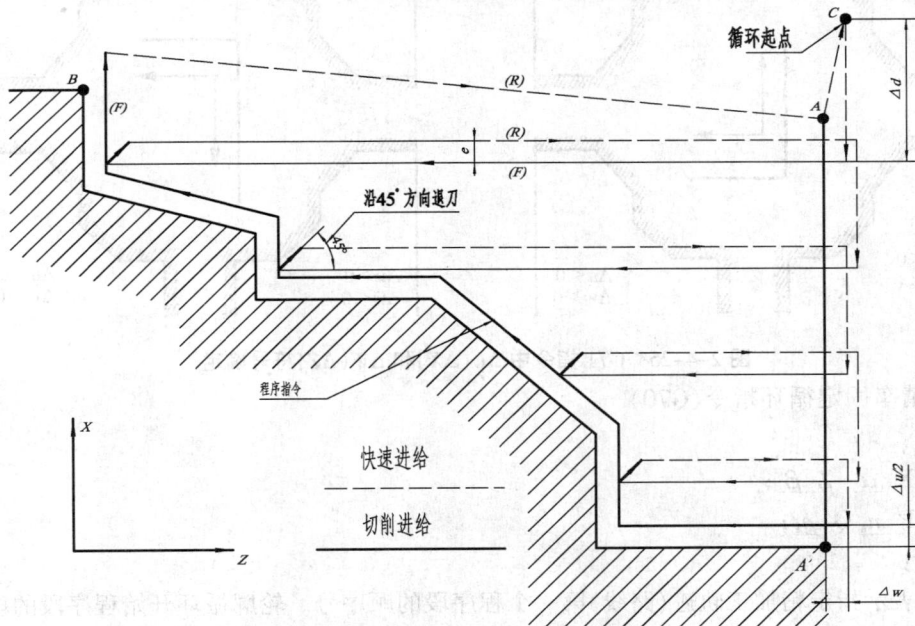

**图 2-4-24 G71 指令刀具加工路径**

注意事项:

①如图 2-4-24 为 G71 粗车外轮廓的加工路径,只要在程序中给出 $A \to A' \to B$ 之间的精加工形状及各个参数值,即可完成 $AA'BA$ 区域的粗车工序。图中 $e$ 为退刀量,$C$ 为粗加工循环的起点,$A$ 是毛坯外径与端面轮廓的交点,$A \to A' \to B$ 为精加工轨迹。

②粗加工循环由带有地址 P 和 Q 的 G71 指令实现。在 $n_s$ 至 $n_f$ 程序段内(即自循环开始至循环结束,即在 $A$ 点和 $B$ 点间的运动指令中)指定的 G96 或 G97 及 F、S 和 T 功能对粗加工循环(G71 指令)无效,对精加工(G70 指令)有效。而在 G71 程序段中或之前的程序段中(循环开始前)指定的 G96 或 G97 及 F、S 和 T 功能对粗加工循环(G71 指令)有效。

③循环起点的设置应合理,既要保证安全,又要缩短刀具行程,避免空走刀。

④G71 下面第一句指令,只能采用 G00、G01,而且只包含 X 坐标(即第一刀只有 X 向走刀动作)。

⑤零件轮廓必须符合 X 轴、Z 轴方向同时单调增大或单调减小。X 轴、Z 轴方向非单调时,$n_s$ 至 $n_f$ 程序段中第一条指令必须在 X、Z 向同时有运动。

⑥G71 指令也可用来加工有内凹结构的工件。

⑦G71 指令加工外轮廓时,刀具半径补偿用 G42;加工内轮廓时,刀具半径补偿用 G41。

⑧在 $n_s$ 至 $n_f$ 之间的程序段中,不能调用子程序。

⑨X 向和 Z 向精加工余量 $\Delta u$ 和 $\Delta w$ 的符号如图 2-4-25 所示

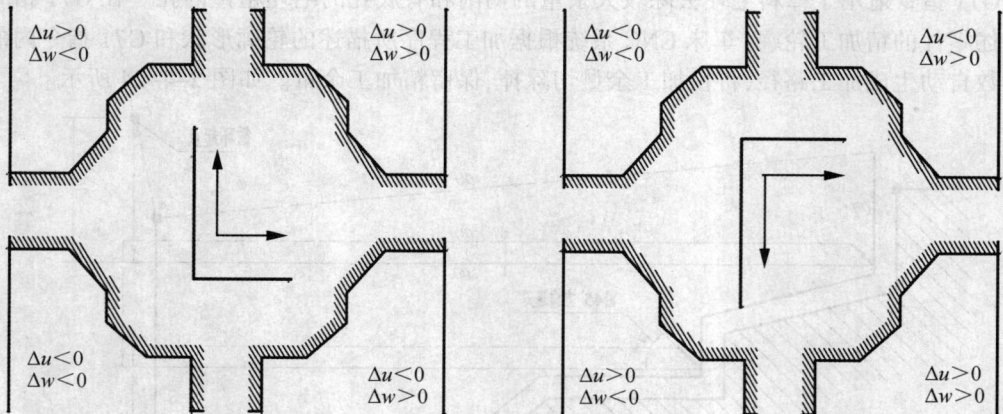

图 2-4-25　G71 指令中 $\Delta U(\Delta X)$ 和 $\Delta W(\Delta Z)$ 符号确定

(5)精车固定循环指令(G70)

格式:

G00 X $\underline{\alpha}$ Z $\underline{\beta}$;

G70 P $\underline{n_s}$ Q $\underline{n_f}$;

说明:

①$n_s$ 表示指定精加工轨迹(路线)第一个程序段的顺序号。轮廓循环开始程序段的段号。

②$n_f$ 表示指定精加工轨迹(路线)最后一个程序段的顺序号。轮廓循环结束程序段的段号。

功能:

在用 G71、G72、G73 指令粗车工件后,用 G70 指令来指定精车循环,切除粗加工中留下的余量。

注意事项:

①G70 主要用于 G71、G72、G73 粗车后的精车循环。在 G70 状态下,$n_s$ 至 $n_f$ 程序段中指定的 F、S、T 功能对 G70 指令有效。当 $n_s$ 至 $n_f$ 程序段中不指定 F、S、T 功能时,原粗车循环前指定的 F、S、T 功能仍有效。当 G70 指令循环结束后,刀具返回循环起点(起刀点),并读下一个程序段。

②在车削循环期间,刀具半径补偿功能有效。

③G70、G71、G72、G73 循环指令中,在 $n_s$ 至 $n_f$ 间的程序段中,不能调用子程序。

**2.华中"世纪星"系统(HNC-21/22T)指令**

(1)平面选择指令

G17、G18、G19

格式、功能与 FANUC 0i Mate-TB 系统相同。

(2)圆弧插补指令

G02、G03

格式、功能、说明、注意事项与 FANUC 0i Mate-TB 系统相同。

(3)加工倒角指令

G01 指令在数控车削编程中,还可以直接用来进行倒棱角和倒圆角。

格式:

G01 X(U)＿＿＿ Z(W)＿＿＿ C＿＿＿ F＿＿＿;

G01 X(U)＿＿＿ Z(W)＿＿＿ R＿＿＿ F＿＿＿;

说明:

X、Z 为绝对编程时未倒角前两相邻轨迹程序段的交点 G 的坐标值;

U、W 为增量编程时 G 点相对于起始直线轨迹的始点 A 的移动距离。

C 值为相邻两直线的交点 G 相对于倒角始点 B 的距离。

R 为倒圆角的半径值。

直线倒角指令中,刀具从 A 点到 B 点,然后到 C 点,如图 2-4-26、图 2-4-27 所示。

注意事项:

①在螺纹切削程序段中不能出现倒角控制指令。

②如图 2-4-26、图 2-4-27 所示,当 X、Z 轴指定的移动量比指定的 R 或 C 值小时,系统将报警,所以 GA 长度必须大于 GB 长度。

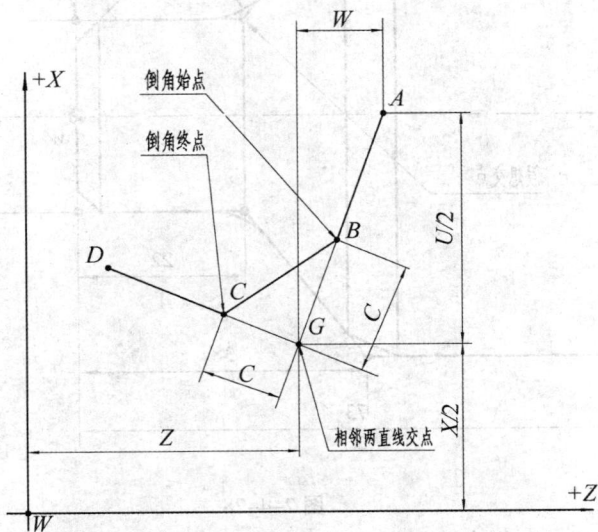

图 2-4-26　倒棱角指令参数

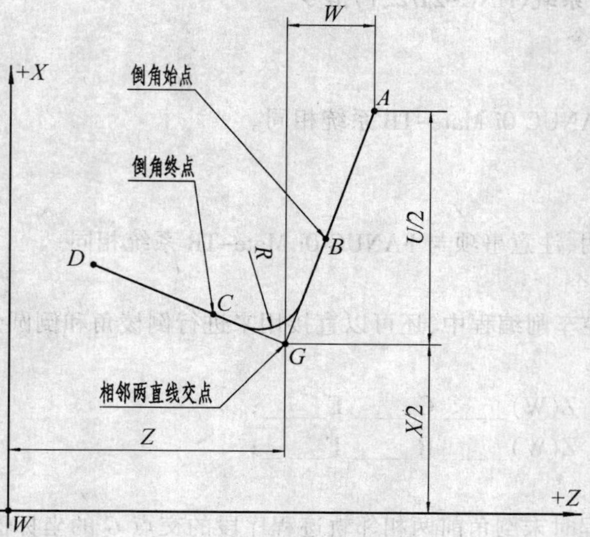

图 2-4-27　倒圆角指令参数

【例 2-9】用倒角指令编制如图2-4-28 所示工件加工程序。

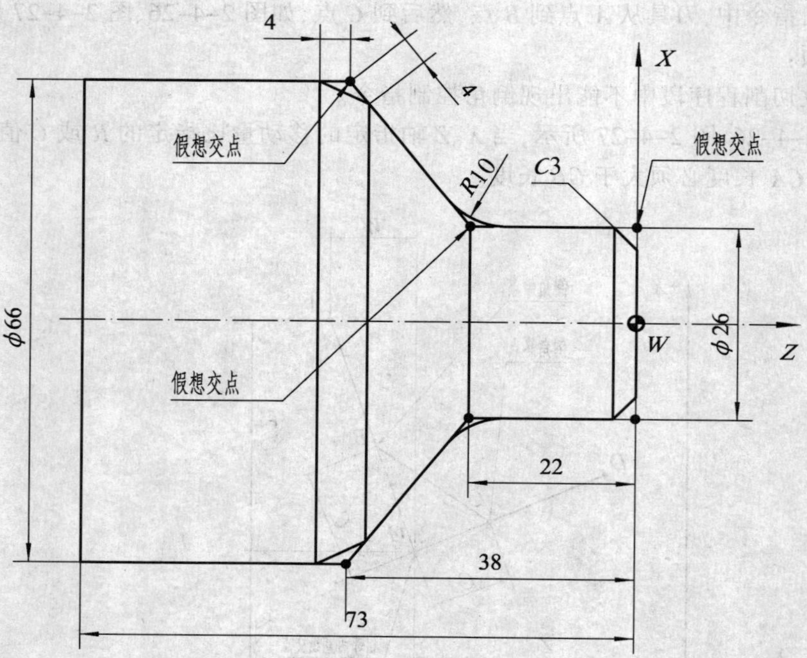

图 2-4-28

参考程序见表 2-4-13(华中"世纪星"系统编程)。

表2-4-13 图2-4-28所示零件的加工程序

| 程序名 | %2014 | |
|---|---|---|
| 程序段号 | 程序内容 | 说 明 |
| N10 | %2014 | |
| N20 | G40 G00 G21 G97 G94; | 机床工艺初始化 |
| N30 | T0101; | 调1号刀,调用01号刀补 |
| N40 | M03 S500; | 主轴正转,转速500 r/min |
| N50 | G00 X70.0; | 起刀点 |
| N60 | Z5.0; | |
| N70 | G00 X0; | |
| N80 | G01 Z0 F80; | 车削右端面 |
| N90 | G01 X26.0 Z0 C3.0 ; | 倒C3直角 |
| N100 | G01 X26.0 Z-22.0 R10.0 ; | 车ø26外圆并倒R10圆角 |
| N110 | G01 X66.0 Z-38.0 C4.0; | 车圆锥并倒边长为4 mm的等腰直角 |
| N120 | N110 Z-77.0; | 车削ø66外圆 |
| N130 | N120 G00 X100.0; | |
| N140 | N130 Z100.0; | |
| N150 | N140 M05; | |
| N160 | N150 M30; | |

(4)内(外)径粗车复合循环指令(G71)

运用复合循环指令G71时,只需指定精加工路线和粗加工的背吃刀量,系统会自动计算粗加工路线和走刀次数。

①无凹槽加工时

格式:

G71 U($\Delta d$)___ R($r$)___ P($n_s$)___ Q($n_f$)___ X($\Delta x$)___ Z($\Delta z$)___ F($f$)___ S($s$)___ T($t$)___;

说明:

$\Delta d$为背吃刀量(每次切削深度),指定时不加符号,方向由矢量$AA'$决定。

$r$为每次退刀量。

$n_s$表示精加工路径第一程序段的顺序号。

$n_f$表示精加工路径最后程序段的顺序号。

$\Delta x$为X方向精加工余量。

$\Delta z$为Z方向精加工余量。

$f$、$s$、$t$——粗加工时G71指令中编程的F、S、T指令有效,而精加工时处于$n_s$到$n_f$程序段之间的F、S、T指令有效。

该指令执行如图2-4-24所示的粗加工和精加工路线,其中精加工路径为$A \to A' \to B'$的轨迹。在G71指令切削循环下,切削进给方向平行于Z轴,X($\Delta u$)和Z($\Delta w$)的符号如图2-4-25所示。其中(+)表示沿轴的正方向移动,(−)表示沿轴的负方向移动。

②有凹槽加工时

格式:

G71 U($\Delta d$)___ R($r$)___ P($n_s$)___ Q($n_f$)___ E($e$)___ F($f$)___ S($s$)___ T($t$)___;

说明：

$\Delta d$、$r$、$n_s$、$n_f$ 参数含义同(1)；

$e$ 为精加工余量，为 $X$ 方向的等高距离，外径切削时为正，内径切削时为负。

该指令执行如图 2-4-29 所示的粗加工和精加工路线，其中精加工路径为 $A \to A' \to B'$ 的轨迹。

注意事项：

①G71 指令必须带有 P、Q 地址 $n_s$、$n_f$，且与精加工路径起、止顺序号对应，否则不能进行该循环加工。

②$n_s$ 的程序段首段必须为 G00 或 G01 指令，即从 $A$ 点到 $A'$ 点的动作必须是直线或点定位运动。

③在顺序号为 $n_s$ 到顺序号为 $n_f$ 的程序段中，不应包含子程序(即不能调用子程序)。

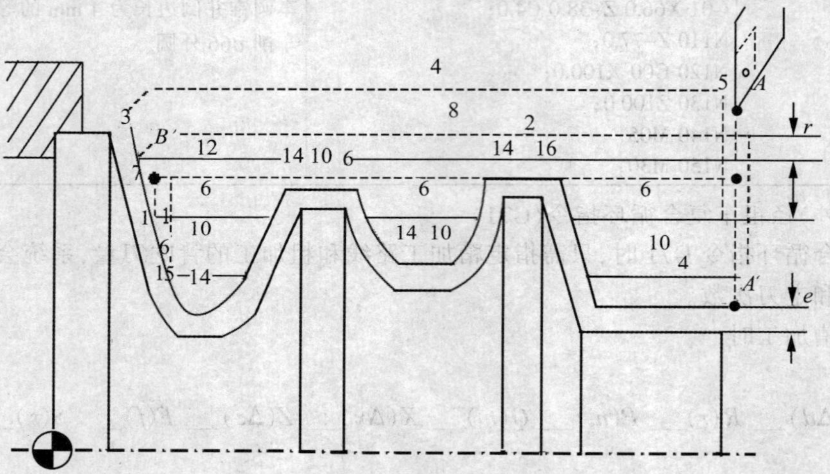

图 2-4-29　内、外径粗车复合循环 G71 走刀路径(有凹槽加工时)

### 3.复合固定循环指令编程与操作

【例 2-10】用内外径粗加工复合循环指令 G71 编制如图 2-4-30 所示工件的加工程序。要求：循环起点设置在(46,3)，每次背吃刀量为 1.5 mm(半径值)，退刀量为 1 mm，$X$ 方向精加工余量为 0.4 mm，$Z$ 方向精加工余量为 0.1 mm，毛坯为 44×115 mm 的棒料，材料 45 钢。

(1)分析零件图

需要加工的表面有右端面、倒 $C2$ 角、$\phi10$ 圆柱面、$\phi20$ 圆柱面、$R7$ 圆弧面、$\phi34$ 圆柱面、圆锥面、$\phi44$ 圆柱面。

(2)确定数控车削加工工艺

①确定工艺路线

该零件分 4 个工步完成：车右端面→粗车外轮廓→精车外轮廓→切断。

②选择装夹工具

装夹 $\phi44$ 棒料的外表面，使用三爪自定心卡盘，棒料伸出卡盘长度为 105 mm。

③选择刀具

1 号刀为 90°偏刀——加工外轮廓和右端面;2 号刀为切断刀——切断,选左刀尖点为刀位点,刀宽 4 mm。

④确定切削用量(如表 2-4-12 所示)

表 2-4-12　切削用量

| 切削用量<br>工步 | 背吃刀量/mm | 进给量/mm·r⁻¹ | 主轴转速/r·min⁻¹ |
|---|---|---|---|
| 车右端面 | | 0.1 | 600 |
| 粗车外轮廓 | 1.5 | 0.2 | 600 |
| 精车外轮廓 | 0.2 | 0.1 | 1000 |
| 切断 | | 0.1 | 400 |

(3)设定工件坐标系

选取工件右端面的中心点为工件坐标系的原点。

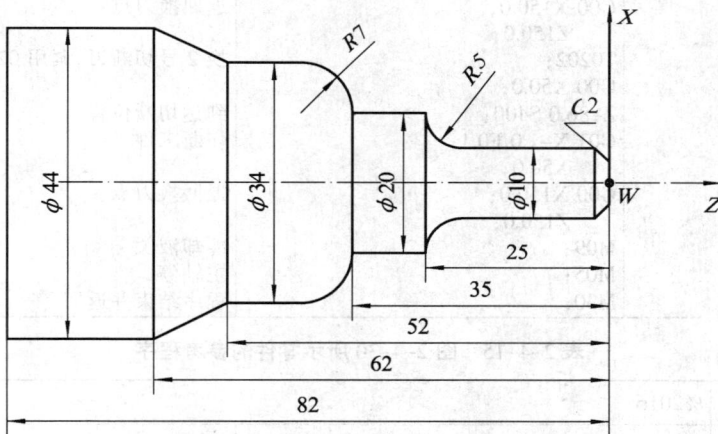

图 2-4-30　G71 外径复合循环指令编程实例

(4)编程

参考程序见表 2-4-14(FANUC 0i Mate-TB 系统编程)、2-4-15(华中"世纪星"系统编程)。

表 2-4-14　图 2-4-30 所示零件的参考程序

| 程序名 | O2015; | |
|---|---|---|
| 程序段号 | 程序内容 | 说　明 |
| N10 | G00 G40 G21 G97 G99; | 机床工艺初始化 |
| N20 | G00 X150.0; | 换刀点 |
| N30 | 　　　Z150.0; | |
| N40 | T0101; | 换 1 号刀,调用 01 号刀补 |
| N50 | M03 S500; | 主轴正转,转速 500 r/min |
| N60 | M08; | 切削液打开 |
| N70 | G00 X46.0; | |
| N80 | 　　　Z3.0; | |
| N90 | G01 Z0 F0.2; | |
| N100 | 　　　X-1.0 F0.1; | 车削右端面 |
| N110 | G00 Z3.0; | 循环起点(46,3) |
| N120 | 　　　X46.0; | |

续表 2-4-14

| 程序名 | O2015； | |
|---|---|---|
| 程序段号 | 程序内容 | 说　明 |
| N130 | G71 U1.5 R1.0； | 粗车外轮廓 |
| N140 | G71 P150 Q250 U0.4 W0.1 F0.2； | |
| N150 | G00 G42 X0 S1000； | 精加工轮廓起始行，建立右刀补，精加工 |
| N160 | G01 Z0 F0.1； | 转速 1000 r/min， |
| N170 | 　X10.0 C2.0； | 精加工进给量 0.1 mm |
| N180 | 　Z-20.0； | |
| N190 | G02 X20.0 Z-25.0 R5.0； | |
| N200 | G01 Z-35.0； | |
| N210 | G03 X34.0 Z-42.0 R7.0； | |
| N220 | G01 Z-52.0； | |
| N230 | 　X44.0 Z-62.0； | |
| N240 | 　Z-87.0； | |
| N250 | G00 G40 X50.0； | 取消刀补，精加工轮廓结束 |
| N260 | G70 P150 Q250； | |
| N270 | G00 X150.0； | 返回换刀点 |
| N280 | 　Z150.0； | |
| N290 | T0202； | 换 2 号切断刀，调用 02 号刀补 |
| N300 | G00 X50.0； | |
| N310 | Z-86.0 S400； | 到达切断位置 |
| N320 | G01 X-1.0 F0.1； | 切断工件 |
| N330 | 　X50.0； | |
| N340 | G00 X150.0； | 退回换刀点 |
| N350 | 　Z150.0； | |
| N360 | M09； | 冷却液关 |
| N370 | M05； | 主轴停 |
| N380 | M30； | 程序结束并返回 |

表 2-4-15　图 2-4-30 所示零件的参考程序

| 程序名 | %2016 | |
|---|---|---|
| 程序段号 | 程序内容 | 说　明 |
| N10 | %2016 | |
| N20 | G00 G40 G21 G97 G94； | 机床工艺初始化 |
| N30 | G00 X150.0； | 换刀点 |
| N40 | 　Z150.0； | |
| N50 | T0101； | 换 1 号刀，调用 01 号刀补 |
| N60 | M03 S500； | 主轴正转，转速 500 r/min |
| N70 | M08； | 切削液打开 |
| N80 | G00 X46.0； | |
| N90 | 　Z3.0； | |
| N100 | G01 Z0 F100； | |
| N110 | 　X-1.0 F80； | 车削右端面 |
| N120 | G00 Z3.0； | 循环起点(46,3) |
| N130 | 　X46.0； | |
| N140 | G71 U1.5 R1.0 P150 Q250 X0.4 Z0.1 F100； | 粗车、精车外轮廓 |
| N150 | G00 G42 X0 S1000； | 加工轮廓起始行，建立右刀补，精加工转 |
| N160 | G01 Z0 F80； | 速 1000 r/min，精加工进给量 0.1 mm |
| N170 | 　X10.0 C2.0； | |
| N180 | 　Z-20.0； | |
| N190 | G02 X20.0 Z-25.0 R5.0； | |
| N200 | G01 Z-35.0； | |

| 程序名 | %2016 | |
|---|---|---|
| 程序段号 | 程序内容 | 说 明 |
| N210 | G03 X34.0 Z-42.0 R7.0; | |
| N220 | G01 Z-52.0; | |
| N230 | X44.0 Z-62.0; | |
| N240 | Z-86; | |
| N250 | G00 G40 X50.0; | 取消刀补,精加工轮廓结束行 |
| N260 | G00 X150.0; | 返回换刀点 |
| N270 | Z150.0; | |
| N280 | T0202; | 换2号切断刀,调用02号刀补 |
| N290 | G00 X50.0; | |
| N300 | Z-87.0 S400; | 到达切断位置 |
| N310 | G01 X-1.0 F30; | 切断工件 |
| N320 | G00 X150.0; | 退回换刀点 |
| N330 | Z150.0; | |
| N340 | M09; | 冷却液关 |
| N350 | M05; | 主轴停 |
| N360 | M30; | 程序结束并返回 |

【例 2-11】用内外径粗加工复合循环指令 G71 指令编制如图 2-4-31 所示工件的加工程序。要求:循环起点设置在(16,3),每次背吃刀量为 1.5 mm(半径值),退刀量为 1 mm,$X$ 方向精加工余量为 0.4 mm,$Z$ 方向精加工余量为 0.1 mm,毛坯为 ø55×115 mm 的棒料,材料 45 钢。已预制 ø20 孔。

(1)分析零件图

需要加工的表面有 ø20 圆柱面、$R7$ 圆弧面、ø34 圆柱面、圆锥面、ø44 圆柱面。

(2)确定数控车削加工工艺

①确定工艺路线

该零件分 2 个工步完成:粗车内轮廓→精车内轮廓。

②选择装夹工具

用三爪自定心卡盘,装夹 ø55 棒料的外表面,棒料伸出卡盘长度为 90 mm。

③选择刀具

1 号刀为粗加工 95°盲孔镗刀;2 号刀为精加工 95°盲孔镗刀。

④确定切削用量(如表 2-4-16 所示)

表 2-4-16 切削用量

| 切削用量\工步 | 背吃刀量/mm | 进给量/mm·r⁻¹ | 主轴转速/r·min⁻¹ |
|---|---|---|---|
| 粗车内轮廓 | 1.5 | 0.2 | 600 |
| 精车内轮廓 | 0.5 | 0.1 | 1000 |

(3)设定工件坐标系

选取工件右端面的中心点为工件坐标系的原点。

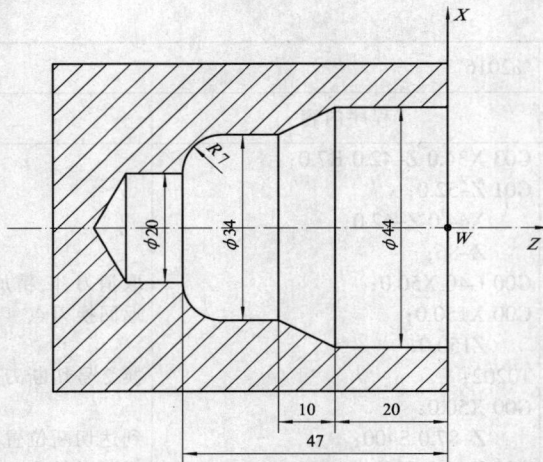

图 2-4-31　用 G71 内径复合循环指令编程实例

(4)编程

参考程序见表 2-4-17(FANUC 0i Mate-TB 系统编程)、2-4-18(华中"世纪星"系统编程)。

表 2-4-17　图 2-4-31 所示零件的参考程序

| 程序名 | %2017; | |
|---|---|---|
| 程序段号 | 程序内容 | 说　明 |
| N10 | G00 G40 G21 G97 G99; | 机床工艺初始化 |
| N20 | G00 X150.0; | 换刀点 |
| N30 | 　　　Z150.0; | |
| N40 | T0101; | 换 1 号刀,调用 01 号刀补 |
| N50 | M03 S500; | 主轴正转,转速 500 r/min |
| N60 | M08; | 切削液打开 |
| N70 | G00 X16.0; | 循环起点(16,3) |
| N80 | Z3.0; | |
| N90 | G71 U1.5 R1.0; | 粗车内轮廓 |
| N100 | G71 P110 Q170 U-0.4 W0.1 F0.2; | 内轮廓,U 为负值 |
| N110 | G00 G41 X44.0 S1000; | 精加工内轮廓起始行,建立左刀补,精加 |
| N120 | G01 Z0 F0.1; | 工转速 1000 r/min |
| N130 | Z-20.0; | 精加工进给量 0.1 mm |
| N140 | X34.0 Z-30.0; | |
| N150 | Z-40.0; | |
| | G03 X20.0 Z-47.0 R7.0; | |
| N160 | G01 X18.0; | |
| N170 | G01 G40 X16.0; | 取消刀补,精加工轮廓结束行 |
| N180 | G00 Z150.0; | |
| N190 | 　　　X150.0; | 返回换刀点 |
| N200 | M05; | |
| N210 | M09; | |
| N220 | M00; | 程序暂停,检查工件尺寸,调整磨耗值 |
| N230 | T0202; | |
| N240 | M03 S1000; | 换 2 号切断刀,调用 02 号刀补 |
| N250 | M08; | |

| 程序名 | O2017; | |
|---|---|---|
| 程序段号 | 程序内容 | 说　明 |
| N260 | G00 X16.0; | 到达循环起点(16,3) |
| N270 | Z3.0; | |
| N280 | G70 P110 Q170; | 精车内轮廓 |
| N290 | G00 Z150.0; | 退回换刀点 |
| N300 | X150.0; | |
| N310 | M09; | 冷却液关 |
| N320 | M05; | 主轴停 |
| N330 | M30; | 程序结束并返回 |

表 2-4-18　图 2-4-31 所示零件的参考程序

| 程序名 | %2018 | |
|---|---|---|
| 程序段号 | 程序内容 | 说　明 |
| N10 | %2018 | 机床工艺初始化 |
| N20 | G00 G40 G21 G97 G94; | |
| N30 | G00 X80.0 Z80.0; | 到程序起点或换刀点位置 |
| N40 | T0101; | 换 1 号刀，调用 01 号刀补 |
| N50 | M03 S600; | 主轴正转，转速 600 r/min |
| N60 | M08; | 切削液打开 |
| N70 | G00 X16.0 Z3.0; | 到循环起点位置(16,3) |
| N80 | G71 U2 R1 P170 Q240 X-0.4 Z0.1 F100; | 内径粗加工，$\Delta x$ 为负值 |
| N90 | G00 Z80.0; | 粗切后到换刀点位置 |
| N100 | X80.0; | |
| N110 | M05; | 主轴停 |
| N120 | M09; | 冷却液关 |
| N130 | M00; | 程序暂停，检查工件尺寸，调整磨耗值 |
| N140 | T0202 ; | 换 2 号刀，调 02 号刀补 |
| N150 | M03 S1000; | 主轴以 1000 r/min 正转 |
| N160 | M08; | |
| N170 | G00 G41 X16.0 Z3.0 ; | 建立刀具半径左补偿 |
| N180 | G00 X44.0; | 精加工轮廓开始，刀具到达 ø44 mm 外圆处 |
| N190 | G01 W-20.0 F80; | 精加工 ø44 mm 外圆 |
| N200 | U-10.0 W-10.0 ; | 精加工外圆锥 |
| N210 | W-10.0 ; | 精加工 ø34 mm 外圆 |
| N220 | G03 U-14.0 W-7.0 R7.0; | 精加工 R7 圆弧 |
| N230 | G01 X18.0; | 精加工轮廓结束 |
| N240 | G40 X16.0; | 退出已加工表面，取消刀补 |
| N250 | G00 Z80.0; | 退出工件内孔 |
| N260 | X80.0; | 回程序起点或换刀点位置 |
| N270 | M09; | 冷却液关 |
| N280 | M05; | 主轴停 |
| N290 | M30; | 程序结束并返回 |

【例 2-12】用外径粗加工复合循环指令编制如图 2-4-32 所示工件的加工程序。

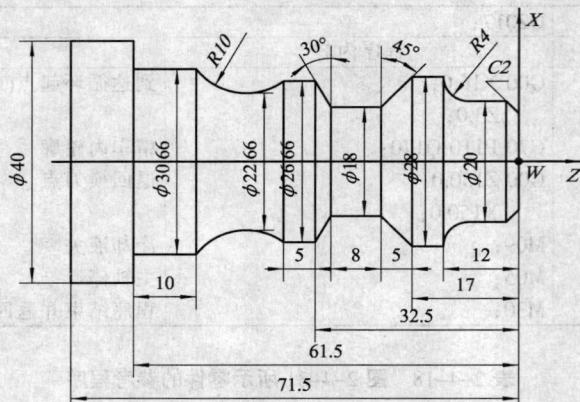

图 2-4-32　用 G71 加工有凹槽的零件

参考程序见表 2-4-19(华中"世纪星"系统编程)。

表 2-4-19　图 2-4-32 所示零件的参考程序

| 程序名 | %2019 | |
|---|---|---|
| 程序段号 | 程序内容 | 说　明 |
| | %2019 | |
| N10 | G00 G40 G21 G97 G94; | 机床工艺初始化 |
| N20 | G00 X80 Z100 ; | 到程序起点或换刀点位置 |
| N30 | T0101; | 换 1 号刀,调用 01 号刀补 |
| N40 | M03 S600; | 主轴正转,转速 500 r/min |
| N50 | M08; | 切削液打开 |
| N60 | G00 X42 Z3 ; | 到循环起点位置(42,3) |
| N70 | G71 U1.5 R1 P170 Q280 E0.3 F100; | 有凹槽粗切循环加工 |
| N80 | G00 X80 Z100; | 粗切后到换刀点位置 |
| N90 | M05; | 主轴停 |
| N100 | M09; | 冷却液关 |
| N110 | M00; | 程序暂停,检查工件尺寸,调整磨耗值 |
| N120 | T0202; | 换 2 号刀,调用 02 号刀补 |
| N130 | M03 S1000; | 主轴以 1000 r/min 正转 |
| N140 | M08; | |
| N150 | G00 G42 X42 Z3; | 建立刀具半径右补偿 |
| N160 | 　　　X10; | 精加工轮廓开始,返回倒角延长线处精加工倒角 C2 |
| N170 | G01 X20 Z-2 F80; | |
| N180 | 　　　Z-8; | 精加工 $\phi$20 mm 外圆 |
| N190 | G02 X28 Z-12 R4; | 精加工 R4 圆弧 |
| N200 | G01 Z-17; | 精加工 $\phi$28 mm 外圆 |
| N210 | U-10 W-5 ; | 精加工外锥面 |
| N220 | 　　　W-8; | 精加工 $\phi$18 mm 外圆槽 |
| N230 | U8.66 W-2.5; | 精加工外锥面 |
| N240 | 　　　Z-37.5; | 精加工 $\phi$26.66 mm 外圆 |
| N250 | G02 X30.66 W-14 R10; | 精加工 R10 下切圆弧 |
| N260 | G01 W-10; | 精加工 $\phi$30.66 mm 外圆 |
| N270 | 　　　X42.0; | 退出已加工表面,精加工轮廓结束 |
| N280 | G00 G40 X80 | 取消半径补偿,返回换刀点位置 |
| N290 | Z100; | |
| N300 | M09; | 冷却液关 |
| N310 | M05; | 主轴停 |
| N320 | M30; | 程序结束并返回 |

## 习题九

1.如图 2-4-33 所示零件,毛坯为 ⌀50×100 的圆棒料,材料 45 钢。试编写其加工程序。

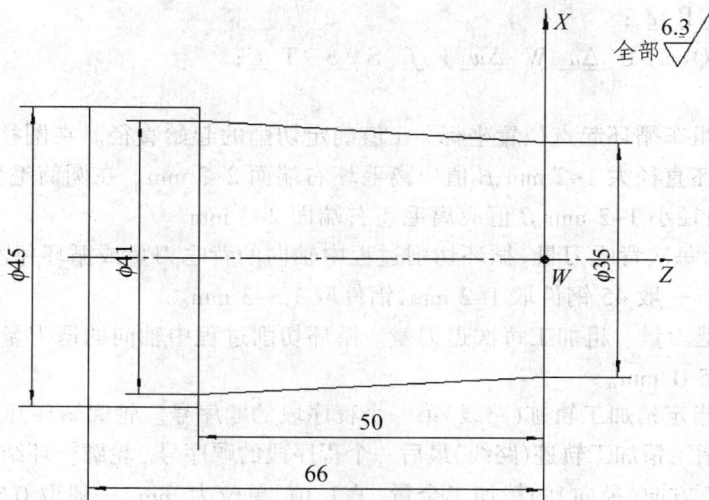

图 2-4-33

2.如图 2-4-34 所示零件,毛坯为 ⌀65×150 的圆棒料,材料 45 钢。编写其加工程序。

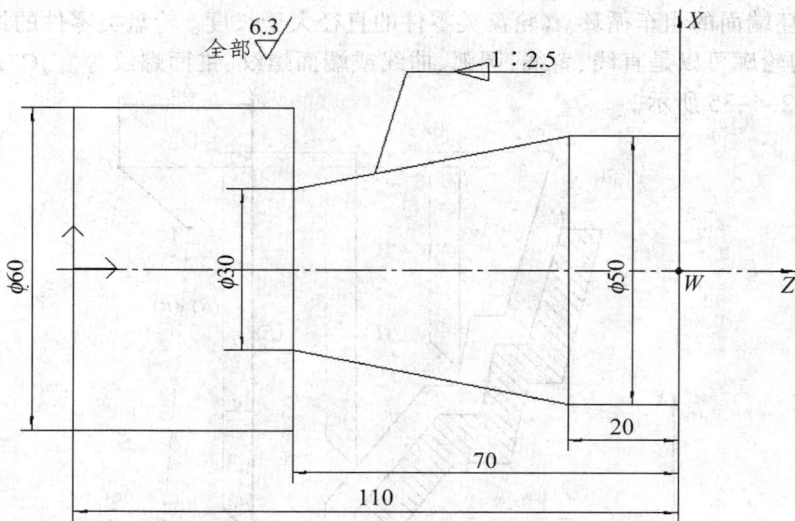

图 2-4-34

## 二、端面粗车复合循环指令

### 1.端面粗车复合循环指令(G72)(FANUC 0i Mate-TB 系统)

格式:

G00 X $\underline{\alpha}$ Z $\underline{\beta}$ ;

G72 U $\underline{\Delta d}$ R $\underline{e}$ ;

G72 P($n_s$) Q($n_f$) U $\underline{\Delta u}$ W $\underline{\Delta w}$ F $\underline{f}$ S $\underline{S}$ T $\underline{t}$ ;

说明:

(1) $\alpha$ 、$\beta$ 为粗车循环起点位置坐标。$\alpha$ 值确定切削的起始直径。在圆柱毛坯料粗车外径时,$\alpha$ 值应比毛坯直径大 1~2 mm;$\beta$ 值应离毛坯右端面 2~3 mm。在圆筒毛坯料粗镗内径时,$\alpha$ 值应比筒料内径小 1~2 mm,$\beta$ 值应离毛坯右端面 2~3 mm。

(2) $\Delta d$ 表示每次背吃刀量。循环切削过程中轴向的背吃刀量或循环每次的 Z 向切深。单位为 mm,正值。一般 45 钢件取 1~2 mm,铝件取 1.5~3 mm。

(3) $e$ 表示退刀量。粗加工每次退刀量。循环切削过程中轴向的退刀量。单位为 mm,无正负,一般取 0.5~1 mm。

(4) $n_s$ 表示指定精加工轨迹(路线)第一个程序段的顺序号。轮廓循环开始程序段的段号。

(5) $n_f$ 表示指定精加工轨迹(路线)最后一个程序段的顺序号。轮廓循环结束程序段的段号。

(6) $\Delta u$ 为 X 方向(径向)的精加工余量。直径值,单位为 mm。一般取 0.5 mm。有正负。在加工外轮廓时为正值,在加工内轮廓时为负值。

(7) $\Delta w$ 为 Z 方向(轴向)上的精加工余量。单位为 mm。一般取 0.05~0.1 mm。

功能:

该循环方式适用于长径比较小的盘类工件端面粗车。它是从外径方向往轴心方向切削圆柱棒料毛坯端面的粗车循环。(轮盘类零件的直径大于长度。轮盘类零件的加工表面多是端面,端面的轮廓可以是直线、斜线、圆弧、曲线或端面螺纹、锥面螺纹等。)G72 指令刀具运动轨迹如图 2-4-35 所示。

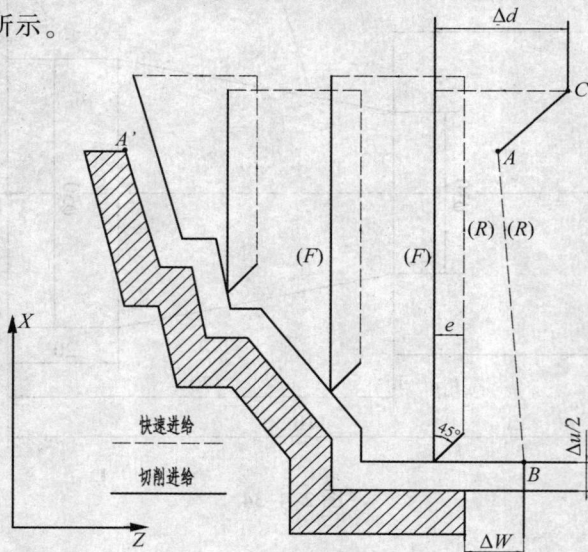

图 2-4-35　G72 指令走刀路径(轨迹)

注意事项：

①G72 指令下面第一句指令，即 P 行指令，只能采用 G00、G01 指令，而且只包含 Z 坐标指令(即精加工首刀进刀须有 Z 向动作)。

②G72 可用于外径的径向粗车，也可用于内径的径向粗车。

③零件轮廓必须符合 X 轴、Z 轴方向同时单调增大或者单调减小。

④G72 指令不能用于加工端面内凹的形体。

⑤$n_s \sim n_f$ 程序段中，不能调用子程序。

⑥$n_s \sim n_f$ 程序段中指定的 G96、G97 及 T、F、S 对粗车循环 G72 均无效 (对 G70 有效)，而在 G72 指令中，或者之前的程序段里指定的这些功能有效。

⑦粗车循环最后一刀，按 $Pn_s Qn_f$ 程序段轮廓走，均匀留出精加工余量 $\Delta u$ 和 $\Delta w$。

⑧刀具始终平行于 X 轴切削。

⑨循环起点的选择应在接近工件处，以缩短刀具行程，避免空走刀，并确保安全。

⑩用 G72 指令加工外轮廓时，刀具半径补偿使用 G41 指令。加工内轮廓时，刀具半径补偿使用 G42 指令，不能搞错。(编程时一律以后置刀架的车床进行编程，可以防止出现 G41 与 G42、G02 与 G03 在使用上的错误)。

**2.端面粗车复合循环指令(G72)(华中"世纪星"系统(HNC-21/22T))**

格式：

G72  W($\Delta d$) R($r$) P($n_s$) Q($n_f$) X($\Delta x$) Z($\Delta z$) F($f$) S($s$) T($t$)；

说明：该循环与 G71 的区别仅在于切削方向平行于 X 轴，$\Delta d$、$r$、$n_s$、$n_f$、$\Delta x$、$\Delta z$、$f$、$s$、$t$ 含义同 G71 指令中对应字母的含义。其中 $\Delta d$ 为 Z 向的背吃刀量。G72 指令的走刀动作如图 2-4-35 所示。G72 复合循环下 X($\Delta u$) 和 Z($\Delta w$) 的符号如图 2-4-36 所示。

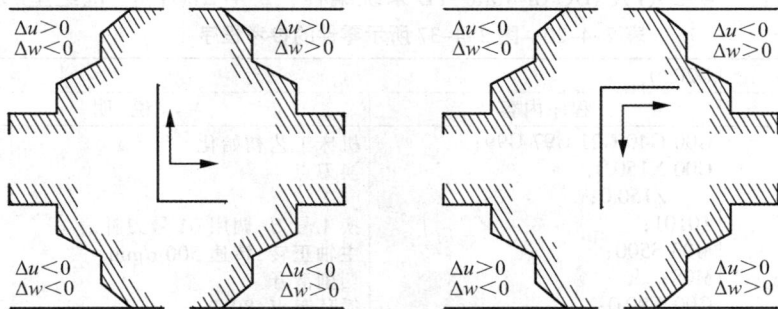

图 2-4-36  G72 复合循环下 $X(\Delta u)$ 和 $Z(\Delta w)$ 的符号

功能：

同 FANUC 0i Mate-TB 系统的 G72 指令。

注意事项：

(1)只有带 P、Q 地址的 G71 或 G72 指令，才能进行该循环加工。

(2)粗加工循环时，处于 $n_s$ 到 $n_f$ 程序段之间的 F、S、T 指令均无效，G71 或 G72 格式中含有的 F、S、T 有效。

(3)在顺序号为 $n_s$ 的顺序段中,必须使用 G00 或 G01 指令。

(4)处于 $n_s$ 到 $n_f$ 程序段之间的精加工程序不应包含有子程序。

### 3.复合循环指令编程与操作

【例 2-13】编制如图 2-4-37 所示工件的加工程序。要求:循环起始点(80,2),每次背吃刀量为 1.2 mm,退刀量为 1 mm,X 方向精加工余量为 0.2 mm,Z 方向精加工余量为 0.5 mm。

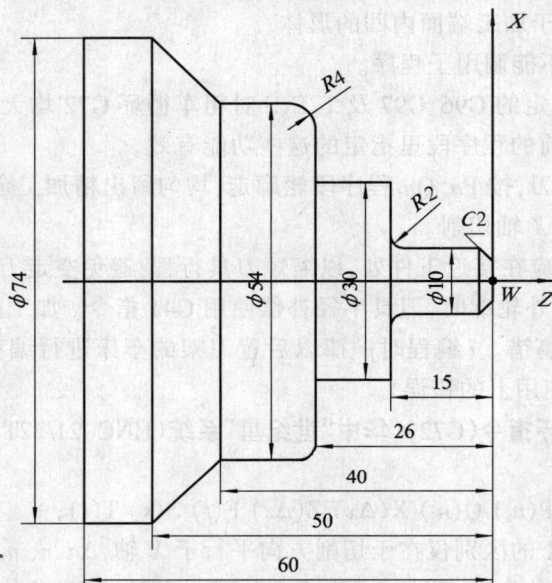

图 2-4-37　G72 外径粗切复合循环编程实例

参考程序见表 2-4-20(FANUC 0i Mate-TB 系统编程)、2-4-21(华中"世纪星"系统编程)。

表 2-4-20　图 2-4-37 所示零件的参考程序

| 程序名 | O2020; | |
|---|---|---|
| 程序段号 | 程序内容 | 说　明 |
| N10 | G00 G40 G21 G97 G99; | 机床工艺初始化 |
| N20 | G00 X150.0; | 换刀点 |
| N30 | 　　Z150.0; | |
| N40 | T0101; | 换 1 号刀,调用 01 号刀补 |
| N50 | M03 S500; | 主轴正转,转速 500 r/min |
| N60 | M08; | 切削液开 |
| N70 | G00 X80.0; | 循环起点(80,2) |
| N80 | 　　Z2.0; | |
| N90 | G72 W1.2 R1.0; | 粗加工循环 |
| N100 | G72 P110 Q240 U0.2 W0.5 F0.2; | 精加工轮廓起始行,建立左刀补 |
| N110 | G00 G41 Z-60.0; | 转速 1000 r/min,进给量 0.1 mm |
| N120 | G01 X74.0 F0.1 S1000; | 精加工 ϕ74 mm 外圆 |
| N130 | 　　Z-50.0; | 精加工锥面 |
| N140 | X54.0 Z-40.0; | 精加工 ϕ54 mm 外圆 |
| N150 | 　　Z-30.0; | 精加工 R4 圆弧 |
| N160 | G02 U-8.0 W4.0 R4.0; | 精加工 26 mm 处端面 |
| N170 | G01 X30.0; ; | 精加工 ϕ30 mm 外圆 |
| N180 | 　　Z-15.0; | 精加工 15 mm 处端面 |
| N190 | 　　X14.0; | |

续表 2-4-20

| 程序名 | O2020; | |
|---|---|---|
| 程序段号 | 程序内容 | 说　明 |
| N200 | G03 X10.0 Z–13.0 R2.0; | 精加工 R2 圆弧 |
| N210 | G01 Z–2.0; | 精加工 ø10 mm 外圆 |
| N220 | X6.0 Z0; | 精加工倒角 C2 |
| N230 | G01 X–1.0; | 精加工轮廓结束 |
| N240 | G01 G40 Z2.0; | 取消刀具半径补偿 |
| N250 | G70 P110 Q240; | 精加工循环 |
| N260 | G00 X150.0; | 返回换刀点 |
| N270 | Z150.0; | |
| N280 | T0202; | |
| N290 | G00 X80.0; | 换 2 号切断刀,调用 02 号刀补 |
| N300 | Z–64.0 S400; | 到达切断点,主轴转速 400 r/min |
| N310 | G01 X–1.0 F0.1; | 切断,进给量 0.1 mm |
| N320 | G00 Z150.0; | 退回换刀点 |
| N330 | X150.0; | |
| N340 | M09; | 冷却液关 |
| N350 | M05; | 主轴停 |
| N360 | M30; | 程序结束并返回 |

表 2-4-21　图 2-4-37 所示零件的参考程序

| 程序名 | %2021 | |
|---|---|---|
| 程序段号 | 程序内容 | 说　明 |
| N10 | %2021 | |
| N20 | G00 G40 G21 G97 G94; | 机床工艺初始化 |
| N30 | G00 X80.0 Z80.0; | 到程序起点或刀点位置 |
| N40 | T0101; | 换 1 号刀,调用 01 号刀补 |
| N50 | M03 S600; | 主轴正转,转速 600 r/min |
| N60 | M08; | 切削液打开 |
| N70 | G00 X80 Z2; | 到循环起点位置(80,2) |
| N80 | G72 W1.2 R1 P120 Q230 X0.2 Z0.5 F100 ; | 外端面粗切循环 |
| N90 | G00 X100 Z80; | 粗切后到换刀点位置 |
| N100 | G41 X80 Z2; | 加入刀尖圆弧半径左补偿 |
| N110 | G00 Z–60.0; | |
| N120 | G01 X74.0 F80; | 精加工 ø74 mm 外圆 |
| N130 | G00 Z–50.0; | 精加工轮廓开始 |
| N140 | G01 X54 Z–40 F80; | 精加工锥面 |
| N150 | Z–30; | 精加工 ø54 mm 外圆 |
| N160 | G02 U–8 W4 R4; | 精加工 R4 圆弧 |
| N170 | G01 X30; | 精加工 26 mm 处端面 |
| N180 | Z–15; | 精加工 ø30 mm 外圆 |
| N190 | U–16; | 精加工 15 mm 处端面 |
| N200 | G03 U–4 W2 R2; | 精加工 R2 圆弧 |
| N210 | Z–2; | 精加工 ø10 mm 外圆 |
| N220 | U–6 W3; | 精加工倒角 C2,精加工轮廓结束 |
| N230 | G00 X80.0; | 退出已加工表面 |
| N240 | G40 X100 Z80; | 取消刀补,返回换刀点位置 |
| N250 | M09; | 冷却液关 |
| N260 | M05; | 主轴停 |
| N270 | M30; | 程序结束并返回 |

## 习题十

1.简述 G72 指令的功能,走刀路径的特点。使用时应注意哪些事项？

2.零件如图 2-4-38 所示,毛坯为 $\phi50\times70$ 棒料,材料为 45 号钢。试编制其加工程序。

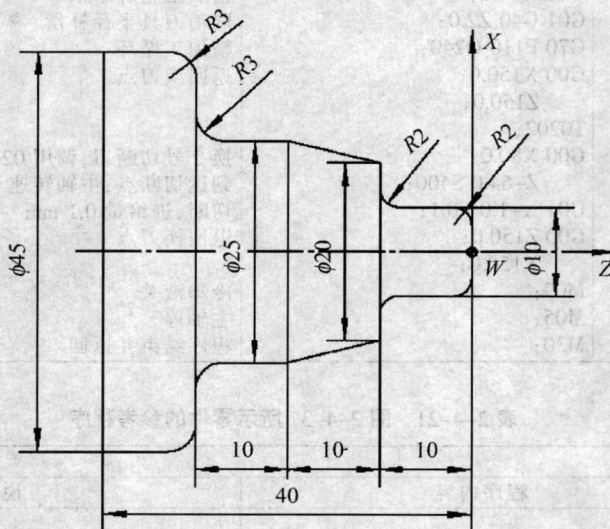

图 2-4-38

3.零件如图 2-4-39 所示,毛坯为 $\phi50\times70$ 棒料,材料为 45 号钢。试编制其加工程序。

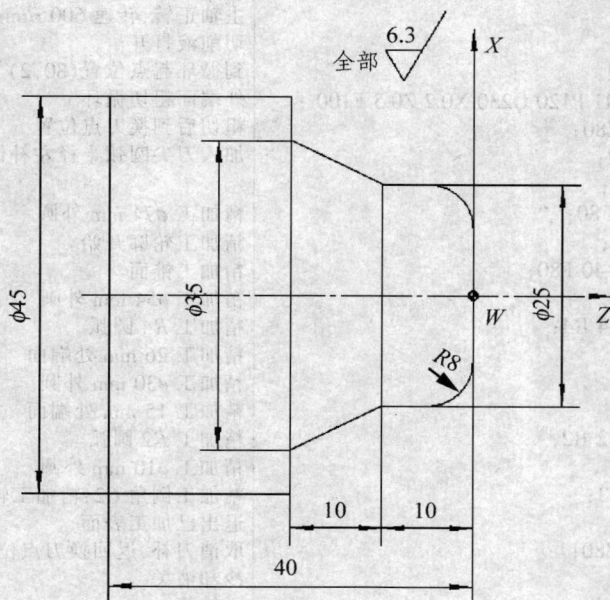

图 2-4-39

### 三、固定形状切削复合循环指令

**1.固定形状切削复合循环指令(G73)(FANUC 0i Mate-TB 系统)**

格式：

G00 X <u>α</u> Z <u>β</u>；

G73 U <u>Δd</u> W <u>Δk</u> R <u>d</u>；

G73 P($n_s$) Q($n_f$) U <u>Δu</u> W <u>Δw</u> F <u>f</u> S <u>S</u> T <u>t</u>；

说明：

(1)α、β 表示粗车循环起点位置坐标。α 值确定切削的起始直径。在圆柱毛坯料粗车外径时，α 值应比毛坯直径大 1~2 mm；β 值应离毛坯右端面 2~3 mm。在圆筒毛坯料粗镗内径时，α 值应比筒料内径小 1~2 mm，β 值应离毛坯右端面 2~3 mm。

(2)Δi 表示 X 向总退刀量(半径值)，即 X 轴方向的退出距离和方向，毛坯切除余量，半径值，为正值。

(3)Δk 表示 Z 向总退刀量，即 Z 轴方向的退出距离和方向，毛坯切除余量，为正值。

(4)d 表示粗车循环次数，即粗车次数。

(5)$n_s$ 表示精加工路线(轨迹)第一个程序段的顺序号。

(6)$n_f$ 表示精加工路线(轨迹)最后一个程序段的顺序号。

(7)Δu 表示 X 方向(径向)的精加工余量，直径值，有正负。

(8)Δw 表示 Z 方向(轴向)的精加工余量。

2-4-40  G73 指令走刀路径(轨迹)

功能：

G73 指令适用于毛坯轮廓形状与工件轮廓基本接近的毛坯粗加工，如加工铸件、锻件毛坯零件的粗车。

注意事项：

(1)闭合车削循环指令 G73 与 G71、G72 指令功能相同，只是刀具路径是按工件精加工轮廓进行的，F、S、T 意义同 G71、G72 指令中的意义。G73 指令加工循环结束时，刀具返回到循环起点(A 点)。G73 指令的走刀路径如图 2-4-40 所示。

(2)G73 指令用于未切除余量的棒料切削时，会有较多的空刀行程，因此应尽可能使用 G71、G72 指令切除余量。

(3)G73 指令描述精加工走刀路径时应封闭。

(4)G73 指令用于内孔加工时，如果采用 X、Z 双向进刀或 X 单向进刀，应注意是否有足够的退刀空间，否则会发生刀具干涉。

(5)加工的特点是刀具轨迹始终平行于工件的轮廓。故适用于加工铸造和锻造成形的坯料。

(6)G73 指令下面第一句指令，即 P 行指令，只能采用 G00、G01、G02、G03 指令。

(7)G73 可用于外径的轴向粗车，也可用于内径的轴向粗车。

(8)零件轮廓不用符合 X 轴、Z 轴方向单调增大或者单调减小。

(9)$n_s$ 至 $n_f$ 程序段中指定的 G96、G97 及 F、S、T 功能对车削循环(G73 指令)均无效。而在 G73 指令中，或者之前的程序段里指定的这些功能有效。

(10)有 P 和 Q 的 G73 指令执行循环加工时，不同的进刀方式(共有 4 种)，$\Delta u$、$\Delta w$、$\Delta k$、$\Delta i$ 的符号不同，如图 2-4-41 所示，使用时应加以注意。

(11)$n_s \sim n_f$ 程序段中，不能调用子程序。

(12)加工外轮廓时用 G42 建立刀补，加工内轮廓时用 G41 建立刀补。

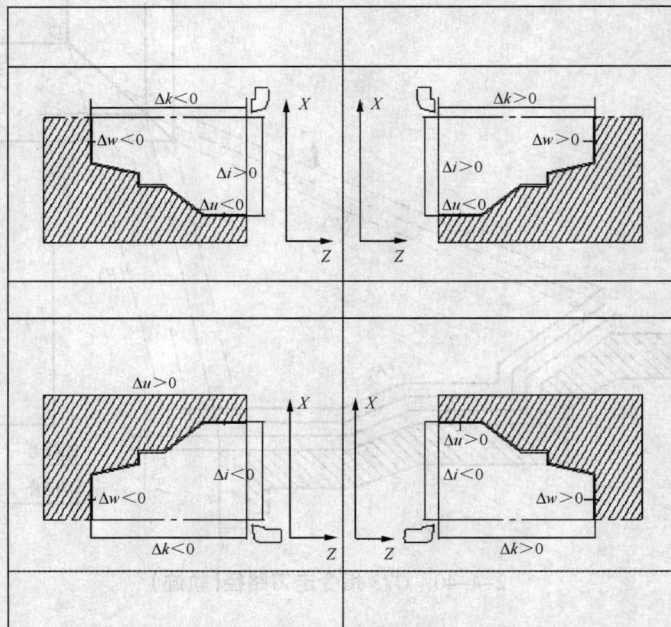

图 2-4-41　G73 指令中 $\Delta u$、$\Delta w$、$\Delta i$、$\Delta k$ 的符号选择

### 2.闭环车削复合循环指令(G73)(华中"世纪星"系统(HNC-21/22T))

格式：

G73 W($\Delta I$) W($\Delta K$) R($r$) P($n_s$) Q($n_s$) X($\Delta x$) Z($\Delta x$) F($f$) S($s$) T($t$);

说明：

(1)$\Delta I$ 为 X 轴方向的粗加工总余量(半径值)。

(2)$\Delta K$ 为 Z 轴方向的粗加工总余量。

(3)$r$ 为粗切削次数。

(4)$n_s$ 表示精加工路径第一程序段。

(5)$n_f$ 表示精加工路径最后程序段。

(6)$\Delta x$ 表示 X 方向(径向)的精加工余量。

(7)$\Delta z$ 表示 Z 方向(轴向)的精加工余量。

(8)$f$、$s$、$t$——粗加工时 G73 指令中编程的 F、S、T 有效,而精加工时处于 $n_s$ 到 $n_f$ 程序段之间的 F、S、T 有效。

功能：

该指令在切削工件时刀具轨迹如图 2-4-36 所示的封闭回路,刀具逐渐进给,使封闭切削回路逐渐向零件最终形状靠近,并最终切削成工件的形状,其精加工路径为 $A \rightarrow A' \rightarrow B' \rightarrow B$。该指令能对铸造、锻造等粗加工中已初步成形的毛坯件进行高效率切削。

注意事项：

①$\Delta I$ 为 X 轴方向的粗加工总余量,$\Delta K$ 为 Z 轴方向的粗加工总余量,$r$ 为粗加工次数,则每次 X 、Z 方向的切削量为 $\Delta I/r$、$\Delta K/r$。

②按 G73 程序段中的 P($n_s$)→Q($n_f$)指令值实现循环加工,要注意 $\Delta x$ 和 $\Delta z$、$\Delta I$ 和 $\Delta K$ 的正负号。

### 3.固定形状切削复合循环指令编程与操作

【例 2-13】编制如图 2-4-30 所示零件的加工程序。要求:切削起始点在(60,5),X、Z 方向粗加工余量分别为 3 mm、0.9 mm;粗加工次数为 3 次,X、Z 方向精加工余量分别为 0.6 mm、0.1 mm。

参考程序见表 2-4-22(FANUC 0i Mate-TB 系统编程)、2-4-23(华中"世纪星"系统编程)。

表 2-4-22 图 2-4-41 所示零件的参考程序

| 程序名 | O2022; | |
|---|---|---|
| 程序段号 | 程序内容 | 说 明 |
| N10 | G00 G40 G21 G97 G99; | 机床工艺初始化 |
| N20 | G00 X150.0; | 换刀点 |
| N30 | Z150.0; | |
| N40 | T0101; | 换 1 号刀,调用 01 号刀补 |
| N50 | M03 S500; | 主轴正转,转速 500 r/min |
| N60 | M08; | 切削液打开 |
| N70 | G00 X60.0; | 快速到达循环起点 |
| N80 | Z5.0; | |
| N90 | G73 U3.0 W0.9 R3; | 闭环粗加工循环 |
| N100 | G73 P110 Q210 U0.6 W0.1 F0.2; | |
| N110 | G00 G42 X0; | 精加工开始程序段,建立工件右刀补 |

续表 2-4-22

| 程序名 | O2022; | |
|---|---|---|
| 程序段号 | 程序内容 | 说　明 |
| N120 | G01 Z−52.0; | |
| N130 | X44.0 Z−62.0; | 精加工 ⌀34 mm 外圆 |
| N140 | Z−87.0; | 精加工锥面 |
| N150 | | |
| N160 | G00 G40 X60.0Z5.0; | 取消刀补,循环终止点 |
| N170 | G70 P110 Q210; | 精加工循环 |
| N180 | G00 X150.0; | 返回换刀点 |
| N190 | Z150.0; | |
| N200 | T0202; | 调用 2 号切断刀,刀宽 4 mm |
| N210 | G00 X50.0; | |
| N220 | Z−66.0 S400; | 到达切断位置 |
| N230 | G01 X−1.0 F0.1; | 切断 |
| N240 | G00 Z150.0; | 退回换刀点 |
| N250 | X150.0; | |
| N260 | M09; | 冷却液关 |
| N270 | M05; | 主轴停 |
| N280 | M30; | 程序结束并返回 |
| N290 | G01 Z0 F0.1 S1000; | 精加工转速 1000 r/min 进给量 0.1 mm |
| N300 | X10.0 C2.0; | 精加工倒角 C2 |
| N310 | Z−20.0; | 精加工 ⌀10 mm 外圆 |
| N320 | G02 X20.0 Z−25.0 R5.0; | 精加工 R5 圆弧 |
| N330 | G01 Z−35.0; | 精加工 ⌀20 mm 外圆 |
| | G03 U13.0 W−7.0 R7.0; | 精加工 R7 圆弧 |

表 2-4-23　图 2-4-41 所示零件的参考程序

| 程序名 | %2023 | |
|---|---|---|
| 程序段号 | 程序内容 | 说　明 |
| N10 | %2023 | |
| N20 | G00 G40 G21 G97 G94 | 机床工艺初始化 |
| N30 | G00 X80.0 Z80.0; | 到程序起点或换刀点位置 |
| N40 | T0101; | 换 1 号刀,调用 01 号刀补 |
| N50 | M03 S600; | 主轴正转,转速 600 r/min |
| N60 | M08; | 切削液打开 |
| N70 | G00 X60.0 Z5.0 ; | 到循环起点位置 |
| N80 | G73 U3.0 W0.9 R3 P90 Q180 X0.6 Z0.1 F120; | 闭环粗切循环加工 |
| N90 | G00 G42 X0 Z3.0 ; | 精加工轮廓开始,到倒角延长线处,精加工倒角 C2 |
| N100 | G01 U10.0 Z−2.0 F80; | |
| N110 | Z−20.0; | 精加工 ⌀10 mm 外圆 |
| N120 | G02 U10.0 W−5.0 R5.0; | 精加工 R5 圆弧 |
| N130 | G01 Z−35.0; | 精加工 ⌀20 mm 外圆 |
| N140 | G03 U14.0 W−7.0 R7.0; | 精加工 R7 圆弧 |
| N150 | G01 Z−5.0; ; | 精加工 ⌀34 mm 外圆 |
| N160 | U10.0 W−10.0; | 精加工锥面 |
| N170 | Z−87.0 | |

续表 2-4-23

| 程序名 | %2023 | |
|---|---|---|
| 程序段号 | 程序内容 | 说　明 |
| N180 | G00 G40 X60.0 Z5.0; | 取消刀补,精加工轮廓结束 |
| N190 | G00 X100 Z80; | 返回换刀点位置 |
| N200 | M09; | 冷却液关 |
| N210 | M05; | 主轴停 |
| N220 | M30; | 程序结束并返回 |

## 习题十一

1.简述 G73 指令的功能,走刀路径的特点。使用时应注意哪些事项?

2.简述 G73 指令中各参数的含义。

3.用 G73 指令加工锻件、铸件、棒料时,三种进刀方式下,循环起点、ΔI、ΔK 如何进行设置?

4.零件如图 2-4-42 所示,毛坯为 ⌀50×90 锻件,表面留有 5mm 的余量,材料为 45 号钢。试编制其加工程序。

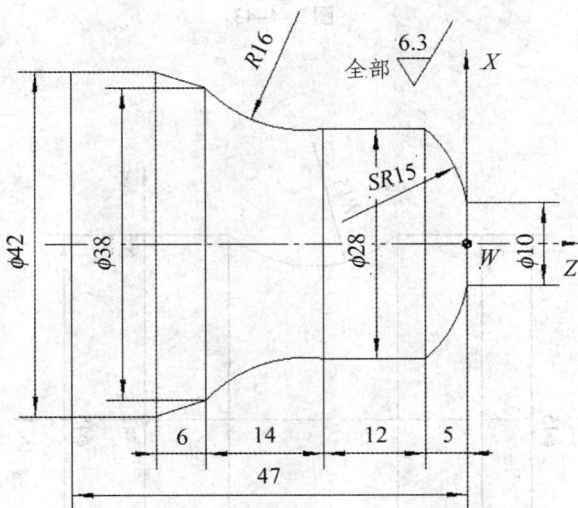

图 2-4-42

5.零件如图 2-4-43 所示,毛坯为 ⌀50×100 棒料,材料为 45 号钢。试编制其加工程序。

6.零件如图 2-4-44 所示,G73 指令用于内凹形体的切削(假定工件外圆已加工完成),材料为 45 号钢。试编制其加工程序。

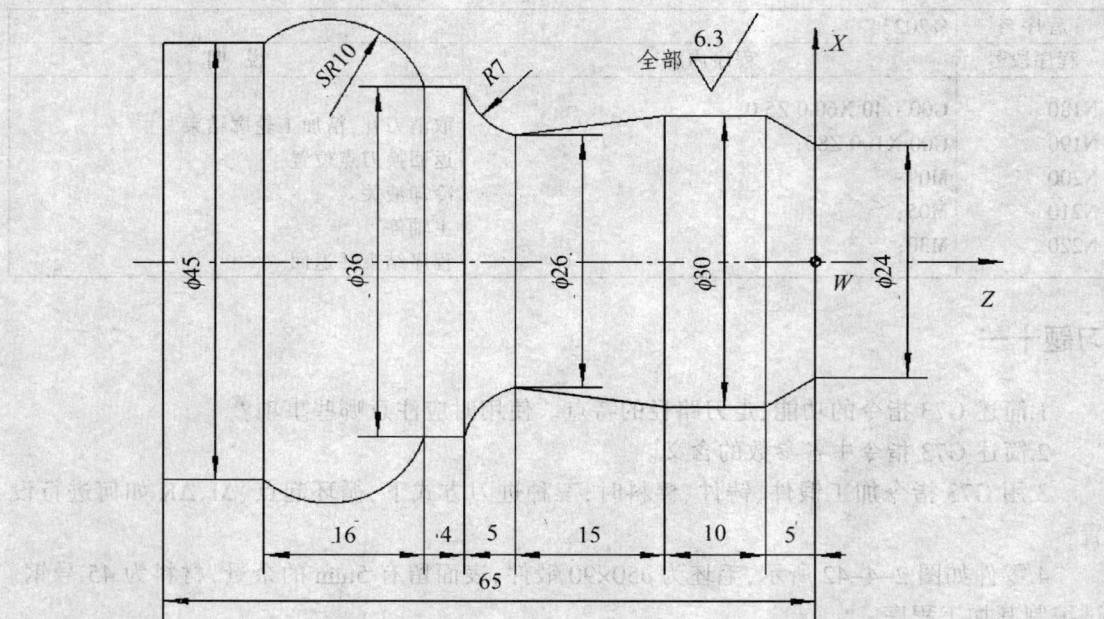

图 2-4-43

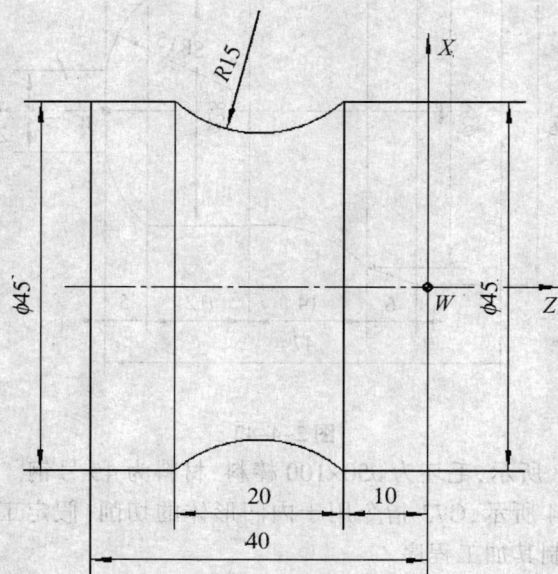

图 2-4-44

## 四、端面沟槽复合循环或深孔钻循环(轴向切槽多重循环)指令

**1.端面沟槽复合循环或深孔钻循环指令(G74)( FANUC 0i Mate–TB 系统)**

(1)端面沟槽复合循环

格式：

G00 $X$ $\underline{\alpha}$ $Z$ $\underline{\beta}$ ;

G74 $R$ $\underline{e}$ ;

G74 $X(U)\underline{\quad}$ $Z(W)\underline{\quad}$ $P\,\Delta i$ $Q\,\Delta k$ $R\,\Delta d$ $F\,f$ $S\,s$ ;

说明：

①$\alpha \setminus \beta$ 为循环起点位置坐标。

②$e$ 表示每次轴向进刀后,轴向退刀量,该参数为模态值。

③$X(U)$、$Z(W)$表示 $X$ 向、$Z$ 向终点坐标值。

④$\Delta i$ 表示每次切削完成后径向($X$ 向)的移动量(单位:$\mu$m),无正负。

⑤$\Delta k$ 表示 $Z$ 向每次切入量(单位:$\mu$m),无正负。

⑥$\Delta d$ 表示每次切削完成以后的径向退刀量(可以默认),符号为正。

⑦$X$ 向终点坐标值为实际终点尺寸减去双边刀宽。

(2)啄式钻孔循环(深孔钻循环)

格式：

G74 R $\underline{e}$ ;

G74 Z($W$)$\underline{\quad}$ Q $\Delta k$ $F\,f$ $S\,s$ ;

说明：

①$e$ 表示每次轴向进刀后,轴向退刀量;

②Z($W$)为 $Z$ 向终点坐标值(孔深);

③$\Delta k$ 表示 $Z$ 向每次切入量(啄钻深度)(单位:$\mu$m)。

功能：

该指令可实现端面深孔和端面槽的断屑加工,$Z$ 向切进一定的深度,再反向退刀到一定的距离,实现断屑。指定 $X$ 地址和 $X$ 轴向移动量,就能实现端面槽加工;若不指定 $X$ 地址和 $X$ 轴向移动量,则为端面深孔钻加工。如图 2-4-45 所示为 G74 指令的走刀动作及参数。

**2.端面深孔钻加工循环(G74)(华中系统指令)**

格式：

G74　Z($W$)$\underline{\quad}$ R($e$)$\underline{\quad}$ Q($\Delta k$)$\underline{\quad}$ F$\underline{\quad}$ ;

说明：

$Z$ 在绝对编程时,为孔底终点在工件坐标系下的坐标;

在增量编程时,为孔底终点相对于循环起点的有向距离,图形中用 $W$ 表示;

$e$ 为钻孔每进一刀的退刀量,只能为正值;

$\Delta k$ 为每次进刀的深度,只能为正值;

F 为进给速度。

G74 走刀动作参数如图 2-4-46 所示。

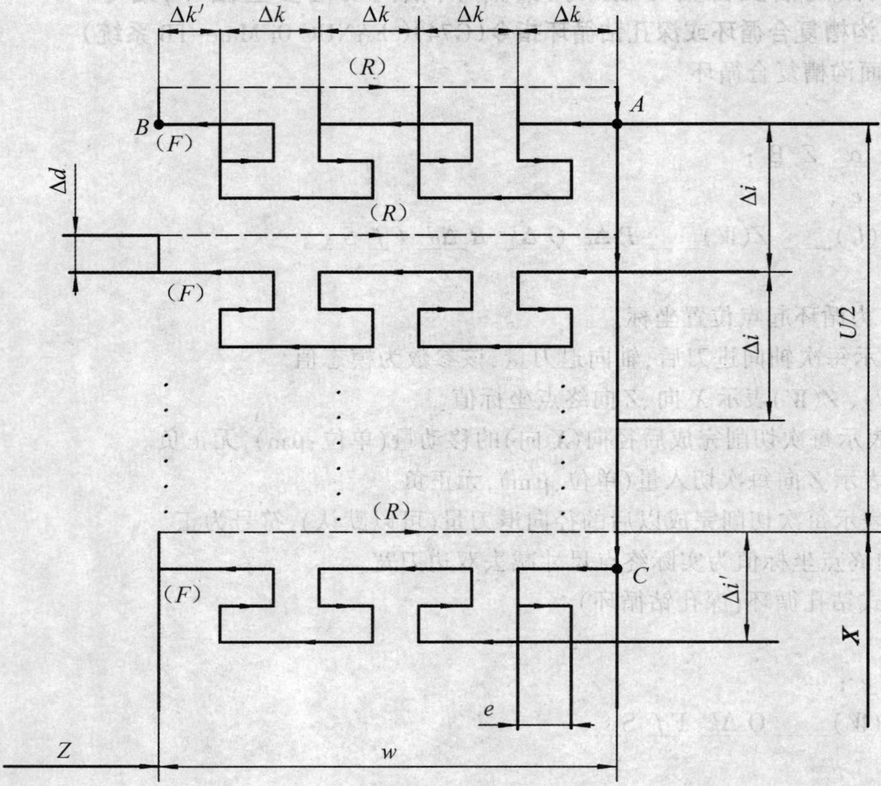

$(0<\Delta i'\leqslant\Delta i)$    (F) 切削进给
$(0<\Delta k'\leqslant\Delta k)$    (R) 快速进给

图 2-4-45    G74 指令的走刀动作及参数

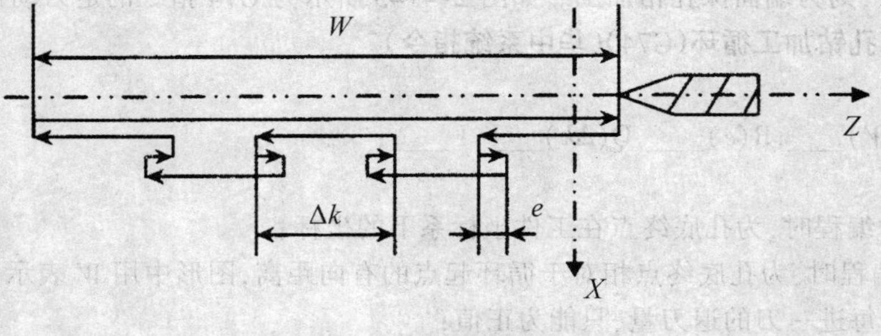

图 2-4-46    G74 走刀动作及参数

### 3.端面沟槽复合循环指令编程与操作

【例 2-14】试用 G74 指令编制如图 2-4-47 所示零件的加工程序。

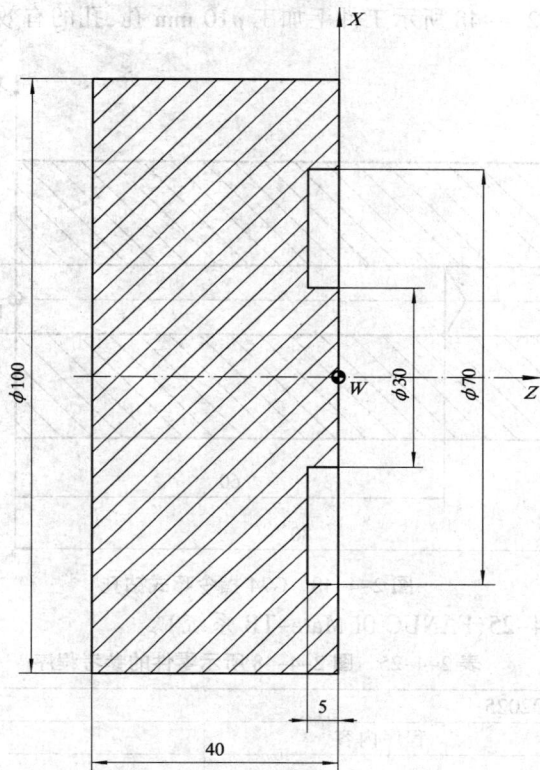

图 2-4-47　G74 指令端面切槽

参考程序见表 2-4-24(FANUC 0i Mate-TB 系统)。

表 2-4-24　图 2-4-47 所示零件的参考程序

| 程序名 | O2024; | |
|---|---|---|
| 程序段号 | 程序内容 | 说　明 |
| N10 | G00 G40 G21 G97 G99; | 机床工艺初始化 |
| N20 | G00 X150.0; | 换刀点 |
| N30 | 　　Z150.0; | |
| N40 | T0404; | 端面切槽刀,刃宽 4 mm |
| N50 | M03 S300; | 主轴正转,转速 300 r/min |
| N60 | M08; | |
| N70 | G00 X30.0 Z2.0; | 循环起点 |
| N80 | G74 R1.0; | 端面切槽 |
| N90 | G74 X62.0 Z-5.0 P3500 Q3000 | (70-2×4=62 mm,X 向移动量应小于刀宽, |
| N100 | F0.1; | $\Delta i$=3.5 mm、$\Delta k$=3 mm,即 3.5<4) |
| N110 | G00 Z150.0; | 退回换刀点 |
| N120 | 　　X150.0; | |
| N130 | M09; | 冷却液关 |
| N140 | M05; | 主轴停 |
| N150 | M30; | 程序结束并返回 |

【例 2-15】在如图 2-4-48 所示工件上加工 ⌀10 mm 孔,孔的有效深度为 60 mm(工件端面及中心孔已加工)。

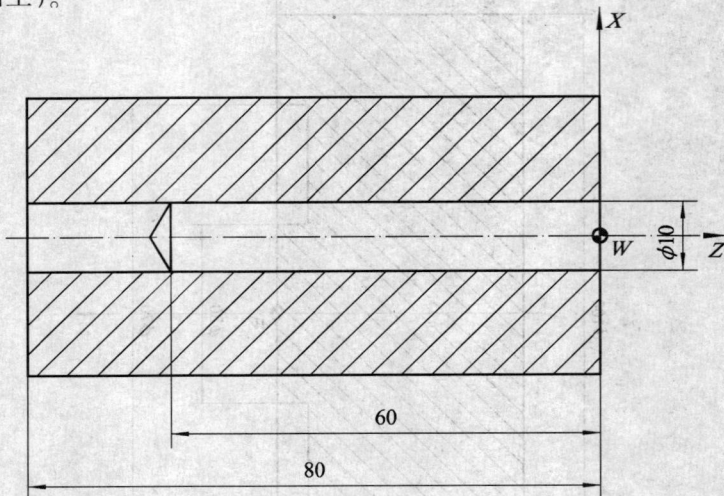

图 2-4-48  G74 指令啄式钻孔

参考程序见表 2-4-25(FANUC 0i Mate-TB 系统)。

表 2-4-25  图 2-4-48 所示零件的参考程序

| 程序名 | O2025; | |
|---|---|---|
| 程序段号 | 程序内容 | 说　明 |
| N10 | G00 G40 G21 G97 G99; | 机床工艺初始化 |
| N20 | G00 X150.0; | 换刀点 |
| N30 | Z150.0; | |
| N40 | T0404; | ⌀10 麻花钻 |
| N50 | M03 S300; | 主轴正转,转速 300 r/min |
| N60 | M08; | |
| N70 | G00 X0 Z3.0; | 循环起点 |
| N80 | G74 R1.0; | 啄式钻孔循环 |
| N90 | G74 Z-60.0 Q8000 F0.1; | $\Delta K$ 为 8 mm |
| N100 | G00 Z150.0; | 退回换刀点 |
| N110 | X150.0; | |
| N120 | M09; | 冷却液关 |
| N130 | M05; | 主轴停 |
| N140 | M30; | 程序结束并返回 |

【例 2-16】试编制如图 2-4-49 所示零件的加工程序。

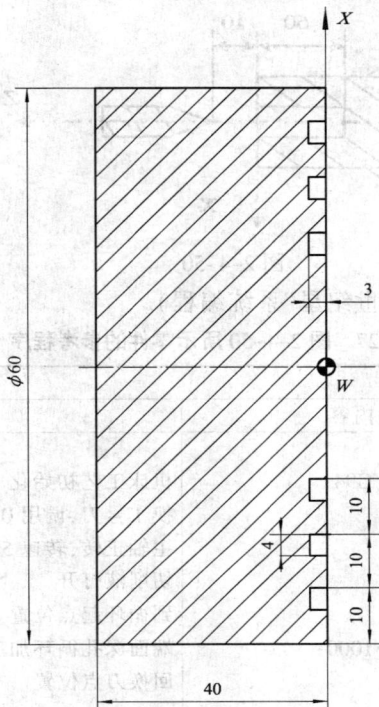

**图 2-4-49**

参考程序见表 2-4-26(FANUC 0i Mate-TB 系统)。

**表 2-4-26　图 2-4-49 所示零件的参考程序**

| 程序名 | O2026; | |
|---|---|---|
| 程序段号 | 程序内容 | 说　明 |
| N10 | G00 G40 G21 G97 G99; | 机床工艺初始化 |
| N20 | G00 X150.0; | 换刀点 |
| N30 | Z150.0; | |
| N40 | T0303; | ∅10 麻花钻 |
| N50 | M03 S300; | 主轴正转,转速 300 r/min |
| N60 | M08; | |
| N70 | G00 X50.0 Z2.0; | 循环起点 |
| N80 | G74 R1.0; | 啄式钻孔循环 |
| N90 | G74 X100.0 Z-3.0 P10000 Q2000 F0.1; | $\Delta K$ 为 8 mm |
| N100 | G00 Z150.0; | 退回换刀点 |
| N110 | X150.0; | |
| N120 | M09; | 冷却液关 |
| N130 | M05; | 主轴停 |
| N140 | M30; | 程序结束并返回 |

【例 2-17】试编制如图 2-4-50 所示零件的加工程序。

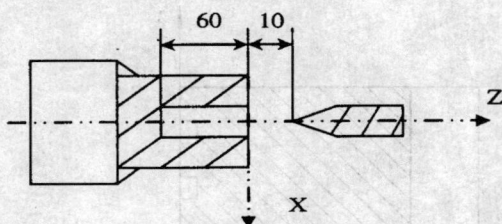

**图 2-4-50**

参考程序见表 2-4-27(华中"世纪星"系统编程)。

**表 2-4-27　图 2-4-50 所示零件的参考程序**

| 程序名 | O2027 | |
|---|---|---|
| 程序段号 | 程序内容 | 说　明 |
| N10 | %2027 | |
| N20 | G00 G40 G21 G97 G94; | 机床工艺初始化 |
| N30 | T0101; | 换 1 号刀,调用 01 号刀补 |
| N40 | M03 S500; | 主轴正转,转速 500 r/min |
| N50 | M08; | 切削液打开 |
| N60 | G00 X0.0 Z10.0 ; | 到循环起点位置 |
| N70 | G74 Z-60 R1 Q5 F1000; | 端面深孔循环加工 |
| N80 | G00 Z80; | 回换刀点位置 |
| N90 | 　X100; | |
| N100 | M09; | 冷却液关 |
| N110 | M05; | 主轴停 |
| N120 | M30; | 程序结束并返回 |

## 习题十二

1.简述 G74 指令的功能及各参数的含义。

2.试用 G74 指令编写如图 2-4-51 所示零件的加工程序。

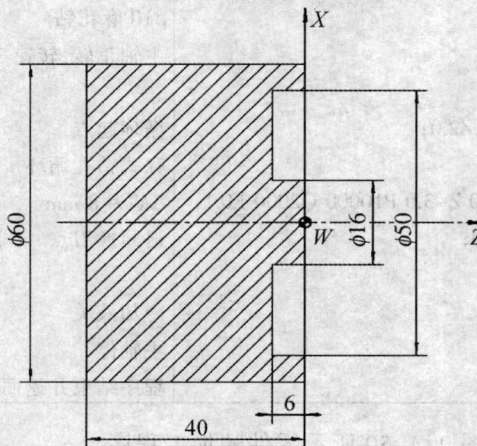

**图 2-4-51**

3.试用 G74 指令编写如图 2-4-52 所示零件的加工程序。

4.在如图 2-4-53 所示工件上加工 ø14 mm 孔,孔的有效深度为 40 mm。(工件端面及中心孔已加工)。

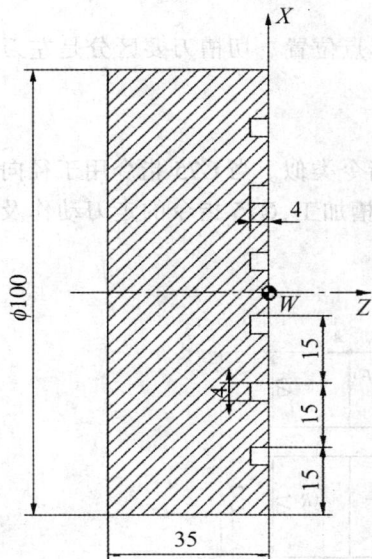

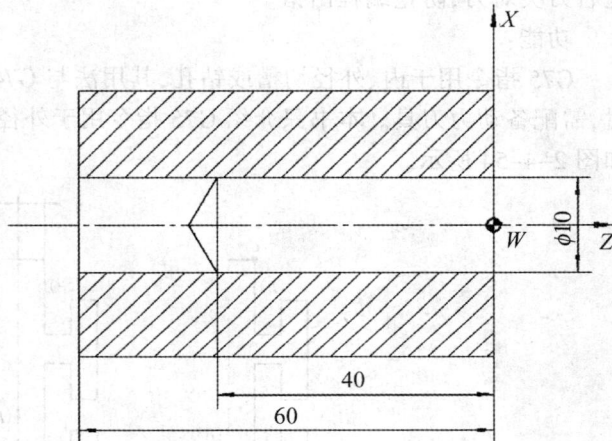

图 2-4-52　　　　　　　　　　图 2-4-53

## 五、外径沟槽复合循环

### 1.外径沟槽复合循环指令(G75)( FANUC 0i Mate-TB 系统)

格式:

G00 X $\underline{\alpha}$ Z $\underline{\beta}$ ;

G75 R $\underline{e}$ ;

G75 X(U)＿＿ Z(W)＿＿ P$\underline{\Delta i}$ Q$\underline{\Delta k}$ R$\underline{\Delta d}$ F$\underline{f}$ S$\underline{s}$ ;

说明:

①$\alpha$、$\beta$ 为切槽刀起始点坐标。$\alpha$ 应比槽口最大直径(有时在槽的左右两侧直径是不相同的,如图 2-4-54 所示)大 2~3 mm,以免在刀具快速移动时发生撞刀现象;$\beta$ 与切槽起始位置从左侧或右侧开始有关(优先选择从右侧开始切,以减小工件的装夹力,在图 2-4-54 中,当切槽起始位置从左侧开始时,$\beta$ 为-30;当切槽起始位置从右侧开始时,$\beta$ 为-24,注意不要出错)。

②$e$ 为分层切削每次退刀量,切槽过程中径向的退刀量,半径值,单位为 mm。

③X(U)为槽底直径,X 向终点坐标值。

④Z(W)为切槽时的 Z 向终点位置坐标,同样与切槽起始位置有关(在图 2-4-50 中,当切槽起始位置从左侧开始时,Z 为-24;当切槽起始位置从右侧开始时,Z 为-30)。

⑤$\Delta i$ 为 X 向每次的切入量,切槽过程中径向的每次切入量,半径值,单位为 μm。

⑥$\Delta k$ 为 Z 向每次的移动量,沿径向切完一个刀宽后退出,在 Z 向的移动量,单位为 μm。

（必须注意其值应小于刀宽。）

⑦$\Delta d$ 为切削到终点时的退刀量(可以默认)。刀具切到槽底后,在槽底沿$-Z$方向的退刀量,单位为 $\mu m$。(注意:尽量不要设置数值,取 0,以免断刀。)

指令说明:

利用 G74、G75 指令循环加工后,刀具回到循环的起点位置。切槽刀要区分是左刀尖还是右刀尖对刀,防止编程出错。

功能:

G75 指令用于内、外径切槽或钻孔,其用法与 G74 指令类似。当 G75 指令用于径向钻孔时,需配备动力刀具。本书只介绍 G75 指令用于外径沟槽加工,G75 指令的走刀动作及参数如图 2-4-54 所示。

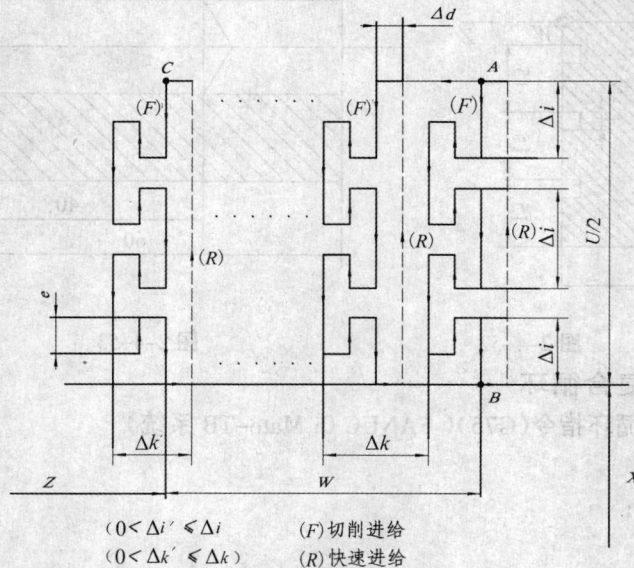

$(0 < \Delta i' \leqslant \Delta i)$　　(F)切削进给
$(0 < \Delta k' \leqslant \Delta k)$　　(R)快速进给

图 2-4-54　G75 指令的走刀动作及参数

## 2.外径切槽循环(G75)(华中系统指令)

格式:

G75 X($u$)____ R($e$)____ Q($\Delta k$)____ F____;

说明:

$u$ 在绝对编程时,为槽底终点在工件坐标系下的坐标;

在增量编程时, 为槽底终点相对于循环起点的有向距离,图形中用 $W$ 表示;

$e$ 为切槽每进一刀的退刀量,只能为正值;

$\Delta k$ 为每次进刀的深度,只能正值;

F 为进给速度。

G75 指令走刀动作及参数如图 2-4-55 所示。

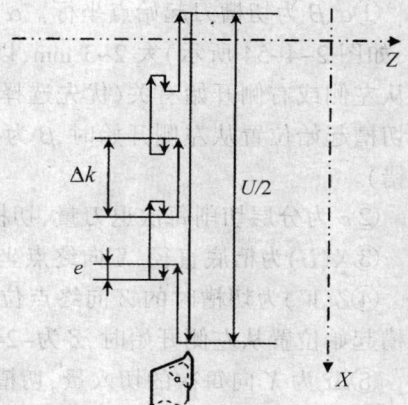

图 2-4-55　G75 指令走刀动作及参数

### 3.外径沟槽复合循环指令编程与操作

【例2-18】用G75指令编写如图2-4-56所示的槽的加工程序。

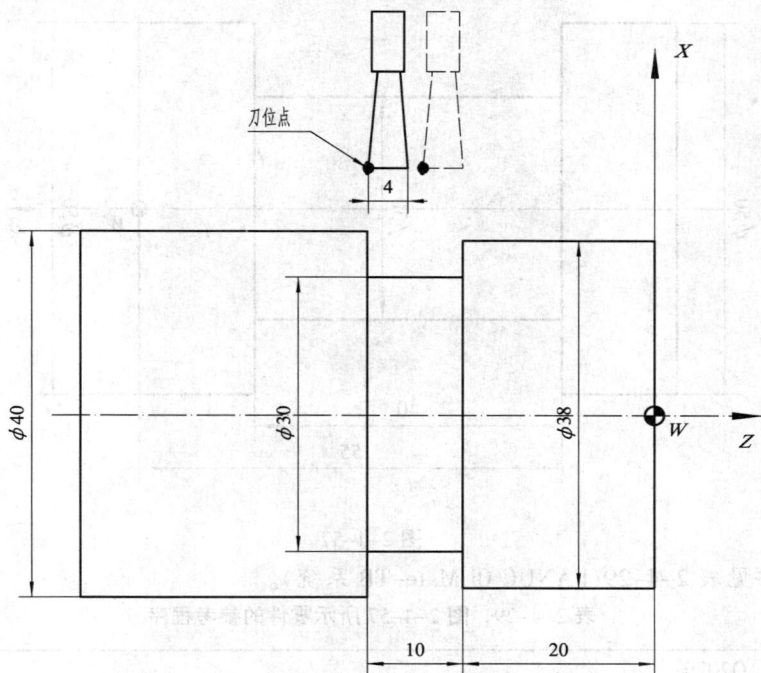

**图2-4-56**

参考程序见表2-4-28（FANUC 0i Mate-TB 系统）

**表2-4-28　图2-4-56所示零件的参考程序**

| 程序名 | O2028; | |
|---|---|---|
| 程序段号 | 程序内容 | 说　明 |
| N10 | G00 G40 G21 G97 G99; | 机床工艺初始化 |
| N20 | G00 X150.0; | 换刀点 |
| N30 | Z150.0; | |
| N40 | T0303; | 端面切槽刀,刃宽 4 mm |
| N50 | M03 S400; | 主轴正转,转速 400 r/min |
| N60 | M08; | |
| N70 | G00 X42.0 Z-30.0; | 循环起点 |
| N80 | G75 R1.0; | 径向切槽循环,径向退刀量 1 mm |
| N90 | G75 X30.0 Z-24.0 P2000 Q3500 F0.1; | $\Delta i$=2 mm,$\Delta k$=3.5 mm |
| N100 | G00 X100.0; | 退回换刀点 |
| N110 | Z100.0; | |
| N120 | M09; | 冷却液关 |
| N130 | M05; | 主轴停 |
| N140 | M30; | 程序结束并返回 |

【例2-19】用G75指令编写如图2-4-57所示的较宽的槽的加工程序。

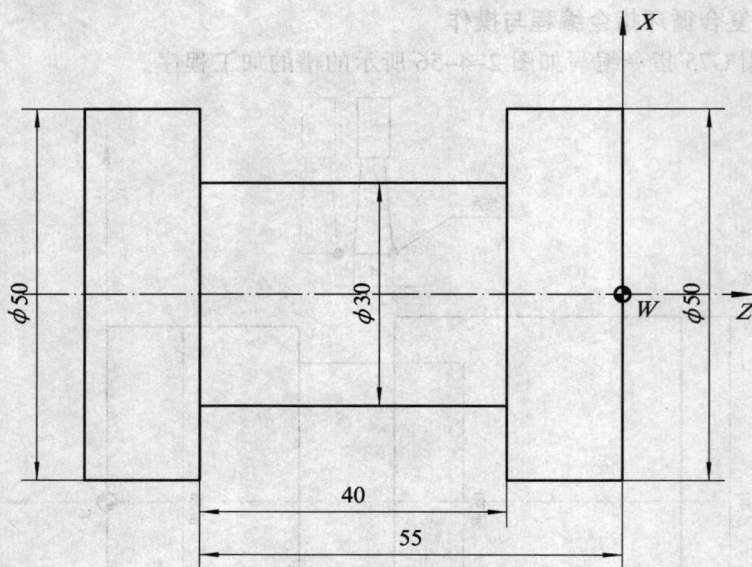

图 2-4-57

参考程序见表 2-4-29(FANUC 0i Mate-TB 系统)。

表 2-4-29　图 2-4-57 所示零件的参考程序

| 程序名 | O2029; | |
|---|---|---|
| 程序段号 | 程序内容 | 说　明 |
| N10 | G00 G40 G21 G97 G99; | 机床工艺初始化 |
| N20 | G00 X150.0; | 换刀点 |
| N30 | Z150.0; | |
| N40 | T0303; | 端面切槽刀,刃宽 4 mm |
| N50 | M03 S300; | 主轴正转,转速 300 r/min |
| N60 | M08; | |
| N70 | G00 X52.0 Z-19.0; | 循环起点 |
| N80 | G75 R1.0; | 径向切槽循环,径向退刀量 1 mm |
| N90 | G75 X30.0 Z-55.0 P3000 Q3500 F0.1; | $\Delta i$=3 mm,$\Delta k$=3.5 mm |
| N100 | G00 X100.0; | 退回换刀点 |
| N110 | Z100.0; | |
| N120 | M09; | 冷却液关 |
| N130 | M05; | 主轴停 |
| N140 | M30; | 程序结束并返回 |

【例 2-20】用 G75 指令编写如图 2-4-58 所示的径向均布槽的加工程序。

136

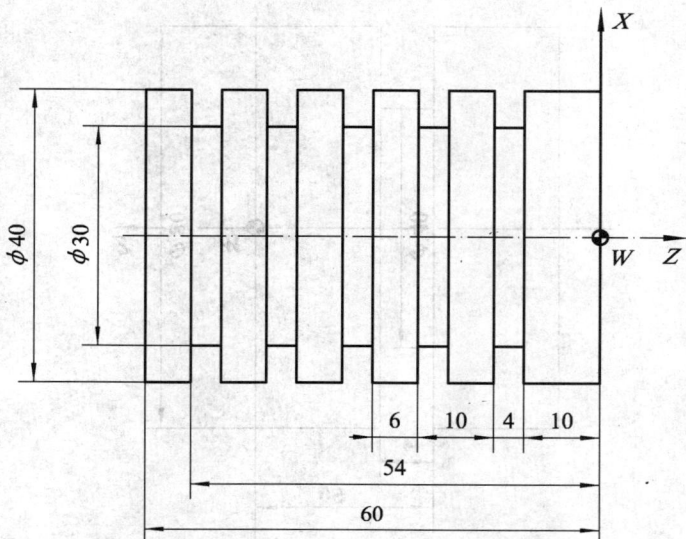

图 2-4-58

参考程序见表 2-4-30(FANUC 0i Mate-TB 系统)。

表 2-4-30　图 2-4-58 所示零件的参考程序

| 程序名 | O2030; | |
|---|---|---|
| 程序段号 | 程序内容 | 说　明 |
| N10 | G00 G40 G21 G97 G99; | 机床工艺初始化 |
| N20 | G00 X150.0; | 换刀点 |
| N30 | Z150.0; | |
| N40 | T0303; | 端面切槽刀,刃宽 4 mm |
| N50 | M03 S300; | 主轴正转,转速 300 r/min |
| N60 | M08; | |
| N70 | G00 X42.0 Z-14.0; | 到达循环起点 |
| N80 | G75 R1.0; | 径向切槽循环,径向退刀量 1 mm |
| N90 | G75 X30.0 Z-54.0 P3000 Q10000 F0.1; | $\Delta i$=3 mm, $\Delta k$=10 mm |
| N100 | G00 X100.0; | 退回换刀点 |
| N110 | Z100.0; | |
| N120 | M09; | 冷却液关 |
| N130 | M05; | 主轴停 |
| N140 | M30; | 程序结束并返回 |

【例 2-21】用 G75 指令编写如图 2-4-59 所示零件的槽的加工程序。

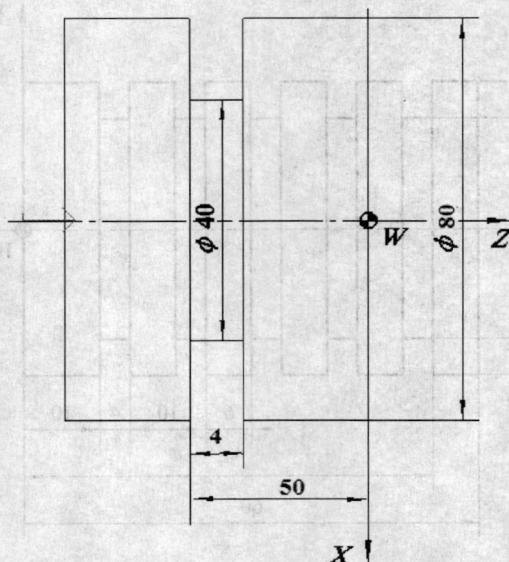

图 2-4-59

参考编程见表 2-4-31(华中"世纪星"系统编程)。

表 2-4-31 图 2-4-59 所示零件的参考程序

| 程序名 | %2031 | |
|---|---|---|
| 程序段号 | 程序内容 | 说 明 |
| | %2031 | |
| N10 | G00 G40 G21 G97 G94; | 机床工艺初始化 |
| N20 | G00 X100 Z100; | 到达换刀点 |
| N30 | T0101; | 换 1 号刀,调用 01 号刀补 |
| N40 | M03 S500; | 主轴正转,转速 500 r/min |
| N50 | M08; | 切削液打开 |
| N60 | G01 X90.0 Z-50.0; | 到循环起点位置 |
| N70 | G75 X40.0 R1 Q5 F100; | 径向切槽循环 |
| N80 | G00 X100; | 回换刀点位置 |
| N90 | Z100; | |
| N100 | M09; | 冷却液关 |
| N110 | M05; | 主轴停 |
| N120 | M30; | 程序结束并返回 |

## 习题十三

1.试述 G75 指令的功能及各参数的含义。

2.用 G75 指令编写如图 2-4-60 所示的槽的加工程序。

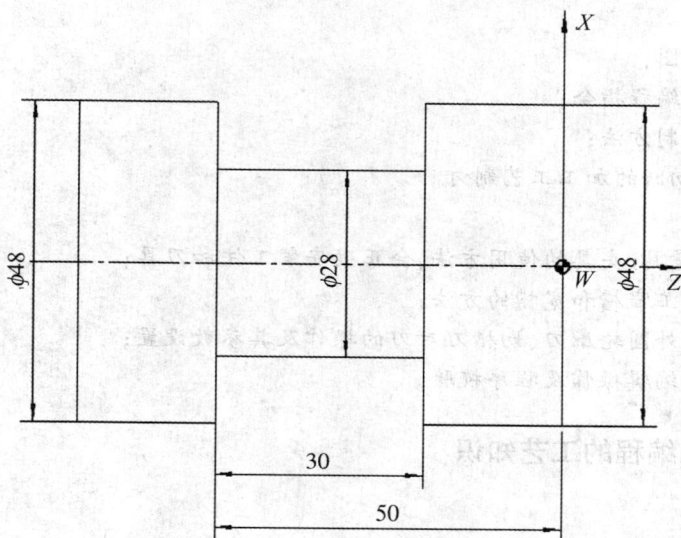

图 2-4-60

3.用 G75 指令编写如图 2-4-61 所示的径向均布槽的加工程序。

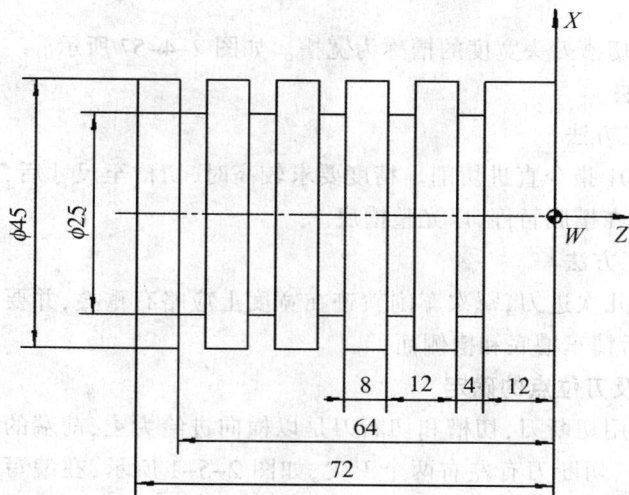

图 2-4-61

# 课题五　切槽与切断编程与加工操作

## 【知识目标】

1.会识读零件图；

2.会运用基本编程指令；

3.掌握程序编制方法；

4.掌握切槽、切断的加工工艺制订。

## 【技能目标】

1.掌握工具、量具、夹具的使用方法，会正确安装工件和刀具；

2.掌握数控加工窄槽和宽槽的方法；

3.能熟练进行外圆轮廓刀、切槽刀对刀的操作及其参数设置；

4.掌握程序的编辑操作及程序校验。

## 任务一　槽加工编程的工艺知识

### 1.槽的种类

根据槽的宽度不同,槽有宽槽和窄槽两种。

(1)窄槽

沟槽的宽度不大,用刀头宽度等于槽宽的车刀,一次车出的沟槽称为窄槽。如图 2-4-59 所示。

(2)宽槽

沟槽宽度大于切槽刀头宽度的槽称为宽槽。如图 2-4-57 所示。

### 2.槽的加工方法

(1)窄槽的加工方法

加工窄槽用 G01 指令直进切削。精度要求较高时,切槽至尺寸后,用 G04 指令使刀具在槽底暂停,以光整槽底。

(2)宽槽的加工方法

加工宽槽要分几次进刀,每次车削轨迹在宽度上应略有重叠,并要留精加工余量,最后精车槽底和槽侧面。

### 3.刀具的选择及刀位点的确定

切槽和切断选用切断刀,切槽和切断刀是以横向进给为主,前端的切削刃为主切削刃,切断刀有左右两个刀尖,如图 2-5-1 所示,在编写加工程序时要采用其中之一作为刀位点,一般常用左刀位点。其两侧为副切削刃,刀头窄而长,强度差。主切削刃太宽会引起振动,切断时浪费

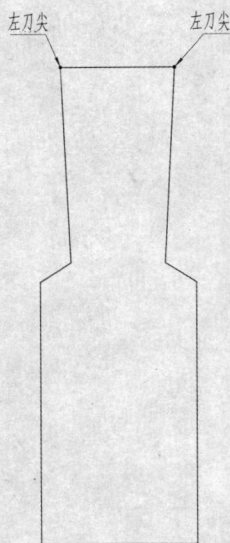

图 2-5-1　切断刀

材料,太窄又削弱刀头的强度。

主切削刃可以用如下经验公式计算:

$$\alpha \approx (0.5\sim0.6)\sqrt{d}$$

式中:

$\alpha$ 为主切削刃的宽度( mm);

$d$ 为待加工零件直径( mm)。

刀头的长度可以用如下经验公式计算:

$$L=h+(2\sim3)$$

式中:

$L$ 为刀头长度( mm);

$h$ 为切入深度( mm)。

**4.切槽和切断编程中应注意的问题**

(1)在整个加工过程中应采用一个刀位点。

(2)注意合理安排切槽后的退刀路线,避免刀具与零件碰撞,造成车刀及零件的损坏。

(3)切槽时,刀刃宽度、切削速度和进给量都不宜过大。

(4)切槽一般安排在粗车和半精车之后,精车之前。若零件的刚性好或精度要求不高时也可在精车以后再车槽。

## 任务二　槽加工的编程方法

**1.进给暂停指令(G04)(FANUC 0i Mate-TB 系统指令)**

格式:

G04 X____;

G04 U____;

G04 P____;

说明:

X、U、P 后指定暂停时间。地址 X、U 后面可用带小数点的数,单位为 s(秒)。如 G04 X5.0 表示前面的程序执行完后,要经过 5 s 的进给暂停后,才能执行下面的程序段;如采用 P 值表示,P 后面不允许用小数点,单位为 ms(毫秒),如 G04 P 1000 表示暂停 1 s。

功能:执行该指令后进给暂停指定时间,暂停时间过后,继续执行下一段程序。G04 指令可使刀具相对零件进行短暂的无进给光整加工,以降低表面粗糙度及工件圆柱度。常用于车槽、锪孔、倒角等加工。

**2.进给暂停指令(G04)(华中"世纪星"系统指令)**

格式:

G04 P____;

说明:地址 P 为暂停时间,单位为秒(s)。

G04 指令在前一程序段的进给速度降到零之后才开始暂停动作。在执行含 G04 指令的程序段时,先执行暂停动作。G04 指令为非模态指令,仅在其被规定的程序段中有效。G04 指令可使刀具作短暂停留,以获得圆整而光滑的表面。该指令除用于切槽、钻(镗)孔外,还可用于拐角轨迹控制。

### 3.槽加工编程与操作

【例 2-22】编制如图 2-5-2、图 2-5-3 所示槽加工程序。

参考程序如表 2-5-1、2-5-2 所示。

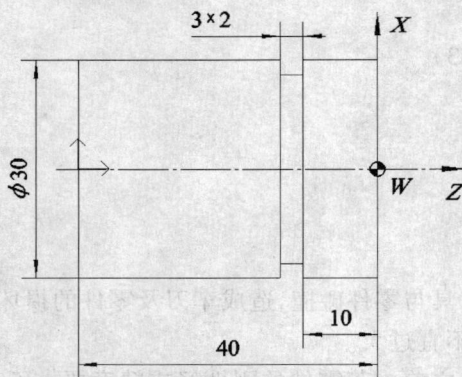

图 2-5-2

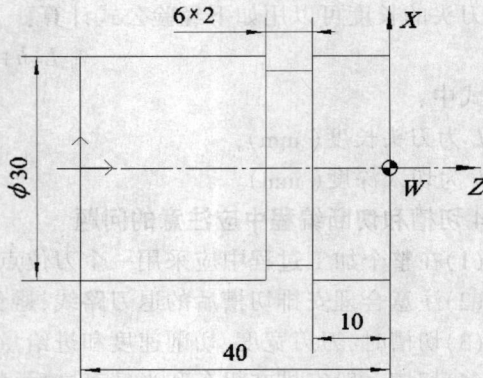

图 2-5-3

表 2-5-1　图 2-5-2 所示零件的加工程序

| FANUC 0i Mate-TB 系统<br>窄槽加工编程(3×2)(切断刀刃宽 3 mm,刀位点左刀尖) | | 华中"世纪星"系统(HNC-21/22T)窄槽加工编程(3×2)(切断刀刃宽 3 mm,刀位点左刀尖) | |
|---|---|---|---|
| 程序 | 说明 | 程序 | 说明 |
| O2032; | | %2032; | |
| G00 G40 G21 G97 G99; | 机床工艺初始化 | G00 G40 G21 G97 G94; | 机床工艺初始化 |
| T0303; | 切断刀刃宽 3 mm,刀位点左刀尖 | T0303; | 切断刀刃宽 3 mm,刀位点左刀尖 |
| M03 S400; | | M03 S400; | |
| G00 X32.0 Z2.0; | 到达切削起点 | G00 X32.0 Z2.0; | 到达切削起点 |
| 　Z-13.0; | 到达切槽位置 | 　Z-13.0; | 到达切槽位置 |
| G01 X26.0 F0.05; | 开始切槽 | G01 X26.0 F20; | 开始切槽 |
| G04 X2.0; | 暂停 2 秒 | G04 P2; | 暂停 2 秒 |
| G01 X32.0; | 退刀 | G01 X32.0; | 退刀 |
| G00 X100.0 | 返回换刀点 | G00 X100.0 | 返回换刀点 |
| 　Z100.0; | | 　Z100.0; | |
| M05; | 主轴停 | M05; | 主轴停 |
| M30; | 程序结束并返回 | M30; | 程序结束并返回 |

表 2-5-2　图 2-5-3 所示零件的加工程序

| FANUC 0i Mate – TB 系统<br>宽槽加工编程(6×2)<br>(切断刀刃宽 3 mm，刀位点左刀尖) | | 华中"世纪星"系统(HNC-21/22T)<br>宽槽加工编程(6×2)<br>(切断刀刃宽 3 mm，刀位点左刀尖) | |
|---|---|---|---|
| 程序 | 说明 | 程序 | 说明 |
| O2033; | | %2033; | |
| G00 G40 G21 G97 G99; | 机床工艺初始化 | G00 G40 G21 G97 G94; | 机床工艺初始化 |
| T0303; | | T0303; | |
| M03 S400; | | M03 S400; | |
| G00 X32.0 Z2.0; | 到达切削起点 | G00 X32.0 Z2.0; | 到达切削起点 |
| 　Z-13.0; | 到达切槽位置 | 　Z-13.0; | 到达切槽位置 |
| G01 X25.9. F0.1; | 第一刀开始切槽 | G01 X25.9. F40; | 第一刀开始切槽 |
| 　X32.0; | 退刀 | 　X32.0; | 退刀 |
| 　Z-15.0(或 W-2.0); | Z 向移动 2 mm | 　Z-15.0(或 W-2.0); | Z 向移动 2 mm |
| G01 X25.9; | 第二刀 | G01 X25.9; | 第二刀 |
| G00 X32.0; | 退刀 | 　X32.0; | 退刀 |
| 　Z-16.0(或 W-1.0); | Z 向移动 1 mm | 　Z-16.0(或 W-1.0); | Z 向移动 1 mm |
| G01 X25.9; | 第三刀 | G01 X25.9; | 第三刀 |
| 　X32.0; | 退刀 | 　X32.0; | 退刀 |
| 　Z-13.0; | 到达起始位置 | 　Z-13.0; | 到达起始位置 |
| G01 X26.0F0.05; | 精车 | G01 X26.0F20; | 精车 |
| 　Z-16.0 | | 　Z-16.0 | |
| 　X32.0; | | 　X32.0; | |
| G00 X100.0 | 返回换刀点 | G00 X100.0 | 返回换刀点 |
| 　Z100.0; | | 　Z100.0; | |
| M05; | 主轴停 | M05; | 主轴停 |
| M30; | 程序结束并返回 | M30; | 程序结束并返回 |

### 3.槽加工编程与操作

【例 2-23】编制如图 2-5-4 所示工件加工程序,已知毛坯尺寸 ø55×120,材料为 45 钢。

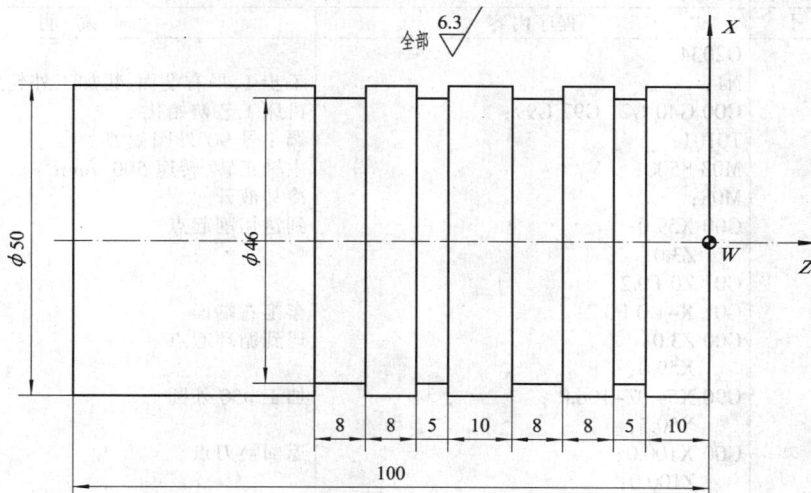

图 2-5-4

（1）工艺分析

该零件表面粗糙度要求不高，可分粗加工、精加工。精加工时应加大主轴转速，减小进给量，以保证表面粗糙度的要求。零件材料为45钢，切削加工性能较好，无热处理和硬度要求。

（2）工艺过程

①用三爪自定心卡盘夹住毛坯 ø50 外圆，找正；

②对刀，设置编程原点 $W$ 为零件右端面中心；

③平右端面，粗车外圆，精车外圆；

④换刀，切槽，切断。

（3）刀具选择

①选用硬质合金 90° 偏刀，用于粗加工、精加工零件外圆、端面，刀尖半径 $R=0.4$ mm，刀尖方位 $T=3$，置于 T01 刀位。

②选用硬质合金切刀（刃宽 5 mm），以左刀尖为刀位点，用于加工槽和切断，置于 T03 刀位。

（4）确定切削用量

表 2-5-3 为图 2-5-4 所示零件的切削用量。

表 2-5-3

| 加工内容 | 背吃刀量($a_p$)/mm | 进给量($f$)/mm·r$^{-1}$ | 主轴转速($n$)/r·min$^{-1}$ |
|---|---|---|---|
| 粗车外圆 | 2 | 0.2 | 500 |
| 精车外圆 | 0.5 | 0.05 | 800 |
| 切槽、切断 | 2 | 0.05 | 300 |

（5）参考程序

参考程序见表 2-5-4（FANUC 0i Mate-TB 系统编程）、2-5-5（华中"世纪星"系统编程）。

表 2-5-4　图 2-5-4 所示零件的参考程序

| 程序名 | O2034 | |
|---|---|---|
| 程序段号 | 程序内容 | 说　明 |
| | O2034<br>N1; | 工步1，平右端面，粗加工外轮廓 |
| N10 | G00 G40 G21 G97 G99; | 机床工艺初始化 |
| N20 | T0101; | 调1号90°外圆偏刀 |
| N30 | M03 S500; | 主轴正转，转速500 r/min |
| N40 | M08; | 冷却液开 |
| N50 | G00 X59.0; | 到达切削起点 |
| N60 | 　　Z3.0; | |
| N70 | G01 Z0 F0.2; | |
| N80 | G01 X−1.0 F0.2; | 车削右端面 |
| N90 | G00 Z3.0; | 退到循环起点 |
| N100 | 　　X59.0; | |
| N110 | G90 X54.0Z−106.0 ; | 加工 ø50 外圆 |
| N120 | 　　X50.5; | |
| N130 | G00 X100.0; | 返回换刀点 |
| N140 | 　　Z100.0; | |
| N150 | M05; | 主轴停 |
| N160 | M09; | 冷却液停 |

| 程序名 | O2034 | |
|---|---|---|
| 程序段号 | 程序内容 | 说　明 |
| N170 | M00； | 程序暂停,检查工件尺寸 |
| | N2； | 工步 2,精加工 ø50 外圆 |
| N190 | G00 G40 G21 G97 G99； | 机床工艺初始化 |
| N200 | T0101； | 调 1 号 90°外圆偏刀 |
| N210 | M03 S800； | 主轴转速 800 r/min |
| N220 | M08； | |
| N230 | G00 X59.0； | 到达循环起点 |
| N240 | Z3.0； | |
| N250 | G00 X0； | 到达工件中心 |
| N260 | G01 Z0 F0.2； | 到达工件右端面 |
| N270 | X50.0 F0.05； | 车右端面 |
| N280 | Z-106.0； | 加工 ø50 外圆 |
| N290 | X59.0； | 退离工件表面 |
| N300 | G00 X100.0； | 返回换刀点 |
| N310 | Z100.0； | |
| N320 | M05； | 主轴停 |
| N330 | M09； | 冷却液关 |
| N340 | M00； | 程序暂停,检查工件尺寸,调整磨耗值 |
| | N3； | 工步 3,切槽加工 |
| N360 | G00 G40 G21 G97 G99； | 机床工艺初始化 |
| N370 | T0303； | 调用 3 号切槽刀 |
| N380 | M03 S300； | 主轴正转,转速 300 r/min |
| N390 | M08； | |
| N400 | G00 X54.0； | 快速移动到循环起点处 |
| N410 | Z3.0； | |
| N420 | Z0； | |
| N430 | M98 P0022035； | 调用子程序,并循环 2 次 |
| N440 | G00 X100.0； | 返回换刀点 |
| N450 | Z100.0； | |
| N460 | M05； | 主轴停 |
| N470 | M09； | 冷却液停 |
| N480 | M00； | 程序暂停,检查尺寸 |
| | N4； | 工步 4,切断工件 |
| N500 | G00 G40 G21 G97 G99； | 机床工艺初始化 |
| N510 | T0303； | 调用切槽刀,刀宽 5 mm,刀位点左刀尖 |
| N520 | M03 S300； | |
| N530 | M08； | 主轴正转,转速 300 r/min |
| N540 | G00 X59.0； | 冷却液开 |
| N550 | Z-105.0； | |
| N560 | G01 X-1.0 F0.05； | 到达切削位置 |
| N570 | X59.0； | 切断 |
| N580 | G00 X100.0； | 退离已加工表面 |
| N590 | Z100.0； | 返回换刀点 |
| N600 | M05； | 主轴停 |
| N610 | M09； | 冷却液停 |
| N620 | G28 U0 W0； | 机床直接回参考点 |
| N630 | M30； | 主程序结束并复位 |
| N640 | O2035； | 子程序名 |

续表 2-5-4

| 程序名 | O2034 | |
|---|---|---|
| 程序段号 | 程序内容 | 说　明 |
| N650 | G00 W-15.0; | 增量编程切削起点处 |
| N660 | G01 U-8.0 F0.05; | 加工第一个 ⌀46 槽 |
| N670 | G04 X2.0; | 暂停 2 秒,光整加工 |
| N680 | U8.0; | 退离已加工表面 |
| N690 | G00 W-16.0; | 增量进到第二个 ⌀46 槽切削起点处 |
| N700 | G01 U-7.5 F0.05; | 加工第二个 ⌀46 槽,留精车量 1 mm |
| N710 | U8.0; | 退离已加工表面 |
| N720 | W3.0; | 增量进刀到槽宽 8 mm 处 |
| N730 | U-8.0; | 进刀加工到 ⌀46 尺寸 |
| N740 | W-3.0; | 后退精车槽到 ⌀46 尺寸 |
| N750 | U8.0; | 退离已加工表面 |
| N760 | M99; | 子程序结束,返回主程序 |
| N770 | G00 X100.0; | 回换刀点 |
| N780 | Z100.0; | |
| N790 | M09; | 切削液关 |
| N800 | M05; | 主轴停 |
| N810 | M30; | 程序结束并返回 |

表 2-5-5　图 2-5-4 所示零件的参考程序

| 程序名 | %2036 | |
|---|---|---|
| 程序段号 | 程序内容 | 说　明 |
| | %2036 | |
| N1; | | 工步 1,平右端面,粗加工外轮廓 |
| N10 | G00 G40 G21 G97 G94; | 机床工艺初始化 |
| N20 | T0101; | 调 1 号 90°外圆偏刀 |
| N30 | M03 S500; | 主轴正转,转速 500 r/min |
| N40 | M08; | 冷却液开 |
| N50 | G00 X59.0; | 到达切削起点 |
| N60 | Z3.0; | |
| N70 | G01 Z0 F100; | |
| N80 | G01 X-1.0 F80; | 车削右端面 |
| N90 | G00 Z3.0; | 退到循环起点 |
| N100 | X59.0; | |
| N110 | G80 X54.0 Z-106.0 F80; | 加工 ⌀50 外圆 |
| N120 | X50.5; | |
| N130 | G00 X100.0; | 返回换刀点 |
| N140 | Z100.0; | |
| N150 | M05; | 主轴停 |
| N160 | M09; | 冷却液停 |
| N170 | M00; | 程序暂停,检查工件尺寸 |
| | N2; | 工步 2,精加工 ⌀50 外圆 |
| N190 | G00 G40 G21 G97 G94; | 机床工艺初始化 |
| N200 | M03 S800; | 主轴转速 800 r/min |
| N210 | M08; | |
| N220 | G00 X59.0; | 到达循环起点 |
| N230 | Z3.0; | |
| N240 | G00 X0; | 到达工件中心 |
| N250 | G01 Z0 F100; | 到达工件右端面 |
| N260 | X50.0 F50; | 车右端面 |

| 程序名 | %2036 | |
|---|---|---|
| 程序段号 | 程序内容 | 说　明 |
| N270 | Z-106.0; | 加工 ∅50 外圆 |
| N280 | X59.0; | 退离工件表面 |
| N290 | G00 X100.0; | 返回换刀点 |
| N300 | Z100.0; | |
| N310 | M05; | 主轴停 |
| N320 | M09; | 冷却液停 |
| N330 | M00; | 程序暂停,检查工件尺寸,调整磨耗值 |
| | N3; | 工步 3,切槽加工 |
| N350 | G00 G40 G21 G97 G94; | 机床工艺初始化 |
| N360 | T0303; | 调用 3 号切槽刀 |
| N370 | M03 S300; | 主轴正转,转速 300 r/min |
| N380 | M07; | |
| N390 | G00 X54.0; | 快速移动到循环起点处 |
| N400 | Z3.0; | |
| N410 | Z0; | |
| N420 | M98 P2032L2; | 调用子程序,并循环 2 次 |
| N430 | G00 X100.0; | 返回换刀点 |
| N440 | Z100.0; | |
| N450 | M05; | 主轴停 |
| N460 | M09; | 冷却液停 |
| N470 | M00; | 程序暂停,检查尺寸 |
| | N4; | 工步 4,切断工件 |
| N490 | G00 G40 G21 G97 G94; | 机床工艺初始化 |
| N500 | T0303; | 调用切槽刀,刃宽 5 mm,刀位点左刀尖 |
| N510 | M03 S300; | 主轴正转,转速 300 r/min |
| N520 | M07; | 冷却液开 |
| N530 | G00 X59.0; | |
| N540 | Z-105.0; | 到达切削位置 |
| N550 | G01 X-1.0 F20; | 切断 |
| N560 | X59.0; | 退离已加工表面 |
| N570 | G00 X100.0; | 返回换刀点 |
| N580 | Z100.0; | |
| N590 | M05; | 主轴停 |
| N600 | M09; | 冷却液关 |
| N610 | G28 U0 W0; | 机床直接回参考点 |
| N620 | M30; | 程序结束并返回 |
| N630 | O2037; | 子程序名 |
| N640 | G00 W-15.0; | 增量编程切削起点处 |
| N650 | G01 U-8.0 F20; | 加工第一个 ∅46 槽 |
| N660 | G04 P2; | 暂停 2 秒,光整加工 |
| N670 | U8.0; | 退离已加工表面 |
| N680 | G00 W-16.0; | 增量进到第二个 ∅46 槽切削起点处 |
| N690 | G01 U-7.5 F20; | 加工第二个 ∅46 槽,留精车量 1 mm |
| N700 | U8.0; | 退离已加工表面 |
| N710 | W3.0; | 增量进刀到槽宽 8 mm 处 |
| N720 | U-8.0; | 进刀加工到 ∅46 尺寸 |
| N730 | W-3.0; | 后退精车槽到 ∅46 尺寸 |
| N740 | U8.0; | 退离已加工表面 |
| N750 | M99; | 子程序结束,返回主程序 |

注意事项：

①采用子程序编程时须用增量方式。

②在数控机床上车槽与普通机床所使用的刀具与方法基本相同。一次车槽的宽度取决于车槽刀的宽度，宽槽可以用多次排刀法切削，但在 Z 方向退刀时刀具的移动距离应小于刀头的宽度，刀具从槽底退出时必须沿 X 轴完全退出，否则将发生碰撞。另外，槽的形状取决于车槽刀的形状。

③切断时对于实心工件，工件半径应小于切断刀头的长度；对于空心工件，工件的壁厚应小于切断刀头的长度。在切断较大直径的工件时，不能将工件直接切断，应采取其他办法，防止事故发生。

④车矩形外沟槽的车刀其主切削刃应安装于车床主轴轴线平行并等高的位置上，过高、过低都不利于切断。

⑤切断过程出现切断平面呈凸、凹形等和切断刀主切削刃磨损及"扎刀"有关，要注意调整车床主轴转速和加工程序中有关的进给速度数值。

⑥当主轴的径向圆跳动误差较大或槽既深又窄时，且切屑不易断时可采用反切法，其加工程序不变。

⑦切断时要注意安全，预防事故发生，并时刻观察机床的状态。

⑧也可以应用 G75 指令加工径向槽和切断，效率较高。

## 习题十四

1.试述加工槽的方法。加工槽时应注意哪些事项？

2.编制如图 2-5-5 所示的槽加工程序。已知毛坯尺寸 $\phi45\times110$，材料为 45 钢。

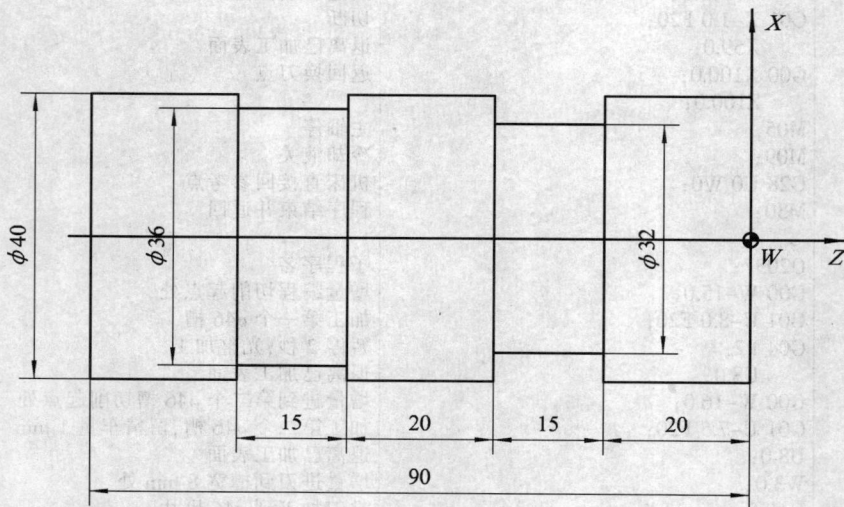

图 2-5-5

3.编制如图 2-5-6 所示的槽加工程序。已知毛坯尺寸 $\phi50\times110$，材料为 45 钢。

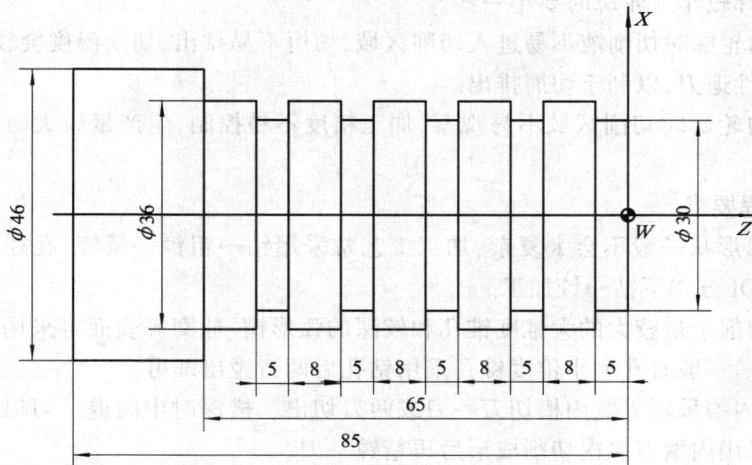

图 2-5-6

# 课题六　套类零件的编程与加工操作

## 【知识目标】

1.会识读零件图;

2.会综合运用各指令;

3.掌握程序编制方法;

4.掌握套类零件的加工工艺制订。

## 【技能目标】

1.掌握工具、量具、夹具的使用方法,会正确安装工件和刀具;

2.掌握数控加工套类零件的方法;

3.能熟练进行外圆轮廓刀、切槽刀、螺纹刀、钻头、内轮廓刀对刀的操作及其参数设置;

4.能熟练进行程序的编辑操作及程序的调试。

## 【相关知识】

### 1.技术要求

(1)各种轴承套、齿轮、带轮等都是带内套及内腔的零件。因为内套、内腔类零件一般都起支撑、连接、配合的作用,因此,内套、内腔类零件一般都要求具有较高的尺寸精度、较小的表面粗糙度值和较高的形位精度。在车削套类零件时关键是要保证位置精度要求。

(2)内轮廓工件内腔一般较小,导致加工刀具回旋空间小,刀具进退刀方向与车外轮廓时有较大区别,编程时应认真计算进退刀尺寸,以免撞刀。

(3)由于受到孔径和孔深的限制,内轮廓加工刀具的刀杆细而长,刚性差。对于进给量和背吃刀量的选择较车外轮廓时要小一些。

(4)切削内轮廓时切削液不易进入切削区域,切屑不易排出,切削温度会较高。镗深孔时可以采用工艺性退刀,以利于切屑排出。

(5)切削内轮廓时切削区域不易观察,加工精度不易控制,生产量较大时测量次数也应多一些。

### 2.工艺编程要求

(1)内轮廓形状一般不会太复杂,加工工艺常采用钻→粗镗→精镗,孔径较小时可采用手动方式或 MDI 方式下钻→铰加工。

(2)加工切削余量较大的大锥度锥孔和较深的弧形槽、球窝等表面可采用固定循环编程或子程序编程。一般直孔和小锥度锥孔采用钻孔后两刀镗出即可。

(3)较窄内槽采用等宽内槽切刀一刀或两刀切出,槽深时中间退一刀以利于断屑和排屑;宽内槽多采用内槽刀多次切削成形后再精镗一刀。

(4)切削内沟槽时,进刀从孔中心先沿$-Z$方向进,后沿$+X$方向进;退刀时先沿$-X$方向退,后沿$+Z$方向退。为防止干涉,沿$-X$方向退刀时应防止发生刀具干涉。

(5)中空工件的刚性一般较差,装夹时应选好定位基准、控制夹紧力大小,以防止工件变形,保证加工精度。

(6)工件精度较高时,按粗精加工交替进行内外轮廓切削,并遵循先内后外的原则。在加工既有内表面(内轮廓)又有外表面(外轮廓)的工件时,应先进行内外表面的粗加工,后进行内外表面的精加工,这样容易控制其内外表面的尺寸和表面形状的精度,以保证形位精度。不可以将工件上一部分表面(外表面或内表面)粗精加工完毕后,再加工其他表面(内表面或外表面)。

(7)换刀点的确定很重要,要保证安全。要考虑镗刀刀杆的方向和长度,以免换刀时刀具与工件、尾架(可能装有钻头)发生干涉。

(8)因内轮廓切削条件比外轮廓切削条件差,故内轮廓切削用量较外轮廓切削用量选取要小些(约小 30%~50%)。但因孔直径较外廓直径小,实际主轴转速可能会比切外轮廓时大一些。

### 3.刀具的要求

内镗刀既可作为粗加工刀具,也可作为精加工刀具,其精度一般可达 IT7~IT8,$R_a$=1.6~3.2,精车 $R_a$ 可达 0.8 或更小。内镗刀可分为通孔刀和不通孔刀两种,通孔刀的几何形状基本上与外圆车刀相似,但为了防止后刀面与孔壁摩擦又不使后角磨得太大,一般磨成两个后角。不通孔刀是用来车不通孔或台阶孔的,刀尖在刀杆的最前端并要求后角与通孔刀磨得一样。

### 4.装夹要求

(1)一次装夹车削完成。

(2)两次装夹,即调头后用软卡爪或开缝同心轴套装夹车削完成。

### 5.对刀要求

对刀的方法与车外圆的方法基本相同,所不同的是毛坯若不带内孔必须先钻孔,再用内孔车刀试切对刀。为使测量准确,内径对刀时须用内径百分表测量尺寸。

## 任务一　通孔的编程加工方法

【例 2-24】如图 2-6-1 所示零件,已知毛坯为 $\phi55\times60$ 棒料,材料为 45 钢。编写零件的加工程序。

### 1.工艺分析

该零件有外圆、倒角、通孔等加工表面,其中 $\phi50$ 的外圆、$\phi30$ 内孔的表面粗糙度及尺寸精度要求较高,应分粗加工、精加工。通孔直径为 $\phi30$,可用钻孔、粗镗孔、精镗孔的方式加工。因毛坯料足够长,可采用一次装夹零件完成各表面的加工。用三爪自定心卡盘装夹 $\phi55$ 棒料,毛坯伸出卡盘 50 mm。

### 2.数值计算

对具有公差的尺寸由公式:

$$编程尺寸=基本尺寸+\frac{上偏差+下偏差}{2}$$

计算如下:$\phi50$ 外圆编程尺寸=50.01 mm

$\phi30$ 内孔的编程尺寸=30.01 mm

总长=40 mm

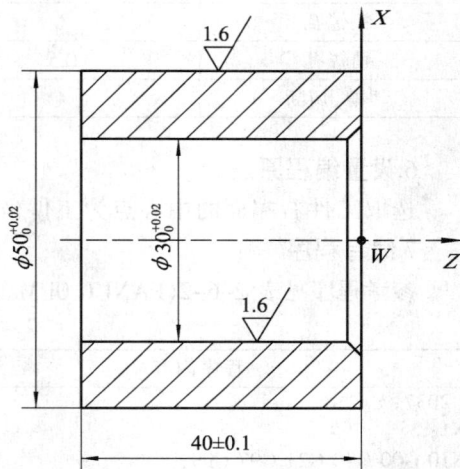

图 2-6-1

### 3.工艺过程

(1)手动车右端面;

(2)对刀,建立工件坐标系;

(3)用 $\phi5$ 钻头钻中心孔,用 $\phi25$ 的钻头使用尾座手动钻 $\phi25$ 通孔;

(4)换镗刀,粗镗 $\phi30$ 内孔,径向留 0.5 mm 精车余量,轴向留 0.1 mm 精车余量,并倒角;

(5)换外圆轮廓刀,粗车 $\phi50$ 外圆,径向留 0.5 mm 精车余量,轴向留 0.1 mm 精车余量;

(6)换镗刀,精镗 $\phi30$ 内孔至尺寸并倒角;

(7)换外圆轮廓刀,精车 $\phi50$ 外圆至尺寸;

(8)换切断刀切断并保证长度尺寸。

### 4.刀具选择

(1)$\phi5$ mm 中心钻,$\phi25$ mm 钻头置于尾座;

(2)选硬质合金通孔镗刀,刀尖半径 $R=0.4$ mm,采用正的刃倾角有利于前排屑。刀尖方位号 $T=2$,置于 T02 刀位;

(3)选硬质合金 90°偏刀,用于粗、精加工零件外圆及倒角,刀尖半径 $R=0.4$ mm,刀尖方位号 $T=3$,置于 T01 刀位。

(4)选硬质合金切刀(刃宽 4 mm),以左刀尖为刀位点,用于切断,置于 T03 刀位。

### 5.确定切削用量

由于镗孔刀杆较细,应选用较小的进给量,切削用量选用见表 2-6-1。

表 2-6-1　切削用量

| 加工内容 | 背吃刀量($a_p$)/mm | 进给量($f$)/mm·r$^{-1}$ | 主轴转速($n$)/r·min$^{-1}$ |
|---|---|---|---|
| 粗车外圆 | 2 | 0.25 | 500 |
| 精车外圆 | 0.25 | 0.1 | 800 |
| 粗镗孔 | 1 | 0.2 | 500 |
| 精镗孔 | 0.5 | 0.1 | 800 |
| 切槽、切断 | 4 | 0.05 | 350 |

**6.设置编程原点**

选取工件右端面的中心点为工件坐标系的原点。

**7.编写程序**

参考程序见表 2-6-2(FANUC 0i Mate-TB 系统编程)、表 2-6-3(华中"世纪星"系统编程)。

表 2-6-2

| 程序内容 | 注　释 |
|---|---|
| O2037; | 程序号 O2037 |
| N1; | 工步 1,粗镗 $\phi30$ 内孔 |
| N10 G00 G40 G21 G97 G99; | 机床工艺初始化 |
| N20 T0202; | 换 2 号刀,调用 02 号刀补(硬质合金通孔镗刀) |
| N30 M03 S500; | 主轴正转,转速 500 r/min |
| N40 M08; | 切削液打开 |
| N50 G00 X21.0; | 循环起点(21,3) |
| N60　　Z3.0; |  |
| N70 G71 U1.0 R1.0; |  |
| N80 G71 P110 Q150 U-0.5 W0.1 F0.2;; |  |
| N110 G00 G41 X34.0 F0.1 S800; |  |
| N120 G01 Z0 F0.1; |  |
| N130　　X30.01 Z-2.0; |  |
| N140　　Z-45.0; |  |
| N150 G01 G40 X20.0; |  |
| N160 G00 Z100.0; |  |
| N170　　X100.0; |  |
| N180 M05; |  |
| N190 M09; |  |
| N200 M00; | 程序暂停,检查工件尺寸 |
| N2; | 工步 2,粗车 $\phi50$ 外圆 |
| N240 G00 G40 G21 G97 G99; | 机床工艺初始化 |
| N250 T0101; | 换 1 号刀,1 号刀为硬质合金90°偏刀 |
| N260 M03 S500; |  |
| N270 M08; |  |
| N270 G00 X60.0; | 循环起点(60,3) |
| N280　　Z3.0; |  |
| N290 G71 U2.0 R1.0; |  |
| N300 G71 P310 Q340 U0.5 W0.1 F0.25; |  |
| N310 G01 G42 X50.01 F0.1 S800; |  |
| N320　　Z0; |  |
| N330　　Z-45.0; |  |

续表 2-6-2

| 程序内容 | 注 释 |
|---|---|
| N340 G00 G40 X60.0; | |
| N350 G00 X100.0; | |
| N360　　Z100.0; | |
| N370 M05; | |
| N380 M09; | |
| N390 M00; | 程序暂停,检查工件尺寸 |
| N3; | 工步 3,精镗 ø30 内孔 |
| N400 G00 G40 G21 G97 G99; | 机床工艺初始化 |
| N410 T0202; | 换 2 号刀,调用 02 号刀补(硬质合金通孔镗刀) |
| N420 M03 S800; | |
| N430 M08; | |
| N440 G00 X21.0; | 循环起点(21,3) |
| N450　　Z3.0; | |
| N460 G70 P110 Q150; | |
| N470 G00 Z100.0; | |
| N480　　X100.0; | |
| N490 M05; | |
| N500 M09; | |
| N510 M00; | 程序暂停,检查工件尺寸 |
| N4; | 工步 4,精车 ø50 外圆 |
| N520 G00 G40 G21 G97 G99; | 机床工艺初始化 |
| N530 T0101; | 换 1 号刀,1 号刀为硬质合金 90°偏刀 |
| N540 M03 S800; | |
| N550 M08; | |
| N560 G00 X60.0; | 循环起点(60,3) |
| N570　　Z3.0; | |
| N580 G70 P310 Q340; | |
| N590 G00 X100.0; | |
| N600　　Z100.0; | |
| N610 M05; | |
| N620 M09; | |
| N630 M00; | |
| N5; | 工步 5,切断 |
| N640 G00 G40 G21 G97 G99; | 机床工艺初始化 |
| N650 T0303; | 换 3 号切断刀,调用 03 号刀补(切断刀,刃宽 4 mm) |
| N660 M03S 350; | |
| N670 M08; | |
| N680 G00 X60.0; | |
| N690　　Z−44.0; | 到达切断位置 |
| N700 G01 X−1.0 F0.05; | 切断 |
| N710 G01 X60.0 F0.2 | |
| N720 G00 X100.0; | |
| N730　　Z100.0; | |
| N740 M05; | |
| N750 M09 | |
| N760 G28 U0 W0; | 机床直接回零 |
| N770 M30; | 程序结束,光标返回程序头 |

表 2-6-3

| 程序内容 | 注　释 |
|---|---|
| %2038; | 程序号%2038 |
| N1; | 工步 1,粗镗 ø30 内孔 |
| N5 G00 G40 G21 G97 G94; | 机床工艺初始化 |
| N10 T0202; | 换 2 号刀,调用 02 号刀补(硬质合金通孔镗刀) |
| N15 M03 S500; | 主轴正转,转速 500 r/min |
| N20 M08; | 切削液打开 |
| N25 G00 X21.0; | 循环起点(21,3) |
| N30　　Z3.0; | |
| N35 G71 U1.0 R1.0 P110 Q150 X−0.5 Z0.1 F100; | |
| N40 G00 X100.0 | |
| N45　　Z100.0 | |
| N50 M05 | |
| N55 M09 | |
| N60 M00 | 程序暂停,检查工件尺寸 |
| N2; | 工步 2,精镗 ø30 内孔 |
| N65 G00 G40 G21 G97 G94 | 机床工艺初始化 |
| N70 T0202 | 换 2 号刀,调用 02 号刀补(硬质合金通孔镗刀) |
| N75 M03 S800 | |
| N80 M08 | |
| N85 G00 X21.0 | |
| N90　　X3.0 | |
| N110 G00 G41 X34.0 F80 S800; | |
| N120 G01 Z0 F80; | |
| N130　　X30.01 Z−2.0; | |
| N140　　　　Z−45.0; | |
| N150 G01 G40 X20.0; | |
| N160 G00 Z100.0; | |
| N170　　X100.0; | |
| N180 M05; | |
| N190 M09; | |
| N200 M00; | 程序暂停,检查工件尺寸 |
| N3; | 工步 3,粗车 ø50 外圆 |
| N240 G00 G40 G21 G97 G94; | 机床工艺初始化 |
| N250 T0101; | 换 1 号刀,1 号刀为硬质合金 90°偏刀 |
| N260 M03 S500; | |
| N270 M08; | |
| N270 G00 X60.0; | 循环起点(60,3) |
| N280　　Z3.0; | |
| N290 G71 U2.0 R1.0 P310 Q340 X0.5 Z0.1 F120; | |
| N291 G00 X100.0; | |
| N292　　Z100.0; | |
| N293 M05; | |
| N294 M09; | |
| N295 M00; | 程序暂停,检查工件尺寸 |
| N4; | 工步 4,精车 ø50 外圆 |
| N296 G00 G40 G21 G97 G94; | 机床工艺初始化 |
| N297 T0101; | 换 1 号刀,1 号刀为硬质合金 90°偏刀 |
| N298 M03 S800; | |
| N299 M08; | |

| 程序内容 | 注　释 |
|---|---|
| N300 G00 X60.0； | 循环起点(60,3) |
| N301　　X3.0； | |
| N310 G01 G42 X50.01 F80 S800； | |
| N320　　Z0； | |
| N330　　Z-45.0； | |
| N340 G00 G40 X60.0； | |
| N350 G00 X100.0； | |
| N360　　Z100.0； | |
| N370 M05； | |
| N380 M09； | |
| N390 M00； | 程序暂停,检查工件尺寸 |
| N5； | 工步 5,切断 |
| N640 G00 G40 G21 G97 G94； | 机床工艺初始化 |
| N650 T0303； | 换 3 号切断刀,调用 03 号刀补(切断刀,刃宽 4 mm) |
| N660 M03 S350； | |
| N670 M08； | |
| N680 G00 X60.0； | |
| N690　　Z-44.0； | 到达切断位置 |
| N700 G01 X-1.0 F20； | 切断 |
| N710 G01 X60.0 F50； | |
| N720 G00 X100.0； | |
| N730　　Z100.0； | |
| N740 M05； | |
| N750 M09 | |
| N760 G28 U0 W0； | 机床直接回零 |
| N770 M30； | 程序结束,光标返回程序头 |

## 任务二　阶梯孔的编程加工方法

【例 2-25】如图 2-6-2 所示零件,已知材料 45 钢,毛坯 ø55×65 棒料,编写零件的加工程序。

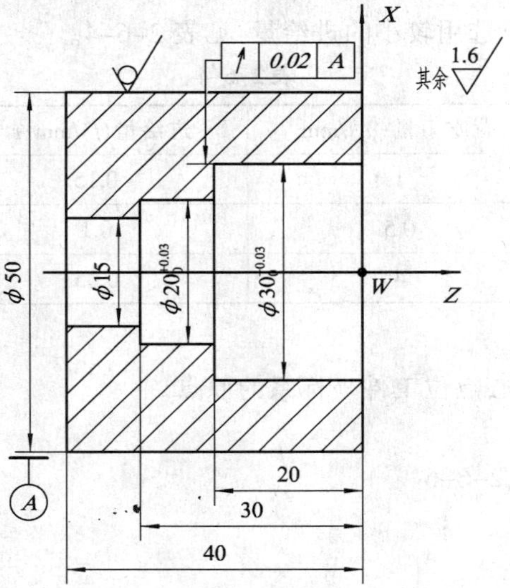

图 2-6-2

155

## 1.工艺分析

该零件有台阶孔加工表面,表面粗糙度要求较高,应分粗加工、精加工。孔的最小尺寸为 $\phi15$,可用钻孔、粗镗孔、精镗孔的方式加工。其中 $\phi30$、$\phi20$ 有尺寸精度要求,取极限尺寸的平均值进行加工。采用一次装夹零件完成各表面的加工。用三爪自定心卡盘装夹 $\phi55$ 棒料,毛坯伸出卡盘 55 mm。

## 2.数值计算

对具有公差的尺寸由公式:

$$编程尺寸=基本尺寸+\frac{上偏差+下偏差}{2}$$

计算如下:$\phi30$ 外圆编程尺寸=30.015 mm;

$\phi35$ 外圆编程尺寸=20.015 mm。

## 3.工艺过程

(1)手动车右端面;

(2)对刀,建立工件坐标系;

(3)手动钻中心孔,用 $\phi12$ 钻头手动钻内孔;

(4)换镗刀,粗、精镗阶梯孔;

(5)换切刀,切断。

## 4.刀具选择

(1)选硬质合金 90°偏刀车右端面。刀尖半径 $R=0.4$ mm,刀尖方位 $T=3$,置于 T01 刀位。

(2)$\phi5$ 中心钻,$\phi12$ 钻头置于尾座钻孔。

(3)选硬质合金通孔镗刀,加工阶梯孔,刀尖半径 $R=0.4$ mm,刀尖方位 $T=2$,置于 T02 刀位。

(4)选硬质合金切刀(刃宽 4 mm),以左刀尖为刀位点,用于加工左倒角及切断,置于 T03 刀位。

## 5.确定切削用量

由于镗孔刀杆较细,应选用较小的进给量,见表 2-6-4。

表 2-6-4

| 加工内容 | 背吃刀量($a_p$)/mm | 进给量($f$)/mm·r$^{-1}$ | 主轴转速($n$)/r·min$^{-1}$ |
|---|---|---|---|
| 粗镗内轮廓 | 1 | 0.15 | 500 |
| 精镗内轮廓 | 0.5 | 0.1 | 800 |
| 切槽、切断 | 4 | 0.05 | 350 |

## 6.设置编程原点

选取工件右端面的中心点位工件坐标系的原点。

## 7.编写程序

参考程序见表 2-6-5、2-6-6。

表 2-6-5　图 2-6-2 所示零件的加工程序

| 程序内容<br>FANUC 0i Mate-TB 系统 | 注　释 |
|---|---|
| O2039; | 程序号 O2039 |
| N1; | 工步 1,粗镗内轮廓 |
| N10 G00 G40 G21 G97 G99; | 机床工艺初始化 |
| N20 T0202; | 换 2 号刀,调用 02 号刀补(硬质合金通孔镗刀) |
| N30 M03 S500; | 主轴正转,转速 500 r/min |
| N40 M08; | 切削液打开 |
| N50 G00 X8.0; | 循环起点(8,3) |
| N60　　Z3.0; | |
| N70 G71 U1.0 R1.0; | |
| N80 G71 P110 Q15 7U-0.5 W0.1 F0.2; | |
| N110 G00 G41 X30.015 F0.1 S800; | |
| N120 G01 Z0 F0.1; | |
| N130　　Z-20.0; | |
| N140　　X20.015; | |
| N150　　Z-30.0; | |
| N155　　X15.0 | |
| N156　　Z-45.0 | |
| N157 G00 G40 X8.0 | |
| N160 G00 Z100.0; | |
| N170　　X100.0; | |
| N180 M05; | |
| N190 M09; | |
| N200 M00; | 程序暂停,检查工件尺寸 |
| N2; | 工步 2,精镗内轮廓 |
| N400 G00 G40 G21 G97 G99; | 机床工艺初始化 |
| N410 T0202; | 换 2 号刀,调用 02 号刀补(硬质合金通孔镗刀) |
| N420 M03 S800; | |
| N430 M08; | |
| N440 G00 X21.0; | 循环起点(21,3) |
| N450　　Z3.0; | |
| N460 G70 P110 Q157; | |
| N470 G00 Z100.0; | |
| N480　　X100.0; | |
| N490 M05; | |
| N500 M09; | |
| N510 M00; | 程序暂停,检查工件尺寸 |
| N3; | 工步 3,切断 |
| N640 G00 G40 G21 G97 G99; | 机床工艺初始化 |
| N650 T0303; | 换 3 号切断刀,调用 03 号刀补(切断刀,刃宽 4 mm) |
| N660 M03 S350; | |
| N670 M08; | |
| N680 G00 X60.0; | 到达切断位置 |
| N690　　Z-44.0; | 切断 |
| N700 G01 X-1.0 F0.05; | |
| N710 G01 X60.0 F0.2; | |
| N720 G00 X100.0; | |
| N730　　Z100.0; | |
| N740 M05; | |
| N750 M09 | |
| N760 G28 U0 W0; | 机床直接回零 |
| N770 M30; | 程序结束,光标返回程序头 |

表 2-6-6  图 2-6-2 所示零件的加工程序

| 程序内容<br>华中"世纪星"系统(HNC-21/22T) | 注  释 |
|---|---|
| %2040; | 程序号%2040 |
| N1; | 工步 1,粗镗内轮廓 |
| N5 G00 G40 G21 G97 G94; | 机床工艺初始化 |
| N10 T0202; | 换 2 号刀,调用 02 号刀补(硬质合金通孔镗刀) |
| N15 M03 S500; | 主轴正转,转速 500 r/min |
| N20 M08; | 切削液打开 |
| N25 G00 X8.0; | 循环起点(8,3) |
| N30    Z3.0; |  |
| N35:G71 U1.0 R1.0 P110 Q157 X−0.5 Z0.1 F50; |  |
| N40:G00 X100.0; |  |
| N45:   Z100.0; |  |
| N50:M05; |  |
| N55:M09; |  |
| N60:M00; | 程序暂停,检查工件尺寸 |
| N2; | 工步 2,精镗内轮廓 |
| N65:G00 G40 G21 G97 G94; | 机床工艺初始化 |
| N70:T0202; | 换 2 号刀, 调用 02 号刀补;2 号刀为硬质合金通孔 |
| N75:M03 S800; | 镗刀 |
| N80:M08; |  |
| N85:G00 X8.0; |  |
| N90:   X3.0; |  |
| N110:G00 G41 X30.015 S800; |  |
| N120:G01 Z0 F50; |  |
| N130:   Z−20.0; |  |
| N140:   X20.015; |  |
| N150:   Z−30.0; |  |
| N155:   X15.0; |  |
| N156:   Z−45.0; |  |
| N157:G00 G40 X8.0; |  |
| N160:G00 Z100.0; |  |
| N170:   X100.0; |  |
| N180:M05; |  |
| N190:M09; |  |
| N200:M00; | 程序暂停,检查工件尺寸 |
| N3; | 工步 3,切断 |
| N640:G00 G40 G21 G97 G94; | 机床工艺初始化 |
| N650:T0303; | 换 3 号切断刀,调用 03 号刀补(切断刀,刃宽 4 mm) |
| N660:M03S 350; |  |
| N670:M08; |  |
| N680:G00 X60.0; |  |
| N690:   Z−44.0; | 到达切断位置 |
| N700:G01 X−1.0 F20; | 切断 |
| N710:G01 X60.0 F50; |  |
| N720:G00 X100.0; |  |
| N730:   Z100.0; |  |
| N740:M05; |  |
| N750:M09; |  |
| N760:G28 U0 W0; | 机床直接回零 |
| N770:M30; | 程序结束,光标返回程序头 |

## 任务三　内锥面的加工编程方法

【例 2-26】编写如图 2-6-3 所示的内锥面零件的加工程序,毛坯为 ⌀55×65 棒料,材料 45 钢。

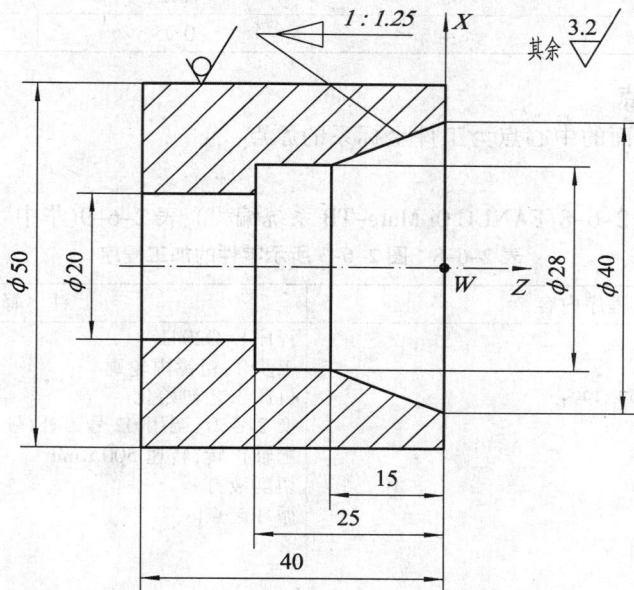

图 2-6-3

### 1.工艺分析

该零件有圆锥面、圆柱面,表面粗糙度要求较高,应分粗加工、精加工。孔的最小尺寸为 ⌀20,可用钻孔、粗镗孔、精镗孔的方式加工。采用一次装夹零件完成各表面的加工。用三爪自定心卡盘装夹 ⌀55 棒料,毛坯伸出卡盘 55 mm。

### 2.工艺过程

(1)手动车右端面;

(2)对刀,建立工件坐标系;

(3)手动钻中心孔,用 ⌀18 钻头手动钻内孔;

(4)换镗刀,粗、精镗内轮廓;

(5)换切刀,切断。

### 3.刀具选择

(1)选硬质合金 90°偏刀车右端面。刀尖半径 $R$=0.4 mm,刀尖方位 $T$=3,置于 T01 刀位。

(2)⌀5 中心钻,⌀18 麻花钻头置于尾座钻孔。

(3)选硬质合金通孔镗刀,加工内轮廓,刀尖半径 $R$=0.2 mm,刀尖方位 $T$=2,置于 T02 刀位。

(4)选硬质合金切刀(刃宽 4 mm),以左刀尖为刀位点,用于切断,置于 T03 刀位。

### 4.确定切削用量

由于镗孔刀杆较细,应选用较小的进给量,由表 2-6-7 选用切削用量。

159

表 2-6-7　切削用量

| 加工内容 | 背吃刀量($a_p$)/mm | 进给量($f$)/mm·$r^{-1}$ | 主轴转速($n$)/r·$min^{-1}$ |
|---|---|---|---|
| 粗镗内轮廓 | 1 | 0.15 | 500 |
| 精镗内轮廓 | 0.5 | 0.1 | 800 |
| 切槽、切断 | 4 | 0.05 | 350 |

### 6.设置编程原点

选取工件右端面的中心点为工件坐标系的原点。

### 7.编写程序

参考程序见表 2-6-8(FANUC 0i Mate-TB 系统编程)、表 2-6-9(华中"世纪星"系统编程)。

表 2-6-8　图 2-6-3 所示零件的加工程序

| 程序内容 | 注　释 |
|---|---|
| O2041 | 程序号 O2041 |
| N1; | 工步 1,粗镗内轮廓 |
| N10:G00 G40 G21 G97 G99; | 机床工艺初始化 |
| N20:T0202; | 换 2 号刀,调用 02 号刀补(硬质合金通孔镗刀) |
| N30:M03 S500; | 主轴正转,转速 500 r/min |
| N40:M08; | 切削液打开 |
| N50:G00 X8.0; | 循环起点(8,3) |
| N60:　Z3.0; | |
| N70:G71 U1.0 R1.0; | |
| N80:G71 P110 Q157 U-0.5 W0.1 F0.2; | |
| N110:G00 G41 X30.015 F0.1 S800; | |
| N120:G01 Z0 F0.1; | |
| N130:　Z-20.0; | |
| N140:　X20.015; | |
| N150:　Z-30.0; | |
| N155:　X15.0; | |
| N156:　Z-45.0; | |
| N157:G00 G40 X8.0; | |
| N160:G00 Z100.0; | |
| N170:　X100.0; | |
| N180:M05; | |
| N190:M09; | |
| N200:M00; | 程序暂停,检查工件尺寸 |
| N2; | 工步 2,精镗内轮廓 |
| N400:G00 G40 G21 G97 G99; | 机床工艺初始化 |
| N410:T0202; | 换 2 号刀,调用 02 号刀补,2 号刀为硬质合金通孔 |
| N420:M03 S800; | 内镗刀 |
| N430:M08; | |
| N440:G00 X8.0; | 循环起点(8,3) |
| N450:　Z3.0; | |
| N460:G70 P110 Q157; | |
| N470:G00 Z100.0; | |
| N480:　X100.0; | |
| N490:M05; | |
| N500:M09; | |

| 程序内容 | 注　释 |
|---|---|
| N510:M00; | 程序暂停,检查工件尺寸 |
| N3; | 工步 3,切断 |
| N640:G00 G40 G21 G97 G99; | 机床工艺初始化 |
| N650:T0303; | 换 3 号切断刀,调用 03 号刀补(切断刀,刃宽 4 mm) |
| N660:M03 S350; | |
| N670:M08; | |
| N680:G00 X60.0; | |
| N690:　　Z-44.0; | 到达切断位置 |
| N700:G01 X-1.0 F0.05; | 切断 |
| N710:G01 X60.0 F0.2; | |
| N720:G00 X100.0; | |
| N730:　　Z100.0; | |
| N740:M05; | |
| N750:M09; | |
| N760:G28 U0 W0; | 机床直接回零 |
| N770:M30; | 程序结束,光标返回程序头 |

表 2-6-9　图 2-6-3 所示零件的加工程序

| 程序内容 | 注　释 |
|---|---|
| %2042; | 程序号%2042 |
| N1; | 工步 1,粗镗内轮廓 |
| N5:G00 G40 G21 G97 G94; | 机床工艺初始化 |
| N10:T0202; | 换 2 号刀,调用 02 号刀补,2 号刀为硬质合金通孔内 |
| N15:M03 S500; | 镗刀,主轴正转,转速 500 r/min |
| N20:M08; | 切削液打开 |
| N25:G00 X8.0; | 循环起点(8,3) |
| N30:　　Z3.0; | |
| N35:G71 U1.0 R1.0 P110 Q157 X-0.5 Z0.1 F100; | |
| N40:G00 X100.0; | |
| N45:　　Z100.0; | |
| N50:M05; | |
| N55:M09; | |
| N60:M00; | 程序暂停,检查工件尺寸 |
| N2; | 工步 2,精镗内轮廓 |
| N65:G00 G40 G21 G97 G94; | 机床工艺初始化 |
| N70:T0202; | 换 2 号刀,调用 02 号刀补,2 号刀为硬质合金不通孔 |
| N75:M03 S800; | 内镗刀 |
| N80:M08; | |
| N85:G00 X8.0; | |
| N90:　　Z3.0; | |
| N110:G00 G41 X30.015 S800; | |
| N120:G01 Z0 F80; | |
| N130:　　Z-20.0; | |
| N140:　　X20.015; | |
| N150:　　Z-30.0; | |
| N155:　　X15.0; | |
| N156:　　Z-45.0; | |
| N157:G00 G40 X8.0; | |

| 程序内容 | 注　释 |
|---|---|
| N160:G00 Z100.0; | |
| N170:　　X100.0; | |
| N180:M05; | |
| N190:M09; | |
| N200:M00; | 程序暂停,检查工件尺寸 |
| N3; | 工步 3,切断 |
| N640:G00 G40 G21 G97 G94; | 机床工艺初始化 |
| N650:T0303; | 换 3 号切断刀,调用 03 号刀补,3 号刀为切断刀,刃宽 4 mm |
| N660:M03 S350; | |
| N670:M08; | |
| N680:G00 X60.0; | |
| N690:　　Z-44.0; | 到达切断位置 |
| N700:G01 X-1.0 F20; | 切断 |
| N710:G01 X60.0 F40; | |
| N720:G00 X100.0; | |
| N730:　　Z100.0; | |
| N740:M05; | |
| N750:M09 | |
| N760:G28 U0 W0; | 机床直接回零 |
| N770:M30; | 程序结束,光标返回程序头 |

## 任务四　内沟槽的加工编程方法

【例 2-27】编写如图 2-6-4 所示的内沟槽零件的加工程序,毛坯 $\phi55\times75$ 棒料,材料 45 钢。

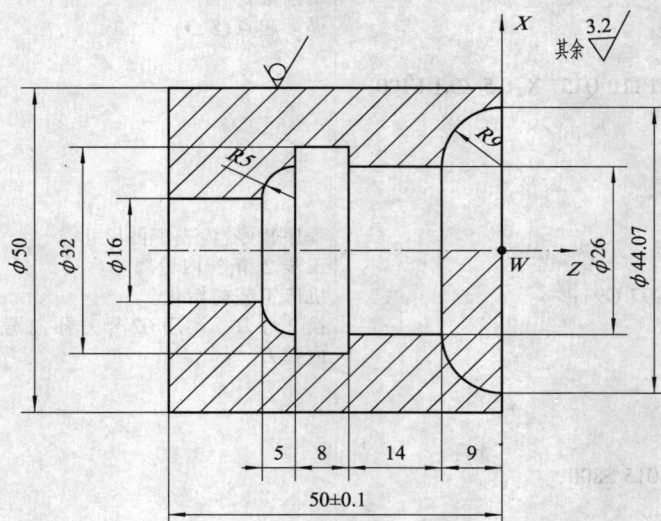

图 2-6-4

### 1.工艺分析

该零件有圆弧面、圆柱面,表面粗糙度要求较高,应分粗加工、精加工。孔的最小尺寸为 $\phi16$,可用钻孔、粗镗内轮廓、精镗内轮廓的方式加工。采用一次装夹零件完成各表面的加工。

用三爪自定心卡盘装夹 $\phi$55 棒料,毛坯伸出卡盘 70 mm。

### 2.工艺过程

(1)手动车右端面;

(2)对刀,建立工件坐标系;

(3)手动钻中心孔,用 $\phi$14 麻花钻头手动钻内孔;

(4)换镗刀,粗加工、精镗内轮廓;

(5)换切刀,切断。

### 3.刀具选择

(1)选硬质合金 90°偏刀车右端面。刀尖半径 $R$=0.4 mm,刀尖方位 $T$=3,置于 T01 刀位。

(2) $\phi$5 中心钻、 $\phi$14 麻花钻头置于尾座钻孔。

(3)选有断屑槽的硬质合金 90°不通孔内镗刀,粗加工、精加工内轮廓,刀尖半径 $R$=0.2 mm,刀尖方位 $T$=2,置于 T02 刀位。

(4)内沟槽车刀刃宽 4 mm,用于加工内沟槽,以左刀尖为刀位点,置于 T03 刀位。

(5)选硬质合金切刀(刃宽 4 mm),以左刀尖为刀位点,用于切断,置于 T04 刀位。

### 4.确定切削用量

由于镗孔刀杆、内沟槽车刀较细,应选用较小的进给量,由表 6-10 选用切削用量。

表 2-6-10　切削用量

| 加工内容 | 背吃刀量($a_p$)/mm | 进给量($f$)/mm·$r^{-1}$ | 主轴转速($n$)/r·$min^{-1}$ |
|---|---|---|---|
| 粗镗内轮廓 | 1 | 0.15 | 500 |
| 精镗内轮廓 | 0.5 | 0.1 | 800 |
| 切槽、切断 | 4 | 0.05 | 350 |

### 5.设置编程原点

选取工件右端面的中心点为工件坐标系的原点。

### 6.编写程序

参考程序见表 2-6-11(FANUC 0i Mate-TB 系统)、2-6-12(华中"世纪星"系统)。

表 2-6-11　图 2-6-4 所示零件的加工程序

| 程序内容 | 注　释 |
|---|---|
| O2043 | 程序号 O2043 |
| N1; | 工步 1,粗镗内轮廓 |
| N10:G00 G40 G21 G97 G99; | 机床工艺初始化 |
| N20:T0202; | 换 2 号刀,调用 02 号刀补,2 号刀为硬质合金不通孔内镗刀 |
| N30:M03 S500; | 主轴正转,转速 500 r/min |
| N40:M08; | 切削液打开 |
| N50:G00 X12.0; | 循环起点(12,3) |
| N60:　　 Z3.0; | |
| N70:G71 U1.0 R1.0; | |
| N80:G71 P110 Q156 U−0.5 W0.1 F0.15; | |
| N110:G00 G41 X44.07 S800; | |
| N120:G01 Z0 F0.1; | |
| N130:G03 X26.0 Z−9.0 R9.0; | |

续表 2-6-11

| 程序内容 | 注 释 |
|---|---|
| N140：G01 Z–31.0； | |
| N150：G03 X16.0 Z–36.0； | |
| N155：G01 Z–55.0； | |
| N156：G01 G40 X12.0； | |
| N160：G00 Z100.0； | |
| N170：    X100.0； | |
| N180：M05； | |
| N190：M09； | |
| N200：M00； | 程序暂停,检查工件尺寸 |
| N2； | 工步 2,精镗内轮廓 |
| N400：G00 G40 G21 G97 G99； | 机床工艺初始化 |
| N410：T0202； | 换 2 号刀,调用 02 号刀刀补,2 号刀为硬质合金不通孔内镗刀 |
| N420：M03 S800； | |
| N430：M08； | |
| N440：G00 X12.0； | 循环起点(12,3) |
| N450：    Z3.0； | |
| N460：G70 P110 Q156； | |
| N470：G00 Z100.0； | |
| N480：    X100.0； | |
| N490：M05； | |
| N500：M09； | |
| N510：M00； | 程序暂停,检查工件尺寸 |
| N3； | 工步 3,切内沟槽 |
| N520：G00 G40 G21 G97 G99； | 机床工艺初始化 |
| N530：T0303； | 换 3 号刀,内沟槽车刀,刃宽 4 mm,以左刀尖为刀位点 |
| N540：M03 S350； | |
| N550：M08； | |
| N560：G00 X22.0； | 分三次切槽 |
| N570：    Z3.0； | |
| N580：G00 Z–31.0； | |
| N590：G01 X32 F0.05； | 切槽第一次 |
| N600：G04 X2.0； | |
| N602：G00 X22.0； | |
| N604：    Z–28.0； | |
| N606：G01 X32 F0.05； | 切槽第二次 |
| N608：G04 X2.0； | |
| N610：G00 X22.0； | |
| N612：    Z–27.0； | |
| N614：G01 X32 F0.05； | 切槽第三次 |
| N616：    Z–31.0； | 精车槽 |
| N618：G00 X22.0； | |
| N620：    Z100.0； | |
| N624：    X100.0； | |
| N626：M05； | |
| N628：M09； | |
| N630：M00； | |
| N4； | 工步 4,切断 |
| N640：G00 G40 G21 G97 G99； | 机床工艺初始化 |
| N650：T0404； | 换 4 号切断刀,调用 04 号刀补,4 号刀为切断刀,刃宽 4 mm,以左刀尖为刀位点 |

| 程序内容 | 注　释 |
|---|---|
| N660：M03 S350； | |
| N670：M08； | |
| N680：G00 X60.0； | |
| N690：　　Z-54.0； | 到达切断位置 |
| N700：G01 X-1.0 F0.05； | 切断 |
| N710：G01 X60.0 F0.2； | |
| N720：G00 X100.0； | |
| N730：　　Z100.0； | |
| N740：M05； | |
| N750：M09 | |
| N760：G28 U0 W0； | 机床直接回零 |
| N770：M30； | 程序结束，光标返回程序头 |

表 2-6-12　图 2-6-4 所示零件的加工程序

| 程序内容 | 注　释 |
|---|---|
| %2044 | 程序号%2044 |
| N1； | 工步 1,粗镗内轮廓 |
| N5：G00 G40 G21 G97 G94； | 机床工艺初始化 |
| N10：T0202； | 换 2 号刀，调用 02 号刀补,2 号刀为硬质合金不通孔内镗 |
| N15：M03 S500； | 刀,主轴正转,转速 500r/min |
| N20：M08； | 切削液打开 |
| N25：G00 X12.0； | 循环起点(12,3) |
| N30：　　Z3.0； | |
| N35：G71 U1.0 R1.0 P110 Q156 X-0.5 Z0.1 F100； | |
| N40：G00 X100.0； | |
| N45：　　Z100.0； | |
| N50：M05； | |
| N55：M09； | |
| N60：M00； | 程序暂停,检查工件尺寸 |
| N2； | 工步 2,精镗内轮廓 |
| N65：G00 G40 G21 G97 G94； | 机床工艺初始化 |
| N70：T0202； | 换 2 号刀,调用 02 号刀补,2 号刀为硬质合金通孔镗刀 |
| N75：M03 S800； | |
| N80：M08； | |
| N85：G00 X12.0； | |
| N90：　　Z3.0； | |
| N110：G00 G41 X44.07 S800； | |
| N120：G01 Z0 F80； | |
| N130：G03 X26.0 Z-9.0 R9.0； | |
| N140：G01 Z-31.0； | |
| N150：G03 X16.0 Z-36.0 R5； | |
| N155：G01 Z-55.0； | |
| N156：G01 G40 X12.0； | |
| N160：G00 Z100.0； | |
| N170：　　X100.0； | |

续表 2-6-12

| 程序内容 | 注　释 |
|---|---|
| N180：M05； | |
| N190：M09； | |
| N200：M00； | 程序暂停,检查工件尺寸 |
| N3； | 工步 3,切内沟槽 |
| N520：G00 G40 G21 G97 G94； | 机床工艺初始化 |
| N530：T0303； | 换 3 号刀,内沟槽车刀,刃宽 4 mm,以左刀尖为刀位点 |
| N540：M03 S350； | |
| N550：M08； | |
| N560：G00 X22.0； | 分三次切槽 |
| N570：　Z3.0； | |
| N580：G00 Z−31.0； | |
| N590：G01 X32 F20； | 切槽第一次 |
| N600：G04 P2； | |
| N602：G00 X22.0； | |
| N604：　Z−28.0； | |
| N606：G01 X32 F20； | 切槽第二次 |
| N608：G04 P2； | |
| N610：G00 X22.0； | |
| N612：　Z−27.0； | |
| N614：G01 X32 F20； | 切槽第三次 |
| N616：　Z−31.0； | 精车槽 |
| N618：G00 X22.0； | |
| N620：　Z100.0； | |
| N624：　X100.0； | |
| N626：M05； | |
| N628：M09； | |
| N630：M00； | 程序暂停,检查工件尺寸 |
| N4； | 工步 4,切断 |
| N640：G00 G40 G21 G97 G94； | 机床工艺初始化 |
| N650：T0404； | 换 4 号切断刀,调用 04 号刀补,4 号刀为切断刀,刃宽 4 mm, |
| N660：M03 S350； | 以左刀尖为刀位点 |
| N670：M08； | |
| N680：G00 X60.0； | |
| N690：　Z−54.0； | 到达切断位置 |
| N700：G01 X−1.0 F20； | 切断 |
| N710：G01 X60.0 F40； | |
| N720：G00 X100.0； | |
| N730：　Z100.0； | |
| N740：M05； | |
| N750：M09 | |
| N770：M30； | 程序结束,光标返回程序头 |

【例 2-28】编写如图 2-6-5 所示的内沟槽零件的加工程序,毛坯为 $\phi 55 \times 65$ 棒料,材料 45 钢。

### 1.工艺分析

该零件内轮廓为圆柱面及倒角,表面粗糙度要求较高且有配合要求,应分粗加工、精加工。孔的最小尺寸为 $\phi25$,可用钻孔、粗镗内轮廓、精镗内轮廓的方式加工。采用一次装夹零件完成各表面的加工。用三爪自定心卡盘装夹 $\phi55$ 棒料,毛坯伸出卡盘 50 mm。

### 2.工艺过程

(1)手动车右端面;

(2)对刀,建立工件坐标系;

(3)手动钻中心孔,用 $\phi20$ 麻花钻头手动钻内孔;

(4)换镗刀,粗加工、精镗内轮廓;

(5)换切刀,切断。

图 2-6-5

### 3.刀具选择

(1)选硬质合金 45°端面刀车右端面。刀尖半径 $R=0.4$ mm,刀尖方位 $T=3$,置于 T01 刀位。

(2)$\phi5$ 中心钻,$\phi20$ 麻花钻头置于尾座钻孔。

(3)选有断屑槽的硬质合金 90°不通孔内镗刀,粗、精加工内轮廓,刀尖半径 $R=0.2$ mm,刀尖方位 $T=2$,置于 T02 刀位。

(4)内沟槽车刀,刃宽 5 mm,用于加工内沟槽,以左刀尖为刀位点,置于 T03 刀位。

(5)选硬质合金切刀(刃宽 4 mm),以左刀尖为刀位点,用于切断,置于 T04 刀位。

### 4.确定切削用量

由于镗孔刀杆、内沟槽车刀较细,应选用较小的进给量,由表 2-6-13 选用切削用量。

表 2-6-13　切削用量

| 加工内容 | 背吃刀量($a_p$)/mm | 进给量($f$)/mm·r$^{-1}$ | 主轴转速($n$)/r·min$^{-1}$ |
|---|---|---|---|
| 粗镗内轮廓 | 1 | 0.15 | 500 |
| 精镗内轮廓 | 0.5 | 0.1 | 800 |
| 切槽、切断 | 4 | 0.05 | 350 |

### 5.设置编程原点

选取工件右端面的中心点为工件坐标系的原点。

### 6.编写程序

参考程序见表 2-6-14、(FANUC 0i Mate-TB 系统)、2-6-15(华中"世纪星"系统)。

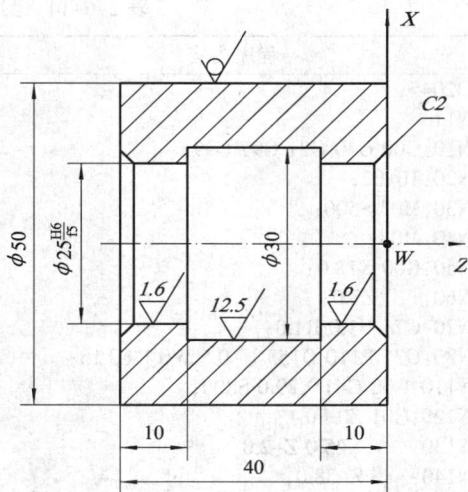

表 2-6-14 图 2-6-5 所示零件的加工程序

| 程序内容 | 注 释 |
|---|---|
| O2045; | 程序号 O2045 |
| N1; | 工步 1,粗镗内轮廓 |
| N10:G00 G40 G21 G97 G99; | 机床工艺初始化 |
| N20:T0202; | 换 2 号刀,调用 02 号刀补,2 号刀为硬质合金通孔镗刀 |
| N30:M03 S500; | 主轴正转,转速 500r/min |
| N40:M08; | 切削液打开 |
| N50:G00 X18.0; | 循环起点(18,3) |
| N60:　 Z3.0; | |
| N70:G71 U1.0 R1.0; | |
| N80:G71 P110 Q155 U−0.5 W0.1 F0.15; | |
| N110:G00 G41 X29.0 S800; | |
| N120:G01 Z0 F0.1; | |
| N130:　 X25.0 Z−2.0; | |
| N140:　 Z−38.0; | |
| N150:　 X29.0Z−41.0; | |
| N155:G01 G40 X18.0; | |
| N160:G00 Z100.0; | |
| N170:　 X100.0; | |
| N180:M05; | |
| N190:M09; | |
| N200:M00; | 程序暂停,检查工件尺寸 |
| N2; | 工步 2,精镗内轮廓 |
| N400:G00 G40 G21 G97 G99; | 机床工艺初始化 |
| N410:T0202; | 换 2 号刀,调用 02 号刀补,2 号刀为硬质合金不通孔内镗刀 |
| N420:M03 S800; | |
| N430:M08; | |
| N440:G00 X18.0; | 循环起点(18,3) |
| N450:　 Z3.0; | |
| N460:G70 P110 Q155; | |
| N470:G00 Z100.0; | |
| N480:　 X100.0; | |
| N490:M05; | |
| N500:M09; | |
| N510:M00; | 程序暂停,检查工件尺寸 |
| N3; | 工步 3,切内沟槽 |
| N520:G00 G40 G21 G97 G99; | 机床工艺初始化 |
| N530:T0303; | 换 3 号刀,内沟槽车刀,刃宽 5 mm,以左刀尖为刀位点 |
| N540:M03 S350; | |
| N550:M08; | |
| N560:G00 X20.0; | |
| N570:　 Z3.0; | |
| N580:G00 Z−15.0; | |
| N590:G75 R1.0; | |
| N600:G75 X30.0 Z−30.0 P3000 Q4500 F0.05; | 精车槽 |
| N602:G00 Z−15.0 | |
| N604:G01 X30.0 F0.05 | |
| N606:　 Z−30.0 | |
| N608:G00 X20.0 | |

| 程序内容 | 注　释 |
|---|---|
| N610：　Z100.0; | |
| N612：　X100.0; | |
| N614：M05; | |
| N620：M09; | |
| N630：M00; | 程序暂停,检查工件尺寸 |
| N4; | 工步 4,切断 |
| N640：G00 G40 G21 G97 G99; | 机床工艺初始化 |
| N650：T0404; | 换 4 号切断刀,调用 04 号刀补,4 号刀为切断刀,刃宽 4 mm,以 |
| N660：M03 S350; | 左刀尖为刀位点 |
| N670：M08; | |
| N680：G00 X60.0; | |
| N690：　Z-44.0; | 到达切断位置 |
| N700：G01 X-1.0 F0.05; | 切断 |
| N710：G01 X60.0 F0.2; | |
| N720：G00 X100.0; | |
| N730：　Z100.0; | |
| N740：M05; | |
| N750：M09 | |
| N760：G28 U0 W0; | 机床直接回零 |
| N770：M30; | 程序结束,光标返回程序头 |

表 2-6-15　图 2-6-5 所示零件的加工程序

| 程序内容 | 注　释 |
|---|---|
| %2046 | 程序号%2046 |
| N1; | 工步 1,粗镗内轮廓 |
| N5：G00 G40 G21 G97 G94; | 机床工艺初始化 |
| N10：T0202; | 换 2 号刀,调用 02 号刀补,2 号刀为硬质合金不通孔内 |
| N15：M03 S500; | 镗刀,主轴正转,转速 500 r/min |
| N20：M08; | 切削液打开 |
| N25：G00 X18.0; | 循环起点(18,3) |
| N30：　Z3.0; | |
| N35：G71 U1.5 R1.0 P110 Q155 X-0.5 Z0.1 F100; | |
| N40：G00 X100.0; | |
| N45：　Z100.0; | |
| N50：M05; | |
| N55：M09; | |
| N60：M00; | 程序暂停,检查工件尺寸 |
| N2; | 工步 2,精镗内轮廓 |
| N65：G00 G40 G21 G97 G94; | 机床工艺初始化 |
| N70：T0202; | 换 2 号刀,调用 02 号刀补,2 号刀为硬质合金不通孔内 |
| N75：M03 S800; | 镗刀 |
| N80：M08; | |
| N85：G00 X18.0; | |
| N90：　X3.0; | |
| N110：G00 G41 X29.0 S800; | |
| N120：G01 Z0 F80; | |
| N130：　X25.0 Z-2.0; | |

续表 2-6-15

| 程序内容 | 注　释 |
|---|---|
| N140:　　Z−38.0; | |
| N150:　　X29.0 Z−41.0; | |
| N155:G01 G40 X18.0; | |
| N160:G00 Z100.0; | |
| N170:　　X100.0; | |
| N180:M05; | |
| N190:M09; | |
| N200:M00; | 程序暂停,检查工件尺寸 |
| N3; | 工步 3,切内沟槽 |
| N520:G00 G40 G21 G97 G94; | 机床工艺初始化 |
| N530:T0303; | 换 3 号刀,内沟槽车刀,刃宽 5mm,以左刀尖为刀位点 |
| N540:M03 S350; | |
| N550:M08; | |
| N560:G00 X20.0; | |
| N570:　　Z3.0; | |
| N580:G00 Z−15.0; | 精车槽 |
| N590:G75 R1.0; | |
| N600:G75 X30.0 Z−30.0 P3000 Q4500 F0.05; | |
| N602:G00 Z−15.0 | |
| N604:G01 X30.0 F20 | |
| N606:　　Z−30.0 | |
| N608:G00 X20.0 | |
| N610:　　Z100.0; | |
| N612:　　X100.0; | |
| N614:M05; | |
| N620:M09; | |
| N630:M00; | 程序暂停,检查工件尺寸 |
| N4; | 工步 4,切断 |
| N640:G00 G40 G21 G97 G94; | 机床工艺初始化 |
| N650:T0404; | 换 4 号切断刀,调用 04 号偏置值,4 号刀为切断刀,刃宽 4 mm, |
| N660:M03 S350; | 以左刀尖为刀位点 |
| N670:M08; | |
| N680:G00 X60.0; | |
| N690:　　Z−44.0; | 到达切断位置 |
| N700:G01 X−1.0 F20; | 切断 |
| N710:G01 X60.0 F80; | |
| N720:G00 X100.0; | |
| N730:　　Z100.0; | |
| N740:M05; | |
| N750:M09 | |
| N770:M30; | 程序结束,光标返回程序头 |

### 习题十五

1.加工套类零件有哪些要求?

2.编制如图 2-6-6 所示零件的加工程序。毛坯为 φ55×65 棒料,材料 45 钢。

3.编制如图 2-6-7 所示零件的加工程序。毛坯为 φ55×65 棒料,材料 45 钢。

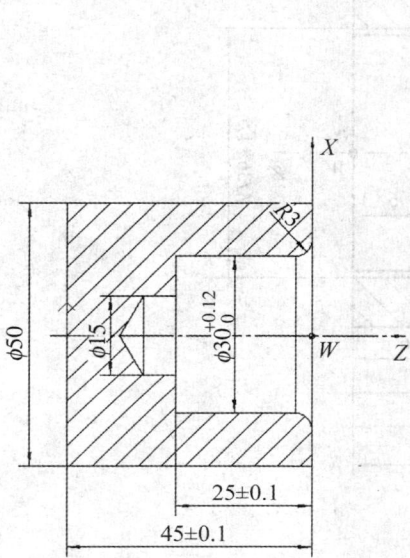

图 2-6-6

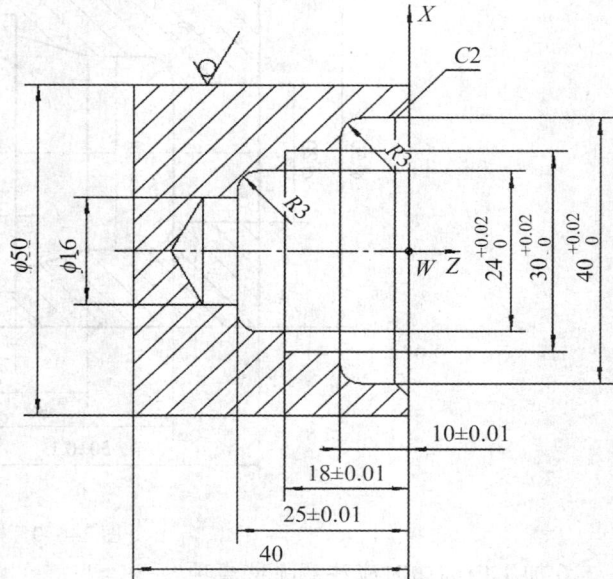

图 2-6-7

4.编制如图 2-6-8 所示零件的加工程序。毛坯为 φ55×65 棒料,材料 45 钢。

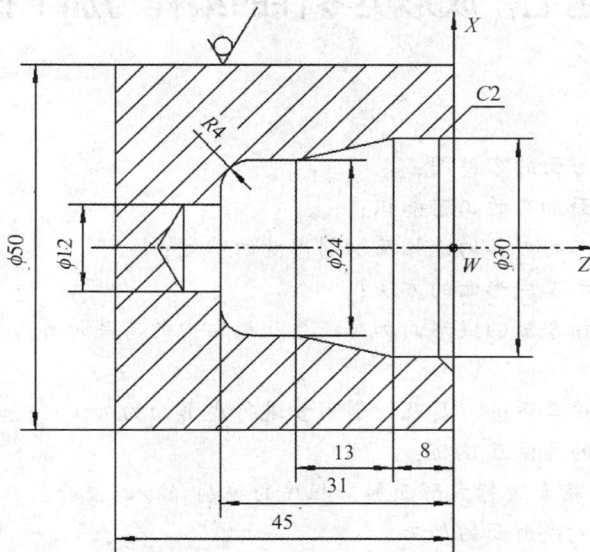

图 2-6-8

5.编制如图 2-6-9 所示零件的加工程序。毛坯为 ⌀55×75 棒料,材料 45 钢。

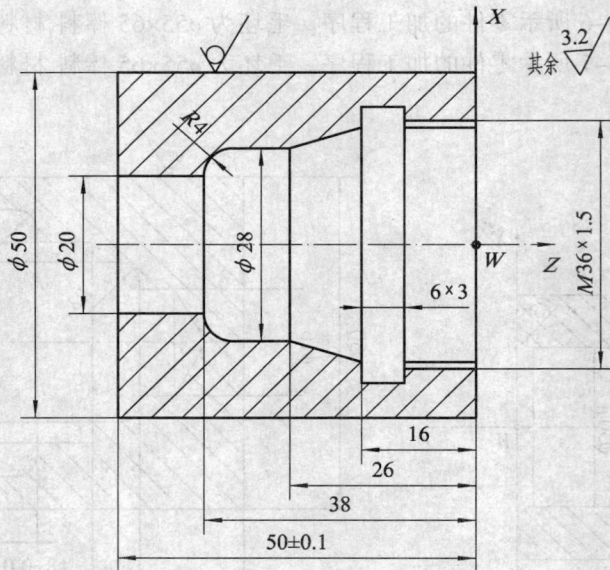

图 2-6-9

6.加工内沟槽时应注意哪些事项?

# 课题七　成形类零件的编程与加工操作

【知识目标】

　　1.会识读有关成形面的零件图;

　　2.掌握有关成形面加工的工艺知识;

　　3.掌握成形面加工的刀具的选择及切削用量的确定;

　　4.掌握数控车床加工成形面的方法;

　　5.掌握圆弧插补指令编制成形面加工程序及编程中的有关计算。

【技能目标】

　　1.会根据图纸选用合适的刀具及切削用量进行成形面的加工;

　　2.会成形面加工的方法及技巧;

　　3.会用 G02、G03 指令进行成形面加工程序的编制、输入、校验;

　　4.会应用刀补完成成形面的加工。

## 任务一　成形面加工编程的工艺知识

### 1.成形面的加工方法

成形面加工一般分为粗加工和精加工。圆弧加工的粗加工与一般外圆、锥面的加工不同。如图 2-7-1 所示,圆弧加工的切削用量不均匀,背吃刀量过大,容易损坏刀具,在粗加工中要考虑加工路线和切削方法。其总体原则是在保证背吃刀量尽可能均匀的情况下,减少走刀次数及空行程。

(1)粗加工凸圆弧表面

圆弧表面为凸表面时,通常有两种加工方法,车锥法(斜线法)和车圆法(同心圆法),这两种加工方法如图 2-7-1 所示。

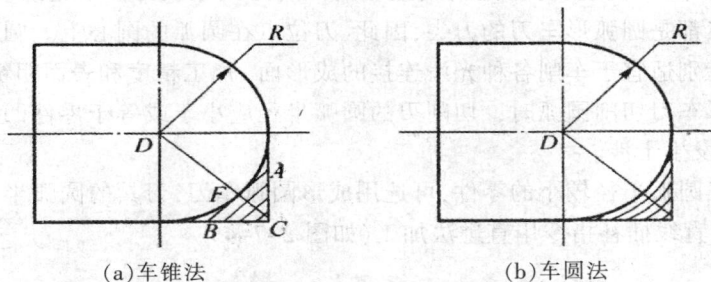

(a)车锥法　　　　　　(b)车圆法

图 2-7-1　圆弧凸表面车削方法

①车锥法即用车圆锥的方法切除圆弧毛坯余量,如图 2-7-1(a) 所示。加工路线不能超过 $A$、$B$ 两点的连线,否则会伤到圆弧的表面。车锥法一般适用于圆心角小于 90°的圆弧。

采用车锥法需计算 $A$、$B$ 两点的坐标值,方法如下:

$CD =\sqrt{2} R$;

$CF=\sqrt{2} -R=0.414R$;

$AC=BC=\sqrt{2} CF=0.586R$;

$A$ 点坐标$(R-0.586R,0)$;

$B$ 点坐标$(R,-0.586R)$。

②车圆法即用不同的半径切除毛坯余量。此方法的车刀空行程时间较长,如图 2-7-1(b)所示,车圆法适用于圆心角大于 90°的圆弧粗车。

(2)粗加工凹圆弧表面

当圆弧表面为凹表面时,其加工方法有等径圆弧形式(等径不同心)、同心圆形式(同心不等径)、梯形形式和三角形形式,如图 2-7-2 所示。

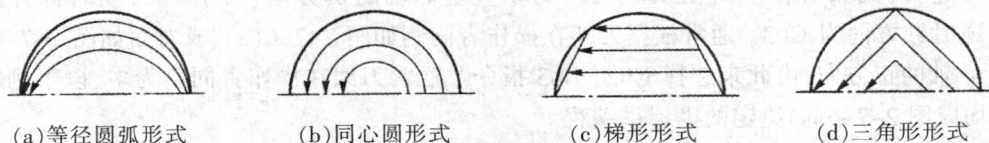

(a)等径圆弧形式　　　(b)同心圆形式　　　(c)梯形形式　　　(d)三角形形式

图 2-7-2　圆弧凹表面车削方式

**2.切削用量的选择**

由于成形面在粗加工中常常出现切削不均匀的情况，背吃刀量应小于外圆及圆锥面加工的背吃刀量。一般粗加工背吃刀量取 $a_P$=1~1.5 mm，精加工背吃刀量取 $a_P$=0.2~0.5 mm，其进给速度也较低，在参考切削用量表时要有所考虑。

**3.刀具的选择**

(1)加工成形表面，一般使用的刀具为尖形车刀和圆弧形车刀。

(2)刀具的特点及选用

①对于大多数精度要求不高的成形面，一般可选用尖形车刀。选用这类车刀切削圆弧，一定要选择合理的副偏角，防止副切削刃与已加工圆弧面产生干涉。如图 2-7-3 所示，刀具在 $P$ 点产生干涉。

②圆弧形车刀的主要特征是构成主切削刃的刀刃形状为一条轮廓误差很小的圆弧，该圆弧刃每一点都是圆弧形车刀的刀尖，因此，刀位点在圆弧的圆心上。圆弧形车刀用于切削内、外表面，特别适宜于车削各种光滑连接的成形面。加工精度和表面粗糙度较尖形车刀高。在选用圆弧形车刀切削圆弧时，切削刃的圆弧半径应小于或等于零件凹形轮廓上的最小曲率半径，以免发生干涉。

一般加工圆弧半径较小的零件，可选用成形圆弧车刀，刀具的圆弧半径等于零件圆弧半径，使用 G01 直线插补指令用直进法加工(如图 2-7-4)。

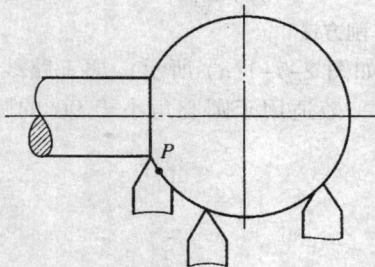

图 2-7-3　刀具与已加工圆弧面产生干涉

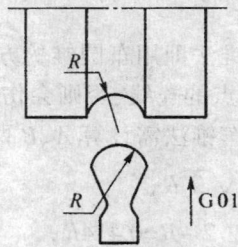

图 2-7-4　直进法

## 任务二　成形面加工编程的方法

**1.加工圆弧的顺、逆方向判断**

如图 2-7-5 所示的零件中，$AC$ 段由 $AB$ 和 $BC$ 两部分圆弧组成，在编程前要正确判断圆弧的顺逆方向。

在数控车床上加工圆弧，使用圆弧插补指令 G02/G03，对圆弧顺逆方向的判断按右手坐标系确定：沿圆弧所在平面($XOZ$ 平面)的垂直坐标轴的负方向($-Y$)看去，顺时针方向为 G02，逆时针方向为 G03。通常根据刀架在操作者同侧如图 2-7-6(a)，或对面如图 2-7-6(b)确定 $X$ 轴的正方向，由此来选择 G02、G03 指令。通常刀架在操作者同侧为多，以下例题及习题均以图 2-7-6(a)给定的坐标系编程。

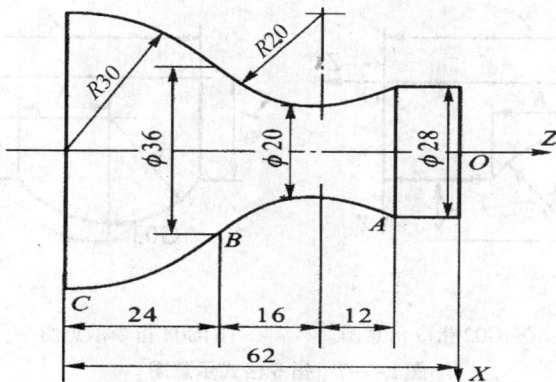

图 2-7-5　圆弧顺逆方向判断

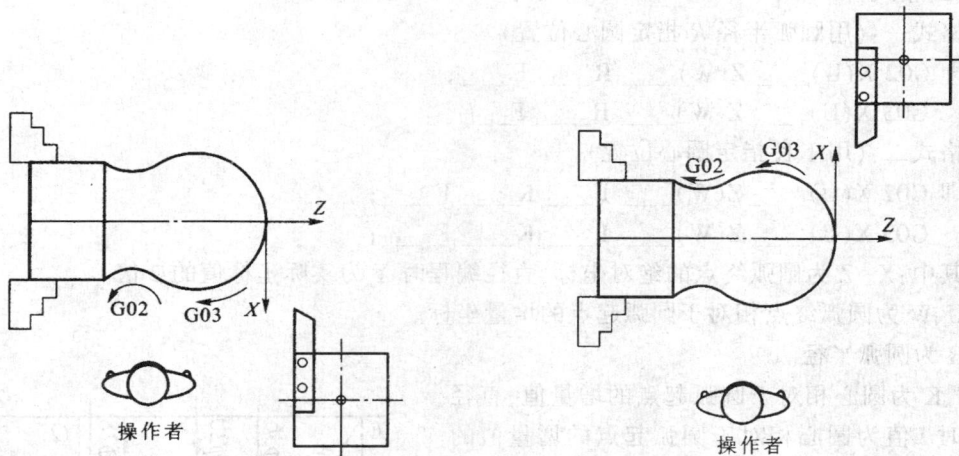

（a）刀架在操作者同侧　　　　　　（b）刀架在操作者对面

图 2-7-6　刀架位置与圆弧顺逆方向的关系

【例 2-29】根据给定图形（图 2-7-5）确定圆弧的顺逆方向，写出各段圆弧精加工插补指令。

根据上述判断方法，图 2-7-5 中给定的坐标系与图 2-7-6(a)相同，AB 段圆弧使用 G02 指令，BC 段圆弧使用 G03 指令。

**2.G02、G03 的指令格式**

在数控车床上加工圆弧时，不仅要正确判断圆弧的顺逆方向，选择 G02、G03 指令，确定圆弧的终点坐标，而且还要正确指定圆弧中心的位置。常用指定圆弧中心位置的方式有两种，一种是用圆弧半径 R 指定圆心；另一种是用圆心相对圆弧起点的增量坐标(I,K)指定圆心位置，如图 2-7-7 所示。

（1）功能

G02 圆弧顺时针方向插补，G03 圆弧逆时针方向插补。

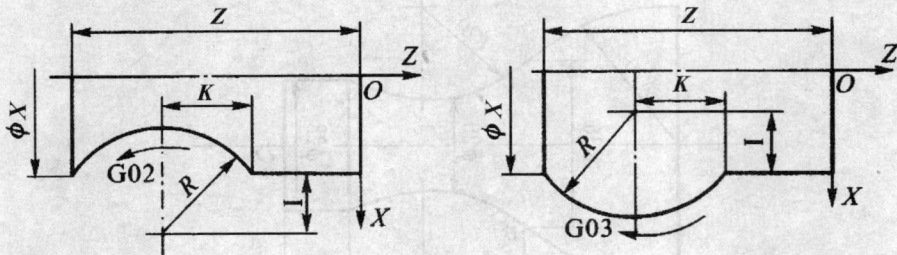

(a)G02 指令示意图　　　(b)G03 指令示意图

图 2-7-7　指令格式示意图

(2)格式

格式一:(用圆弧半径 R 指定圆心位置)

即 G02 X(U)＿＿＿ Z(W)＿＿＿ R＿＿ F＿＿;

　　G03 X(U)＿＿＿ Z(W)＿＿＿ R＿＿ F＿＿;

格式二:(用 I、K 指定圆心位置)

即 G02 X(U)＿＿＿ Z(W)＿＿＿ I＿＿ K＿＿ F＿＿;

　　G03 X(U)＿＿＿ Z(W)＿＿＿ I＿＿ K＿＿ F＿＿;

其中:X、Z 为圆弧终点的绝对坐标,直径编程时 X 为实际坐标值的 2 倍。

U、W 为圆弧终点相对于圆弧起点的增量坐标。

R 为圆弧半径。

I、K 为圆心相对于圆弧起点的增量值,直径编程时 I 值为圆心相对于圆弧起点的增量值的 2 倍;当 I、K 与坐标轴方向相反时,I、K 为负值。圆心坐标在圆弧插补时不能省略。

F 为进给量。

结合以上分析,写出例 2-29 中各点坐标值(见表 2-7-1),示意图如图 2-7-8 所示。两段圆弧精车时,两种指令格式编程(绝对值编程时)如下:

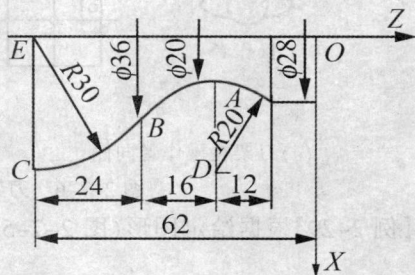

图 2-7-8　坐标点

表 2-7-1　各点坐标

| 点＼坐标 | A | C | B | 圆心 D | 圆心 E | AB 圆弧增量 | BC 圆弧增量 |
|---|---|---|---|---|---|---|---|
| X(直径) | 28 | 60 | 36 | 60 | 0 | I=(60−28)=32 | I=(0−36)=−36 |
| Z | −10 | −62 | −38 | −22 | −62 | K=−12 | K=−24 |

格式一编程:

AB 段圆弧:G02 X36. Z-38. R20. F0.1;

*BC* 段圆弧:G03 X60. Z–62. R30. F0.1;

格式二编程:

*AB* 段圆弧:G02 X36. Z–38. I32. K–12. F0.1;

*BC* 段圆弧:G03 X60. Z–62. I–36. K–24. F0.1;

## 任务三　成形面加工编程与操作

### 1.凸圆弧面加工编程示例

【例2-30】用车锥法编写如图 2-7-9 所示零件的加工程序,材料 45 钢,毛坯直径ø45 mm。

(1)工艺分析

该零件由外圆、凸圆弧组成,零件较简单,尺寸精度及表面粗糙度要求不高。

(2)确定加工路线

利用车锥法去除毛坯,精车轮廓。

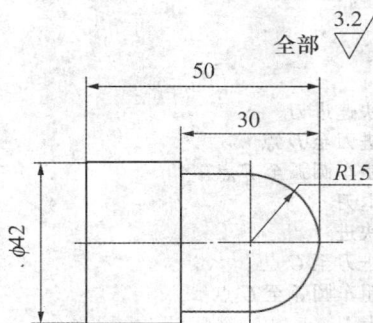

图 2-7-9　凸圆弧面加工示例

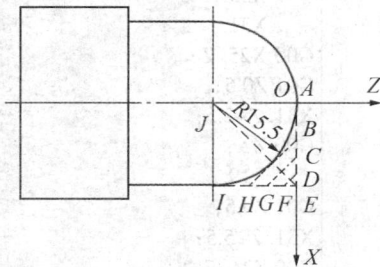

图 2-7-10　各点坐标

(3)计算各点坐标

车锥法切削时圆弧要做简单的计算,加工路线不能超过 *BH* 两点的连线,如图 2-7-10 所示。各点坐标见表 2-7-2。

表 2-7-2　各点坐标

| 点<br>坐标 | O | A | B | C | D | E | F | G | H | I | J |
|---|---|---|---|---|---|---|---|---|---|---|---|
| X | 0 | 0 | 13 | 19 | 25 | 31 | 31 | 31 | 31 | 31 | 0 |
| Z | 0 | 0.5 | 0.5 | 0.5 | 0.5 | 0.5 | –2.5 | –5.5 | –8.5 | –15 | –15 |

(4)选择刀具

硬质合金材质 90°偏刀,置于 T01 号刀位,忽略刀尖半径。

(5)确定切削用量

零件的实际表面粗糙度要求不高,圆弧的背吃刀量较大且不均匀,由表 2-7-3 选用较低的主轴转速,切削用量见表 2-7-3。

表 2-7-3　图 2-7-9 所示零件的切削用量

| 加工内容 | 背吃刀量($a_p$)/mm | 进给量($f$)/mm·r$^{-1}$ 或 mm/min$^{-1}$ | 主轴转速($n$)/r·min$^{-1}$ |
|---|---|---|---|
| 粗车外圆 | 2 | 0.25/120 | 500 |
| 精车外圆 | 0.5 | 0.15/80 | 800 |
| 粗车圆弧 | 3 | 0.2/100 | 500 |
| 精车圆弧 | 0.5 | 0.12/80 | 800 |

(6)编程

参考程序见表 2-7-4。

表 2-7-4　图 2-7-9 所示零件加工参考程序

| 程序名 | O7001(FANUC 0i Mate-TB 系统) | |
|---|---|---|
| 程序段号 | 程序内容 | 说　明 |
| N10 | G40 G97 G99 M03 S500 F0.25; | 取消刀补,主轴正转,转速为 500 r/min |
| N20 | T0101; | 调用 T01 刀及刀补 |
| N30 | M08; | 切削液开 |
| N40 | G00 X45. Z2.; | 快进 |
| N50 | G90 X43. Z-50.; | 循环粗车外圆 |
| N60 | X39. Z-30.; | |
| N70 | X35.; | |
| N80 | X31.; | |
| N90 | G00 X25. Z2.; | 快速进刀 |
| N100 | G01 Z0.5; | 进刀至 D 点 |
| N110 | X31. Z-2.5; | 粗车圆弧至 F 点 |
| N120 | G00 Z2.; | 退刀 |
| N130 | X19.; | 快进 |
| N140 | G01 Z0.5; | 进刀至 C 点 |
| N150 | X31. Z-5.5; | 粗车圆弧至 G 点 |
| N160 | G00 Z2.; | 退刀 |
| N170 | X13.; | 快进 |
| N180 | G01 Z0.5; | 进刀至 B 点 |
| N190 | X31. Z-8.5; | 粗车圆弧至 H 点 |
| N200 | G00 Z2.; | 退刀 |
| N210 | X0; | 快进 |
| N220 | G01 Z0.5; | 进刀至 A 点 |
| N230 | G03 X31. Z-15. R15.5 F0.2; | 粗车圆弧至 I 点,进给量为 0.2 mm/r |
| N240 | G00 X32. Z2.; | 退刀 |
| N250 | X0 S800; | 快进,主轴转速为 800 r/min |
| N260 | G01 Z0; | 进刀至 O 点 |
| N270 | G03 X30. Z-15. R15. F0.2; | 精车圆弧,进给量为 0.12 mm/r |
| N280 | G01 Z-30.; | 精车外圆 |
| N290 | X42.; | 退刀 |
| N300 | Z-50.; | 精车外圆 ø42 |
| N310 | X46.; | 退刀 |
| N320 | G00 X200. Z100.; | 回换刀点 |
| N330 | M05; | 主轴停止 |
| N340 | M08; | 切削液关 |
| N350 | M30; | 程序结束 |

华中系统编程:N10:G40 G97 G94 M03 S500 F120;再将 F 的单位转换为 mm/min,其余均不变。

### 2.凹圆弧面加工示例

【例 2-31】如图 2-7-11 所示零件,材料 45 钢,毛坯直径 45 mm。试编制凹圆弧面零件的加工程序。

(1)工艺分析

该零件加工表面有外圆、圆弧、倒角等。分粗加工、精加工各个表面。

(2)确定加工路线

①粗车、精车 ø40 外圆,车右端面,倒角;

②采用同心圆弧形式分两次粗车圆弧,留精车余量 0.5 mm,精车 R25 圆弧至要求尺寸;

③车左端面,倒角并切断。

(3)计算各点坐标

各点坐标的计算结果见表 2-7-5,示意图如图 2-7-12 所示。

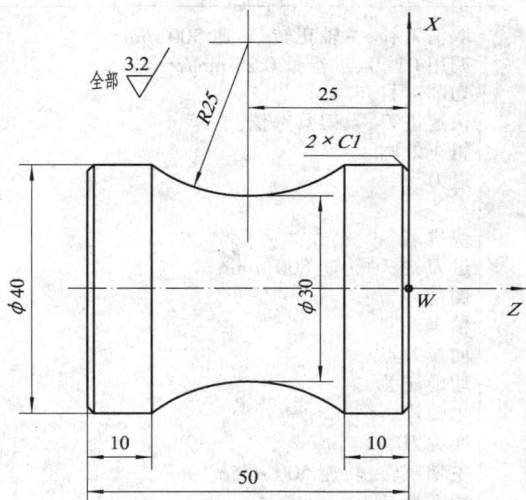

图 2-7-11　凹圆弧面加工示例

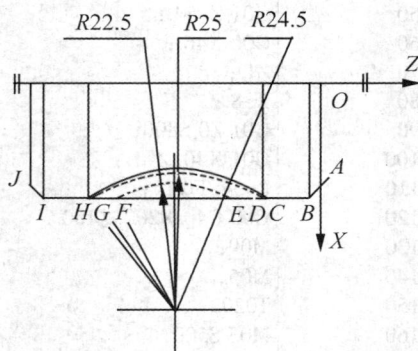

图 2-7-12　各点坐标

表 2-7-5　各点坐标

| 坐标 \ 点 | A | B | C | D | E | F | G | H | I | J |
|---|---|---|---|---|---|---|---|---|---|---|
| X | 36 | 40 | 40 | 40 | 40 | 40 | 40 | 40 | 40 | 38 |
| Z | 1 | -1 | -10 | -10.85 | -14.69 | -35.3 | -39.15 | -40 | -40 | -50 |

(4)选择刀具及夹具

①夹具选择:零件采用三爪卡盘装夹,一次装夹,加工完成切断。

②刀具选择:选硬质合金 90°偏刀,用于粗加工、精加工零件外圆、端面和右倒角,刀尖半径 $R=0.4$ mm,刀尖方位 $T=3$,置于 T01 刀位;选硬质合金切刀(刃宽为 4 mm),以左刀尖为刀位点,用于加工左倒角及切断,置于 T03 刀位。选硬质合金 60°尖刀,用于加工圆弧,刀尖半径 $R=0.2$ mm,刀尖方位 $T=8$,置于 T02 号刀位。

(5)确定切削用量

切削用量见表 2-7-6。

表 2-7-6　图 2-7-11 所示零件的切削用量

| 加工内容 | 背吃刀量($a_p$)/mm | 进给量($f$)/mm·$r^{-1}$ | 主轴转速($n$)/r·$min^{-1}$ |
|---|---|---|---|
| 粗车外圆 | 2 | 0.25/120 | 500 |
| 精车外圆 | 0.5 | 0.15/80 | 800 |
| 粗车圆弧 | 2 | 0.2/100 | 500 |
| 精车圆弧 | 0.5 | 0.1/80 | 800 |
| 切槽、切断 | 4 | 0.05/20 | 300 |

⑥编程

参考程序见表 2-7-7。

表 2-7-7　图 2-7-11 所示零件的参考程序

| 程序名 | O7002 | |
|---|---|---|
| 程序段号 | 程序内容(FANUC 0i Mate-TB 系统) | 说　明 |
| N10 | G40 G97 G99 M03 S500 F0.25; | 取消刀补,主轴正转,转速 500 r/min |
| N20 | T0101; | 调用 01 刀,进给量 0.25 mm/r |
| N30 | M08; | 切削液打开 |
| N40 | G42 G00 X41. Z2.; | 快速进刀,设刀具补偿 |
| N50 | G01 Z-54.; | 粗车外圆 |
| N60 | G00 X46.; | 退刀 |
| N70 | Z1.; | |
| N80 | X38.; | 快进 |
| N90 | G01 Z0 S800; | 进刀,主轴转速 800 r/min |
| N100 | G01 X40. Z-1.; | 倒角 |
| N110 | Z-54. F0.15; | 精车外圆 |
| N120 | G00 G40 X200. Z100.; | 回换刀点 |
| N130 | M09; | 切削液关 |
| N140 | M05; | 主轴停 |
| N150 | T0202; | 换尖刀 |
| N160 | M03 S500; | 主轴正转,转速 500 r/min |
| N170 | M08; | 切削液开 |
| N180 | G00 G42 X41. Z-14.69; | 快进,建立刀补 |
| N190 | G01 X40.; | 进刀至 E 点 |
| N200 | G02 X40. Z-39.15 R22.5; | 粗车圆弧至 F 点 |
| N210 | G01 X41.; | 退刀 |
| N220 | G00 Z-10.85; | 快退 |
| N230 | G01 X40.; | 进刀至 D 点 |
| N240 | G02 X40. Z-35.3 R22.5; | 粗车圆弧至 G 点 |
| N250 | G01 X41.; | 退刀 |
| N260 | G00 Z-10.; | 快退 |
| N270 | G01 X40. S800; | 进刀至 C 点,主轴转速 800 r/min |
| N280 | G02 X40. Z-40. R25. F0.1; | 精车圆弧至 H 点,进给量 0.1 mm/r |
| N290 | G00 G40 X200. Z100.; | 快速返回换刀点 |
| N300 | M09; | 切削液关 |
| N310 | M05; | 主轴停 |
| N320 | T0303; | 换 03 号刀 |
| N330 | M03 S300 F0.05; | 主轴正转,转速 300 r/min,进给量 0.05 mm/r |
| N340 | M08; | 切削液开 |
| N350 | G00 X41.Z-54.; | 快进 |

续表 2-7-7

| 程序名 | O7002 | |
|---|---|---|
| 程序段号 | 程序内容 | 说　明 |
| N360 | G01 X38.; | 切槽 |
| N370 | G00 X41.; | 退刀 |
| N380 | Z-53.; | 移刀 |
| N390 | G01 X40.; | 进刀至 I 点 |
| N400 | X38. Z-54.; | 车左侧倒角 |
| N410 | G01 X0; | 切断 |
| N420 | G40 G01 X45.; | 取消刀补 |
| N430 | G00 X200. Z100.; | 快速返回换刀点 |
| N440 | M30; | 程序结束 |

华中系统编程:N10:G40 G97 G94 M03 S500 F120;再将其余指令中 F 的单位转变为 mm/min,其他不变。

# 习题十六

1.圆弧加工如何选择 G02、G03 指令?

2.根据图 2-7-13 判断圆弧的顺逆方向,分别编写精加工程序,加工由圆弧起点 A 至终点 B。

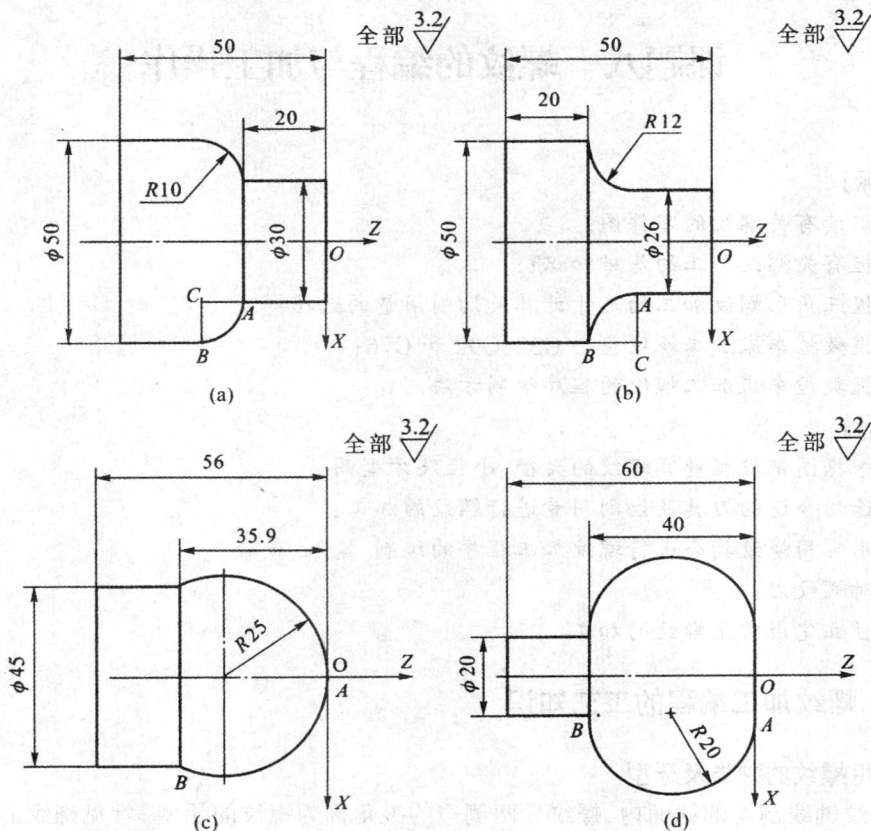

图 2-7-13

3.根据图 2-7-14 编写加工程序,毛坯直径 $\phi35$,材料为 45 钢。

4.根据图 2-7-15 编写加工程序,毛坯直径 $\phi45$,材料为 45 钢。

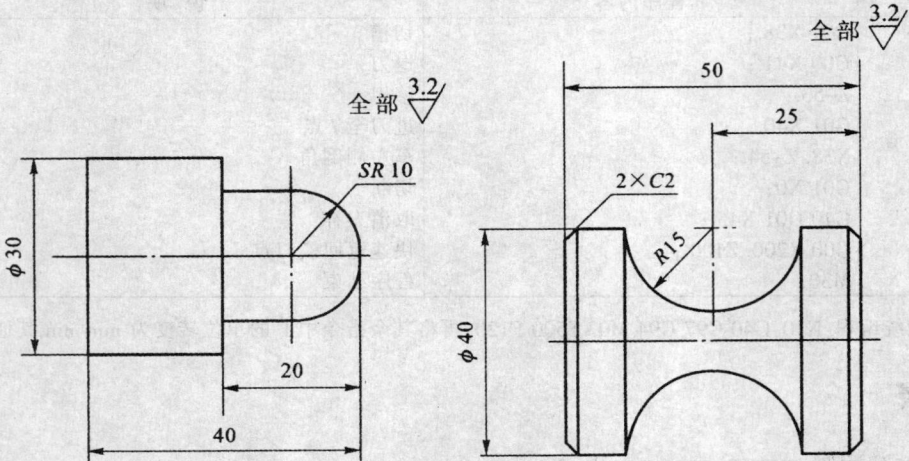

图 2-7-14　　　　　　　　　　　图 2-7-15

# 课题八　螺纹的编程与加工操作

## 【知识目标】

1.会识读有关螺纹的零件图;

2.掌握有关螺纹加工的基础知识;

3.掌握三角形螺纹加工的尺寸计算及切削用量的选择;

4.掌握数控车床加工螺纹指令 G32、G92 和 G76;

5.掌握数控车床加工螺纹的程序编制方法。

## 【技能目标】

1.会根据图纸数据计算螺纹的大径、小径及牙型高;

2.会选用合适的刀具及切削用量进行螺纹的加工;

3.会用常用螺纹指令进行螺纹加工程序的编制、输入、校验;

4.会对螺纹刀;

5.能独立完成常见螺纹的加工。

## 任务一　螺纹加工编程的工艺知识

### 1.常用螺纹的种类及牙型

沿螺纹轴线剖切的截面内,螺纹牙两侧边的夹角称为螺纹的牙型。常见螺纹的牙型有三角形螺纹、梯形螺纹、锯齿形螺纹、矩形螺纹等。生产中常用螺纹的牙型角如图 2-8-1 所示。

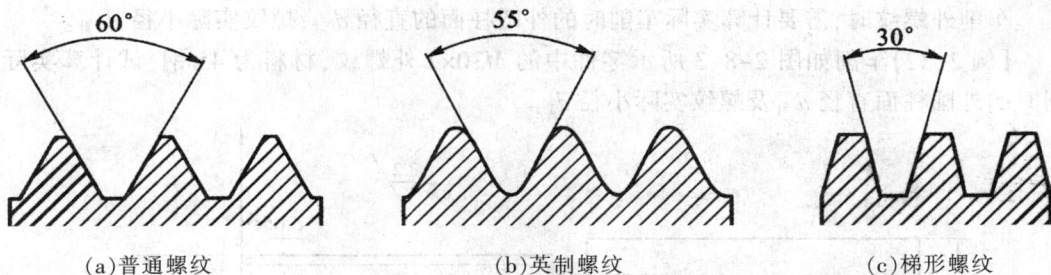

(a)普通螺纹                    (b)英制螺纹                    (c)梯形螺纹

图 2-8-1  常见螺纹的牙型

牙型角 α 指在螺纹牙型上相邻两牙侧间的夹角。普通螺纹的牙型角为 60°,英制螺纹牙型角为 55°,梯形螺纹牙型角为 30°。

**2.普通螺纹牙型的参数**

如图 2-8-2 所示,在三角形螺纹的理论牙型中,$D$ 是内螺纹大径(公称直径),$d$ 是外螺纹大径(公称直径),$D_2$ 是内螺纹中径,$d_2$ 是外螺纹中径;$D_1$ 是内螺纹小径,$d_1$ 是外螺纹小径,$P$ 是螺距,$H$ 是螺纹三角形的高度。

公称直径($d$ 或 $D$)指螺纹大径的基本尺寸。螺纹大径($d$ 或 $D$)亦称外螺纹顶径或内螺纹底径。

螺纹小径($d_1$ 或 $D_1$)亦称外螺纹底径或内螺纹顶径。

螺纹中径($d_2$、$D_2$)是一个假想圆柱的直径,该圆柱剖切面牙型的沟槽和凸起宽度相等。同规格的外螺纹中径 $d_2$ 和内螺纹中径 $D_2$ 公称尺寸相等。

螺距($P$)是螺纹上相邻两牙在中径上对应点间的轴向距离。

导程($L$)是一条螺旋线上相邻两牙在中径上对应点间的轴向距离。

理论牙型高度($h_1$)是在螺纹牙型上牙顶到牙底之间垂直于螺纹轴线的距离。

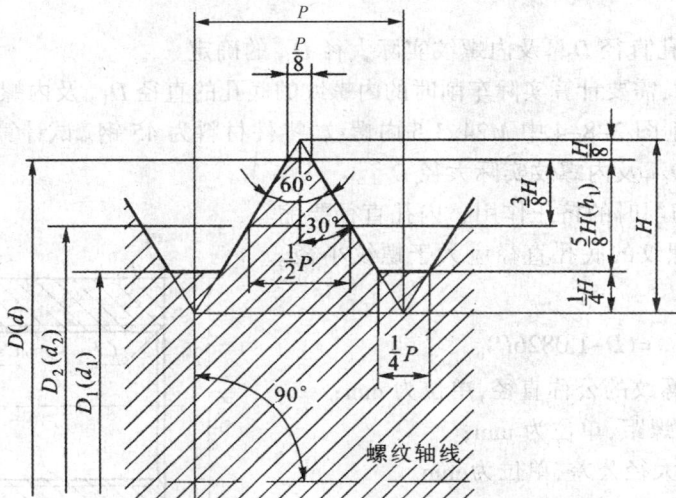

图 2-8-2  三角形螺纹的理论牙型

**3.螺纹加工尺寸确定**

(1)外圆柱面的直径及螺纹实际小径的确定

车削外螺纹时,需要计算实际车削时的外圆柱面的直径 $d_{计}$,螺纹实际小径 $d_{1计}$。

【例 2-32】车削如图 2-8-3 所示零件中的 $M30×2$ 外螺纹,材料为 45 钢,试计算实际车削时的外圆柱面直径 $d_{计}$ 及螺纹实际小径 $d_{1计}$。

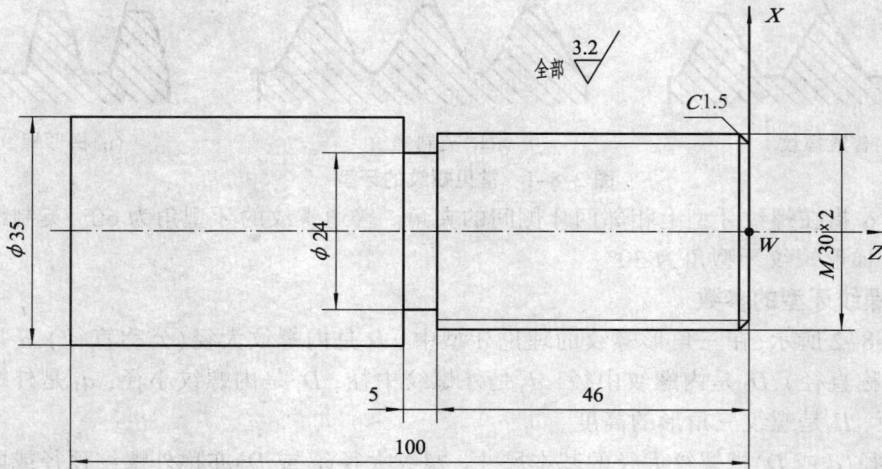

**图 2-8-3　M30×2 外螺纹**

①车螺纹时,零件材料因受车刀挤压而使外径张大,因此,螺纹部分的零件外径应比螺纹的公称直径小 0.2~0.4 mm 。一般取 $d_{计}=d-0.1P$。

②在实际生产中,为计算方便,不考虑螺纹车刀的刀尖半径 $r$ 的影响,一般取螺纹实际牙型高度 $h_{1实}=0.6495P$,常取 $h_{1实}=0.65P$,螺纹实际小径 $d_{1计}=d-2h_{1实}=d-1.3P$。

例 2-32 中, 实际车削时外圆柱面的直径 $d_{计}=d-0.1P=30-0.1×2=29.8$ mm, 由外圆精车 G70 或 G01 保证。螺纹实际牙型高度 $h_{1实}=0.65P=1.3$ mm,螺纹实际小径 $d_{1计}=d-1.3P=(30-1.3×2)$ mm=27.4 mm。

(2)内螺纹的孔直径 $D_{1计}$ 及内螺纹实际大径 $D_{计}$ 的确定

车削内螺纹时,需要计算实际车削时的内螺纹的底孔的直径 $D_{1计}$ 及内螺纹实际大径 $D_{计}$。

【例 2-33】车削图 2-8-4 中 $M24×1.5$ 内螺纹,零件材料为 45 钢。试计算实际车削时的内螺纹的底孔直径 $D_{1计}$ 及内螺纹实际大径 $D_{计}$。

①由于车刀切削时的挤压作用, 内孔直径要缩小, 所以车削内螺纹的底孔直径应大于螺纹小径。计算公式如下:

$$D_{1计}=(D-1.0826P)_0^{+\delta}$$

式中:$D$ 为内螺纹的公称直径,单位为 mm;

$P$ 为内螺纹的螺距,单位为 mm;

$\delta$ 为内螺纹的大径公差,单位为 mm。

一般实际车削时的内螺纹的底孔直径:

钢和塑性材料取 $D_{1计}=D-P$。

铸铁和脆性材料取 $D_{1计}=D-(1.05-1.1)P$。

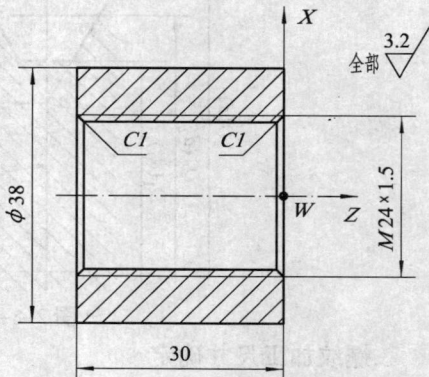

**图 2-8-4　M24×1.5 内螺纹**

②内螺纹实际牙型高度同外螺纹，$h_{1实}=0.6495P$，取 $h_{1实}=0.65P$。内螺纹实际大径 $D_{计}=D$，内螺纹小径 $D_1=D-1.3P$。

例 2-33 中实际车削时内螺纹的底孔的直径取 $D_1=D-P=24-1.5=22.5$ mm，螺纹实际牙型高度取 $h_{1实}=0.65P=0.65×1.5$ mm$=0.975$ mm。

内螺纹实际大径 $D_{计}=D=24$ mm ，内螺纹小径 $D_1=D-1.3P=(24-1.3×1.5)$mm$=22.05$ mm。

(3)螺纹起点与螺纹终点轴向尺寸的确定

如图 2-8-5 所示，由于车削螺纹起始需要一个加速过程，结束前有一个减速过程。因此，车螺纹时，两端必须设置足够的升速进刀段 $\delta_1$ 和减速退刀段 $\delta_2$。$\delta_1$、$\delta_2$ 的数值与螺纹的螺距和螺纹的精度有关。

实际生产中， 一般 $\delta_1$ 值取 2~5 mm，大螺距和高精度的螺纹取大值；$\delta_2$ 值不得大于退刀槽宽度，一般为退刀槽宽度的一半左右，取 1~3 mm。若螺纹收尾处没有退刀槽， 收尾处的形状与数控系统有关，一般按 45°退刀收尾。

加工例 2-32 中 $M30×2$ 普通外螺纹时，根据螺距和螺纹精度取 $\delta_1$ 为 4 mm，根据图纸退刀槽宽度取 $\delta_2$ 为 2 mm。

加工例 2-33 中 $M24×1.5$ 普通内螺纹时，根据螺距和螺纹精度 $\delta_1$ 取 3 mm，$\delta_2$ 取 2 mm。

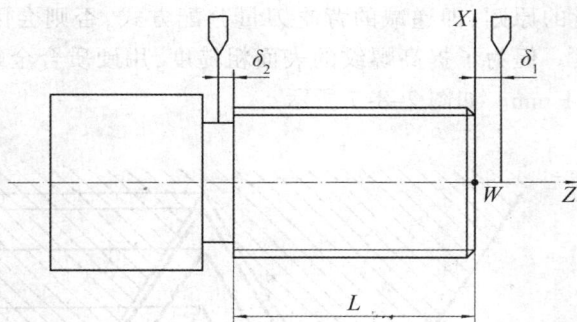

图 2-8-5　螺纹的进刀和退刀

### 4.切削用量的选用

(1)主轴转速 $n$

在数控车床上加工螺纹，主轴转速受数控系统、螺纹导程、刀具、零件尺寸和材料等多种因素影响。不同的数控系统，有不同的推荐主轴转速范围，操作者在仔细查阅说明书后，可根据实际情况选用。大多数经济型数控车床车削螺纹时，推荐主轴转速为：

$$n \leqslant \frac{1200}{P}-K$$

式中：$P$ 为零件的螺距，mm；

$K$ 为保险系数，一般取 80；

$n$ 为主轴转速，r/min。

加工例 2-32 中 $M30×2$ 普通外螺纹时， 主轴转速 $n \leqslant \dfrac{1200}{P}-K=(\dfrac{1200}{2}-80)=520$ r/min。

根据零件材料、刀具等因素取 $n=400~500$ r/min,学生实习时一般取 $n=400$ r/min。

加工例 2-33 中 $M24×1.5$ 普通内螺纹时， 主轴转速 $n \leqslant \dfrac{1200}{P}-K=(\dfrac{1200}{1.5}-80)=720$ r/min。

根据零件材料、刀具等因素取 $n=500~700$ r/min,学生实习时一般取 $n=500$ r/min,考虑到内螺纹的因素，可以再小一些。

(2)背吃刀量 $a_P$

①进刀方法的选择

在数控车床上加工螺纹时的进刀方法通常有直进法、斜进法。当螺距 $P<3$ mm 时,一般采用直进法,如图 2-8-6(a);螺距 $P>3$ mm 时,一般采用斜进法,如图 2-8-6(b)。

②背吃刀量的选用及分配

加工螺纹时,单边切削总深度等于螺纹

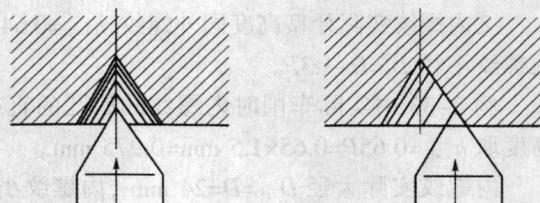

(a)直进法　　　　　　(b)斜进法

图 2-8-6　螺纹切削进刀方法

实际牙型高度时,一般取 $h_{1\,实}=0.65P$。车削时应遵循后一刀背吃刀量不能超过前一刀背吃刀量的原则,即递减的背吃刀量分配方式,否则会因切削面积的增加、切削力过大而损坏刀具。但为了提高螺纹的表面粗糙度,用硬质合金螺纹车刀时,最后一刀背吃刀量不能小于 0.1 mm。如图 2-8-7 所示:

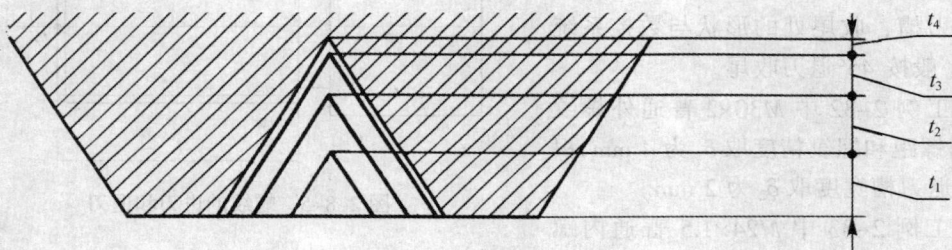

$t_1>t_2>t_3>t_4$;　$t_4>0.1$ mm。$t_1+t_2+\cdots+t_{\,最后}=h_{1\,实}$。

图 2-8-7　螺纹的背吃刀量

常用螺纹加工走刀次数与分层切削余量可参阅表 2-8-1。

表 2-8-1　常用螺纹加工走刀次数与分层切削余量(mm)

| 螺距 | | 1.0 | 1.5 | 2.0 | 2.5 | 3.0 | 3.5 | 4.0 |
|---|---|---|---|---|---|---|---|---|
| 牙深 | | 0.65 | 0.975 | 1.3 | 1.625 | 1.95 | 2.275 | 2.6 |
| 切深 | | 1.3 | 1.95 | 2.6 | 3.25 | 3.9 | 4.55 | 5.2 |
| 走刀次数及切削余量 | 1 次 | 0.7 | 0.8 | 0.9 | 1.0 | 1.2 | 1.5 | 1.5 |
| | 2 次 | 0.4 | 0.5 | 0.6 | 0.7 | 0.7 | 0.7 | 0.8 |
| | 3 次 | 0.2 | 0.5 | 0.6 | 0.6 | 0.6 | 0.6 | 0.6 |
| | 4 次 | | 0.15 | 0.4 | 0.4 | 0.4 | 0.6 | 0.6 |
| | 5 次 | | | 0.1 | 0.4 | 0.4 | 0.4 | 0.4 |
| | 6 次 | | | | 0.15 | 0.4 | 0.4 | 0.4 |
| | 7 次 | | | | | 0.2 | 0.2 | 0.4 |
| | 8 次 | | | | | | 0.15 | 0.3 |
| | 9 次 | | | | | | | 0.2 |

注:每次走刀量均为直径值,单位 mm。

（3）进给量 $f$

①单线螺纹的进给量等于螺距，即 $f=P$；

②多线螺纹的进给量等于导程，即 $f=L(L=$螺纹头数$\times P)$。

在数控车床上加工双线螺纹时，进给量为一个导程，常用的方法是车削第一条螺纹后，轴向移动一个螺距（用 G01 指令），再加工第二条螺纹（见图 2-8-8）。

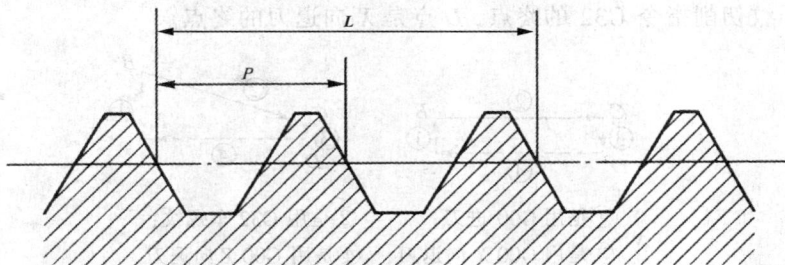

图 2-8-8 双线螺纹导程与螺距

## 任务二 螺纹加工编程的方法

### 1.FANUC 系统下螺纹的加工

（1）单行程螺纹切削指令 G32

①格式

G32 X（U）____ Z（W）____ F____ ；

②说明

X、Z 为螺纹编程终点的 X、Z 向坐标（图 2-8-9），X 为直径值；

U、W 为螺纹编程终点相对编程起点的 X、Z 向相对坐标，U 为直径值；

F 为螺纹导程。

以上各值单位均为 mm。

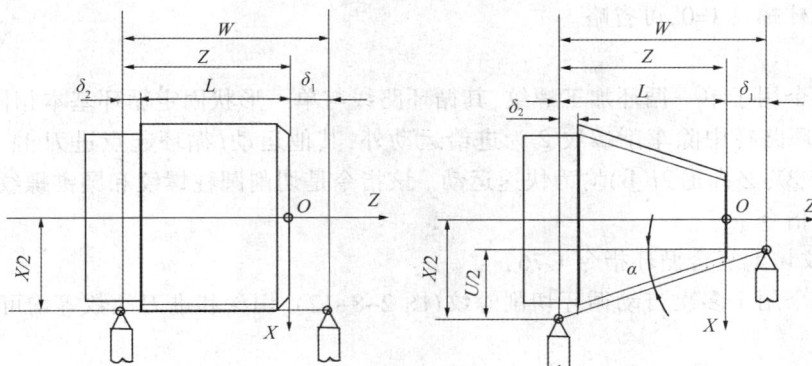

图 2-8-9 单行程螺纹切削指令 G32

③应用

用 C32 指令可加工固定导程的圆柱螺纹或圆锥螺纹，也用于加工端面螺纹。

187

④编程要点

a.G32 进刀方式为直进式;

b.螺纹切削时不能用主轴线速度恒定指令 G96;

c.切削斜角 $\alpha$ 在 45°以下的圆锥螺纹时,螺纹导程以 Z 方向指定。

图 2-8-10 中 A 点是螺纹加工的起点, B 点是单行程螺纹切削指令 G32 的起点, C 点是单行程螺纹切削指令 G32 的终点, D 点是 X 向退刀的终点。

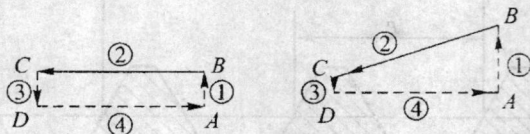

①是用 G00 进刀;　　　②是用 G32 车螺纹;

③是用 G00 X 向退刀;　④是用 G00 Z 向退刀。

图 2-8-10　单行程螺纹切削指令 G32 进刀路径

(2)螺纹切削循环指令 G92

使用 G32 加工螺纹时需要多次走刀,程序较长,容易出错。因此,数控车床一般均在数控系统中设置了螺纹切削循环指令 G92。

①格式

G92 X(U)＿＿ Z(W)＿＿ F＿＿;(圆柱螺纹)

G92 X(U)＿＿ Z(W)＿＿ I(R)＿＿ F＿＿;(圆锥螺纹)

②说明

X、Z 为螺纹终点的绝对坐标, 单位 mm;

U、W 为螺纹终点相对起点坐标, 单位 mm;

F 为螺纹导程, 单位 mm;

I(R)为圆锥螺纹起点半径与终点半径的差值,单位为 mm。其值的正负判断方法与 G90 相同,圆锥螺纹终点半径大于起点半径时 I(R)为负值;圆锥螺纹终点半径小于起点半径时 I(R)为正值。圆柱螺纹 I=0,可省略。

③应用

G92 指令用于单一循环加工螺纹,其循环路线与单一形状固定循环基本相同,如图2-8-11 所示,循环路径中除车削螺纹②为进给运动外,其他运动(循环起点进刀①、螺纹切削终点 X 向退刀③、Z 向退刀④)均为快速运动。该指令是切削圆柱螺纹和圆锥螺纹时使用最多的螺纹切削指令。

(3)螺纹切削复合循环指令 G76

G76 指令用于多次自动循环切削螺纹(图 2-8-12),切深和进刀次数等均可设置后自动完成。

①格式

G76 P$(m)(r)(a)$ Q$(\Delta d_{\min})$ R$(d)$;

G76 X$(U)$＿＿ Z$(W)$＿＿ R $(i)$ P$(K)$ Q$(\Delta d)$ F$(f)$;

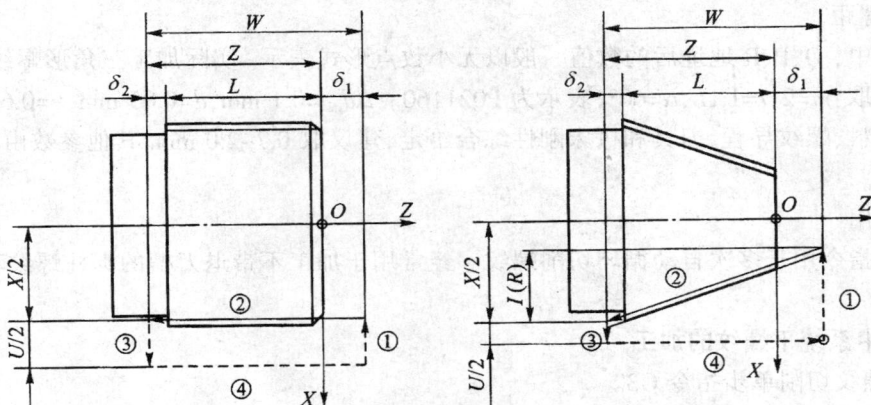

图 2-8-11　螺纹切削循环指令 G92

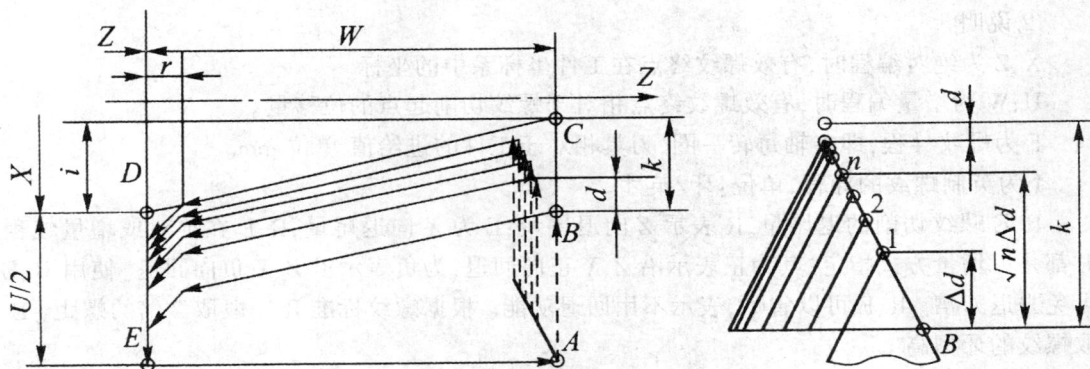

图 2-8-12　螺纹切削复合循环指令 G76

②说明

$m$ 为精车重复次数,从 1 到 99,该参数为模态量。

$r$ 为螺纹尾部倒角量,该值的大小可设定在 $0L{\sim}9.9L$ 之间,系数应为 0.1 的整数倍,用 00~99 之间的两位整数来表示,其中 $L$ 为螺距。该参数为模态量。

$\alpha$ 为刀尖角度,可从 80°、60°、55°、30°、29°和 0°等 6 个角度中选择,用两位整数来表示,常用 60°、55°和 30°三个角度。该参数为模态量。

$m$、$r$ 和 $\alpha$ 用地址 P 同时指定,例如:$m=2$,$r=1.2L$,$a=60°$,表示为 P021260。

$\Delta d_{min}$ 为最小车削深度,用半径编程指定。车削过程中每次的车削深度为 $\Delta d\sqrt{n-1}$,当计算值小于这个极限值时,深度锁定为这个值,该参数为模态量。

$d$ 为精车余量,用半径编程指定。该参数为模态量。

X (U)、Z (W)为螺纹终点坐标。

$i$ 为螺纹部分的半径差。$i=0$ 时,则为直螺纹。

$k$ 为螺纹高度,用半径值指定。

$\Delta d$ 为第一次车削深度,用半径值指定。

$f$ 为螺距。

指令中，Q、P、R 地址后的数值一般以无小数点形式表示。实际加工三角形螺纹时，以上参数一般取：$m=2$，$r=1.1L$，$\alpha=60°$，表示为 P021160。$\Delta d_{\min}=0.1$ mm，$d=0.05$ mm，$k=0.65P$，$\Delta d$ 根据零件材料、螺纹导程、刀具和机床刚性综合给定，建议取 0.7~2.0 mm。其他参数由零件具体尺寸确定。

③应用

G76 指令用于多次自动循环切削螺纹。经常用于加工不带退刀槽的圆柱螺纹和圆锥螺纹。

### 2.华中系统下螺纹的加工

(1)螺纹切削单步指令 G32

①格式

G32 X(U)____ Z(W)____ R____ E____ P____ F/I____ ;

②说明

X、Z 为绝对编程时，有效螺纹终点在工件坐标系中的坐标。

U、W 为增量编程时，有效螺纹终点相对于螺纹切削起点的位移量。

F 为螺纹导程，即主轴每转一圈，刀具相对于工件的进给值，单位 mm。

I 为英制螺纹的导程，单位：牙/英寸。

R、E 螺纹切削的退尾量，R 表示 Z 向退尾量；E 为 X 向退尾量，R、E 在绝对或增量编程时都是以增量方式指定，其为正表示沿 Z、X 正向回退，为负表示沿 Z、X 负向回退。使用 R、E 可免去退刀槽。R、E 可以省略，表示不用回退功能。根据螺纹标准 R 一般取 2 倍的螺距，E 取螺纹的牙型高。

P 为主轴基准脉冲处距离螺纹切削起始点的主轴转角。

③应用

G32 指令能加工圆柱螺纹、圆锥螺纹和端面螺纹。图 2-8-13 为圆锥螺纹切削时各参数的意义。

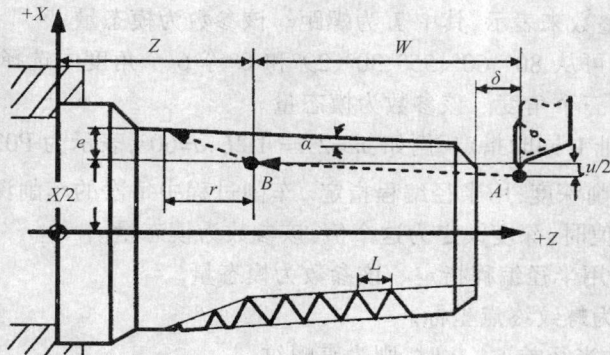

图 2-8-13　螺纹切削参数

螺纹车削加工为成形车削，且切削进给量较大，如果刀具强度较差，一般要求分数次进给加工。常用螺纹切削的进给次数与吃刀量见表 2-8-1。

注意:

①从螺纹粗加工到精加工,主轴的转速必须保持恒定;

②在没有停止主轴的情况下,停止螺纹的切削将非常危险,因此,螺纹切削时进给保持功能无效,如果按下进给保持按键,刀具在加工完螺纹后停止运动;

③在螺纹加工中不使用恒线速度控制功能;

④在螺纹加工轨迹中应设置足够的升速进刀段 $\delta_1$ 和降速退刀段 $\delta_2$,以消除伺服滞后造成的螺距误差。

(2)螺纹切削简单循环 G82

①格式

直螺纹切削循环:

G82 X(U)___ Z(W)___ R___ E___ C___ P___ F(J)___;

圆锥螺纹切削循环:

G82 X(U)___ Z(W)___ I___ R___ E___ C___ P___ F(J)___;

②说明

X、Z 在绝对编程时,为螺纹终点 C 在工件坐标系下的坐标;

U、W 在增量编程时,为螺纹终点 C 相对于循环起点 A 的有向距离,图形中用 U、W 表示,其符号由轨迹 1 和 2 的方向确定;

I 为螺纹起点 B 与螺纹终点 C 的半径差,其符号为差的符号(无论是绝对编程还是增量编程);

R、E 为螺纹切削的退尾量,R、E 均为向量,R 为 Z 向回退量,E 为 X 向回退量;R、E 可以省略,表示不用回退功能;

C 为螺纹头数,为 0 或 1 时切削单头螺纹;

P 在单头螺纹切削时,为主轴基准脉冲处距离切削起始点的主轴转角(缺省值为 0);在多头螺纹切削时,为相邻螺纹头的切削起始点之间对应的主轴转角;

F 为螺纹导程(公制),单位 mm;

J 为英制螺纹导程,单位为英寸。

该指令执行图 2-8-14a、2-8-14b 所示 $A \to B \to C \to D \to E \to A$ 的轨迹动作。

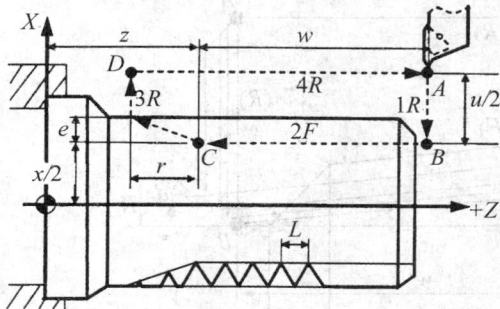

图 2-8-14a 直螺纹切削循环　　　　图 2-8-14b 圆锥螺纹切削循环

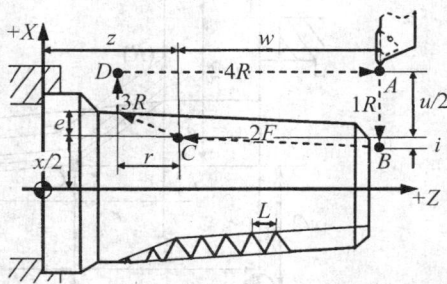

注意:螺纹切削循环同 G32 螺纹切削一样,在进给保持状态下,该循环在完成全部动作之后才停止运动。

(3)螺纹切削复合循环 G76

①格式

G76 C($c$) R($r$) E($e$) A($\alpha$) X($x$) Z($z$) I($i$) K($k$) u($d$) v($\Delta d_{min}$) Q($\Delta d$) P($P$) F($L$);

②说明

螺纹切削固定循环 G76 执行如图 2-8-15 所示的加工轨迹。其单边切削及参数如图 2-8-16 所示。

其中:

$c$ 为精整次数(1~99),为模态值;

$r$ 为螺纹 $Z$ 向退尾长度,为模态值;

$e$ 为螺纹 $X$ 向退尾长度,为模态值;

$\alpha$ 为刀尖角度(二位数字),为模态值,在 80°、60°、55°、30°、29°和 0°六个角度中选一个;

$x$、$z$ 在绝对编程时,为有效螺纹终点 $C$ 的坐标;在增量编程时,为有效螺纹终点 $C$ 相对于循环起点 $A$ 的有向距离(用 G91 指令定义为增量编程,使用后用 G90 定义为绝对编程);

$i$ 为螺纹两端的半径差;如 $i=0$,为直螺纹(圆柱螺纹)切削方式;

$k$ 为螺纹高度;该值由 $X$ 轴方向上的半径值指定;

$\Delta d_{min}$ 为最小切削深度(半径值);当第 $n$ 次切削深度($\Delta d\sqrt{n} - \Delta d\sqrt{n-1}$)小于 $\Delta d_{min}$ 时,则切削深度设定为 $\Delta d_{min}$。

$d$ 为精加工余量(半径值);

$\Delta d$ 为第一次切削深度(半径值);

$p$ 为主轴基准脉冲处距离切削起始点的主轴转角;

$L$ 为螺纹导程(同 G32)。

注意事项:

①按 G76 段中的 X($x$)和 Z($z$)指令实现循环加工,增量编程时,要注意 $x$ 和 $z$ 的正负号(由刀具轨迹 $AC$ 和 $CD$ 段的方向决定)。

②G76 循环进行单边切削,减小了刀尖的受力。第一次切削时切削深度为 $\Delta d$,第 $n$ 次的切

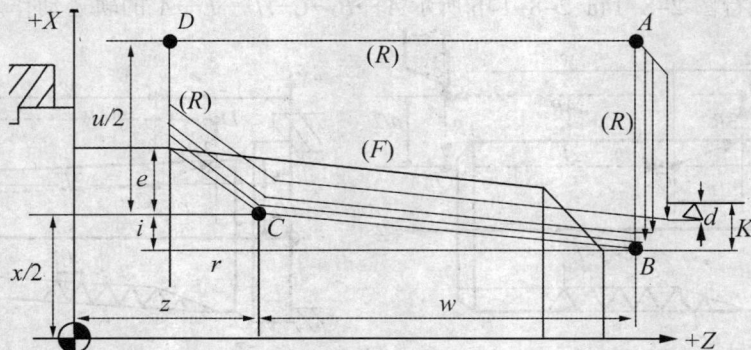

图 2-8-15 螺纹切削复合循环G76

削总深度为 $\Delta d\sqrt{n}$，每次循环的背吃刀量为 $\Delta d\sqrt{n}-\Delta d\sqrt{n-1}$，$C$ 到 $D$ 点的切削速度由 $F$ 代码指定，而其他轨迹均为快速进给。

## 任务三　螺纹加工编程与操作

### 1.圆柱螺纹加工

【例2-34】如图 2-8-17 所示，螺纹外径已车至 $\phi 29.8$ mm，4×2 的退刀槽已加工，零件材料为 45 钢。分别用 G32 和 G92(或 G82)编制该螺纹的加工程序。

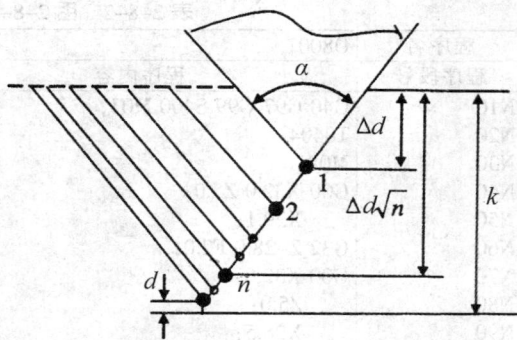

图 2-8-16　G76 循环单边切削及其参数

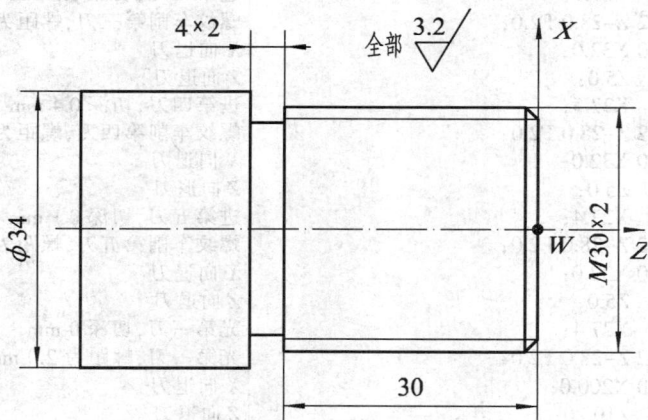

图 2-8-17　圆柱螺纹加工

(1)螺纹加工尺寸计算

实际车削时外圆柱面的直径为：$d=d-0.1P=30-0.2=29.8$ mm

螺纹实际牙型高度 $h_{1实}=0.65P=0.65\times 2$ mm$=1.3$ mm

螺纹实际小径 $d_{1计}=d-1.3P=(30-1.3\times 2)$ mm$=27.4$ mm

升速进刀段和减速退刀段分别取 $\delta_1=5$ mm，$\delta_2=2$ mm

(2)确定切削用量

查表 8-1 得双边切深为 2.6 mm，分五刀切削，分别为 0.9 mm、0.6 mm、0.6 mm、0.4 mm 和 0.1 mm。

主轴转速 $n\leqslant\dfrac{1200}{P}-K=(\dfrac{1200}{2}-80)=520$ r/min，学生实习一般用较小的转速，取 $n=400$ r/min。

进给量 $f=P=2$ mm。

(3)编程

参考程序见表 2-8-2(FANUC 系统编程)、2-8-3(FANUC 系统编程)。

表 2-8-2　图 2-8-17 所示零件的加工程序

| 程序名 | O8001 | |
| --- | --- | --- |
| 程序段号 | 程序内容 | 说　明 |
| N10 | G40 G97 G99 S400 M03; | 主轴正转,转速 400 r/min |
| N20 | T0404; | 调螺纹刀 T04 |
| N30 | M08; | 切削液开 |
| N40 | G00 X32.0 Z5.0; | 螺纹加工的起点 |
| N50 | X29.1; | 自螺纹大径 30 mm 进第一刀,切深 0.9 mm |
| N60 | G32 Z-28.0 F2.0; | 螺纹车削第一刀,螺距为 2.0 mm |
| N70 | G00 X32.0; | X 向退刀 |
| N80 | Z5.0; | Z 向退刀 |
| N90 | X28.5; | 进第二刀,切深 0.6 mm |
| N100 | G32 Z-28.0 F2.0; | 螺纹车削第二刀,螺距为 2.0 mm |
| N110 | G00 X32.0; | X 向退刀 |
| N120 | Z5.0; | Z 向退刀 |
| N130 | X27.9; | 进第三刀,切深 0.6 mm |
| N140 | G32 Z-28.0 F2.0; | 螺纹车削第三刀,螺距为 2.0 mm |
| N150 | G00 X32.0; | X 向退刀 |
| N160 | Z5.0; | Z 向退刀 |
| N170 | X27.5; | 进第四刀,切深 0.4 mm |
| N180 | G32 Z-28.0 F2.0; | 螺纹车削第四刀,螺距为 2.0 mm |
| N190 | G00 X32.0; | X 向退刀 |
| N200 | Z5.0; | Z 向退刀 |
| N210 | X27.4; | 进第五刀,切深 0.1 mm |
| N220 | G32 Z-28.0 F2.0; | 螺纹车削第五刀,螺距为 2.0 mm |
| N230 | G00 X32.0; | X 向退刀 |
| N240 | Z5.0; | Z 向退刀 |
| N250 | X27.4; | 光第一刀,切深 0 mm |
| N260 | G32 Z-28.0 F2.0; | 光第一刀,螺距为 2.0 mm |
| N270 | G00 X200.0; | X 向退刀 |
| N280 | Z100.0; | Z 向退刀 |
| N290 | M05; | 主轴停止 |
| N300 | M09; | 切削液关 |
| N310 | M30; | 程序结束 |

华中系统编程与 FANUC 系统编程相同,只是 N10 行为:G40 G97 G94 S400 M03。

表 2-8-3　图 2-8-17 所示零件的加工程序

| 程序名 | O8002 | |
| --- | --- | --- |
| 程序段号 | 程序内容 | 说　明 |
| N10 | G40 G97 G99 S400 M03; | 主轴正转,转速 400 r/min |
| N20 | T0404; | 调螺纹刀 T04 |
| N30 | M08; | 切削液开 |
| N40 | G00 X31.0 Z5.0; | 螺纹加工的起点 |
| N50 | G92 X29.1 Z-28.0 F2.0; | 螺纹车削循环进第一刀,切深 0.9mm,螺距为 2.0 mm |
| N60 | X28.5; | 第二刀,切深 0.6 mm |
| N70 | X27.9; | 第三刀,切深 0.6 mm |
| N80 | X27.5; | 第四刀,切深 0.4 mm |
| N90 | X27.4; | 第五刀,切深 0.1 mm |
| N100 | X27.4; | 光刀,切深 0 mm |
| N110 | G00 X200.0 Z100.0; | 回换刀点 |
| N120 | M30; | 程序结束 |

华中系统编程,只须修改 N10:G40 G97 G94 S400 M03;N50:G82 X29.1 Z-28.0 F2.0;

## 2.圆锥螺纹加工

【例 2-35】如图 2-8-18 所示,圆锥螺纹外径已车削至小端直径 $\phi19.8$ mm,大端直径 $\phi24.8$ mm,4×2 的退刀槽已加工,零件材料为 45 钢。分别用 G32 和 G92(或 G82)指令编制该螺纹的加工程序。

(1)螺纹加工尺寸计算(图 2-8-19)

实际车削时外圆锥面的直径 $d_{计}$=d-0.2,螺纹大径小端为 $\phi19.8$ mm, 大端为 $\phi24.8$ mm,用 G70 或 G01 加工保证。

螺纹实际牙型高度 $h_{1实}$=0.65×2 mm=1.3 mm。

升速进刀段和减速退刀段分别取 $\delta_1$=3 mm,$\delta_2$=2 mm。

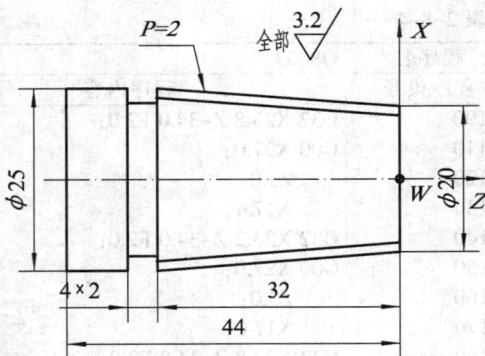

图 2-8-18　圆锥螺纹加工

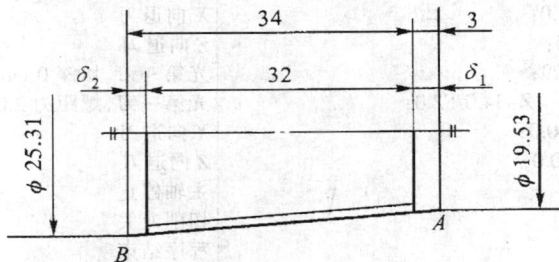

图 2-8-19　圆锥螺纹加工尺寸计算

A 点:X=19.5 mm,Z=3 mm。

B 点:X=25.3 mm,Z=-34 mm。

(2)确定切削用量

查表 8-1 得双边切深为 2.6 mm,分五刀切削,分别为 0.9 mm、0.6 mm、0.6 mm、0.4 mm、0.1 mm。

主轴转速 $n \leq \dfrac{1200}{P} - K = (\dfrac{1200}{2} - 80) = 520$ r/min,取 $n$=400 r/min。进给量 $f$=P=2 mm。

(3)编程

参考程序见表 2-8-4、2-8-5。

表 2-8-4　图 2-8-18 所示零件的加工程序

| 程序名 | O8003 | |
|---|---|---|
| 程序段号 | 程序内容 | 说　明 |
| N10 | G40 G97 G99 S400 M03; | 主轴正转 400 r/min |
| N20 | T0404; | 调螺纹刀 T04 |
| N30 | M08; | 切削液开 |
| N40 | G00 X27.0 Z3.0; | 螺纹加工的起点 |
| N50 | X18.6; | 自螺纹大径 30 mm 进第一刀,切深 0.9 mm |
| N60 | G32 X24.4 Z-34.0 F2.0; | 螺纹车削第一刀,螺距为 2.0 mm |
| N70 | G00 X27.0; | X 向退刀 |
| N80 | Z3.0; | Z 向退刀 |
| N90 | X18.0; | 进第二刀,切深 0.6 mm |

续表2-8-4

| 程序名 | O8003 | |
|---|---|---|
| 程序段号 | 程序内容 | 说　明 |
| N100 | G32 X23.8 Z−34.0 F2.0; | 螺纹车削第二刀,螺距为 2.0 mm |
| N110 | G00 X27.0; | X 向退刀 |
| N120 | Z3.0; | Z 向退刀 |
| N130 | X17.4; | 进第三刀,切深 0.6 mm |
| N140 | G32 X23.2 Z−34.0 F2.0; | 螺纹车削第二刀,螺距为 2.0 mm |
| N150 | G00 X27.0; | X 向退刀 |
| N160 | Z3.0; | Z 向退刀 |
| N170 | X17.0; | 进第四刀,切深 0.4 mm |
| N180 | G32 X22.8 Z−34.0 F2.0; | 螺纹车削第二刀,螺距为 2.0 mm |
| N190 | G00 X27.0; | X 向退刀 |
| N200 | Z3.0; | Z 向退刀 |
| N210 | X16.9; | 进第五刀,切深 0.1 mm |
| N220 | G32 X22.7 Z−34.0 F2.0; | 螺纹车削第二刀,螺距为 2.0 mm |
| N230 | G00 X27.0; | X 向退刀 |
| N240 | Z3.0; | Z 向退刀 |
| N250 | X16.9; | 光第一刀,切深 0 mm |
| N260 | G32 X22.7 Z−34.0 F2.0; | 光第一刀,螺距为 2.0 mm |
| N270 | G00 X200.0; | X 向退刀 |
| N280 | Z100.0; | Z 向退刀 |
| N290 | M05; | 主轴停止 |
| N300 | M09; | 切削液关 |
| N310 | M30; | 程序结束 |

华中系统编程,只须修改 N10:G40 G97 G94 S400 M03。

表 2-8-5　图 2-8-19 所示零件的加工程序

| 程序名 | O8004 | |
|---|---|---|
| 程序段号 | 程序内容 | 说　明 |
| N10 | G40 G97 G99 S400 M03; | 主轴正转,转速 400 r/min |
| N20 | T0404; | 调螺纹刀 T04 |
| N30 | M08; | 切削液开 |
| N40 | G00 X27.0 Z3.0; | 螺纹加工的起点 |
| N50 | G92 X24.4 Z−34.0R−2.9 F2.0; | 螺纹车削循环进第一刀,切深 0.9 mm,螺距为 2.0 mm |
| N60 | X23.8; | 第二刀,切深 0.6 mm |
| N70 | X23.2; | 第三刀,切深 0.6 mm |
| N80 | X22.8; | 第四刀,切深 0.4 mm |
| N90 | X22.7; | 第五刀,切深 0.1 mm |
| N100 | X22.7; | 光刀,切深 0 mm |
| N110 | G00 X200.0 Z100.0; | 回换刀点 |
| N120 | M30; | 程序结束 |

华中系统编程,只需修改 N10:G40 G97 G94 S400 M03;N50:G82 X24.4 Z−34. R−2.9 F2.0。

**3.内螺纹加工**

【例 2-36】如图 2-8-20 所示,内螺纹的底孔 ∅22 mm 已车完,1.5×45°的倒角已加工,零件材料为 45 钢。分别用 G32 和 G92(或 G82)指令编制该螺纹的加工程序。

(1)螺纹加工尺寸计算

实际车削时取内螺纹的底孔的直径 $D_{1计}=D-P=(24-2)mm=22\ mm$。

螺纹实际牙型高度 $h_{1实}=0.65P=0.65\times 2=1.3\ mm$。

内螺纹实际大径 $D_{计}=D=24\ mm$。

内螺纹小径 $D_1=D-1.3P=(24-1.3\times 2)=21.4\ mm$。

升速进刀段和减速退刀段分别取 $\delta_1=5\ mm,\delta_2=2\ mm$。

(2)确定切削用量

查表 8-1 常用螺纹加工走刀次数与分层切削余量得双边切深为 2.6 mm，分五刀切削，分别为 0.9 mm、0.6 mm、0.6 mm、0.4 mm 和 0.1 mm。

主轴转速 $n\leqslant \dfrac{1200}{P}-K=(\dfrac{1200}{2}-80)=520\ r/min$，取 $n=400\ r/min$。

进给量 $f=P=2\ mm$。

(3)编程

参考程序见表 2-8-6、2-8-7(FANUC 系统编程)。

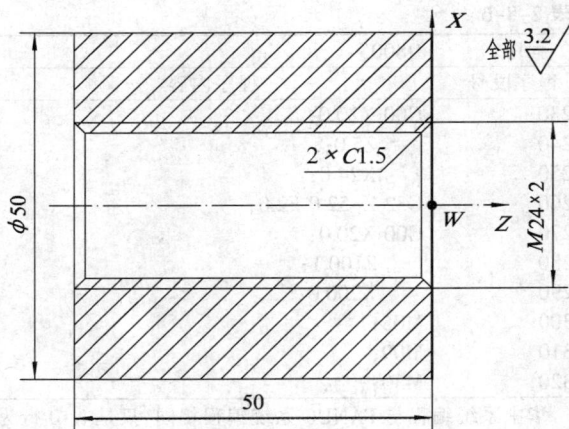

图 2-8-20 内螺纹的加工

表 2-8-6 图 2-8-20 所示零件的加工程序

| 程序名 | O8005 | |
|---|---|---|
| 程序段号 | 程序内容 | 说 明 |
| N10 | G40 G97 G99 S400 M03; | 主轴正转,转速 400 r/min |
| N20 | T0404; | 调螺纹刀 T04 |
| N30 | M08; | 切削液开 |
| N40 | G00 X20.0 Z5.0; | 螺纹加工的起点 |
| N50 | X22.3; | 自螺纹大径 30 mm 进第一刀,切深 0.9 mm |
| N60 | G32 Z-52.0 F2.0; | 螺纹车削第一刀,螺距为 2.0 mm |
| N70 | G00 X20.0; | X 向退刀 |
| N80 | Z5.0; | Z 向退刀 |
| N90 | X22.9; | 进第二刀,切深 0.6 mm |
| N100 | G32 Z-52.0 F2.0; | 螺纹车削第二刀,螺距为 2.0 mm |
| N110 | G00 X20.0; | X 向退刀 |
| N120 | Z5.0; | Z 向退刀 |
| N130 | X23.5; | 进第三刀,切深 0.6 mm |
| N140 | G32 Z-52.0 F2.0; | 螺纹车削第二刀,螺距为 2.0 mm |
| N150 | G00 X20.0; | X 向退刀 |
| N160 | Z5.0; | Z 向退刀 |
| N170 | X23.9; | 进第四刀,切深 0.4 mm |
| N180 | G32 Z-52.0 F2.0; | 螺纹车削第二刀,螺距为 2.0 mm |
| N190 | G00 X20.0; | X 向退刀 |
| N200 | Z5.0; | Z 向退刀 |
| N210 | X24.0; | 进第五刀,切深 0.1 mm |
| N220 | G32 Z-52.0 F2.0; | 螺纹车削第二刀,螺距为 2.0 mm |

续表 2-8-6

| 程序名 | O8005 | |
|---|---|---|
| 程序段号 | 程序内容 | 说　明 |
| N230 | G00 X20.0; | X 向退刀 |
| N240 | Z5.0; | Z 向退刀 |
| N250 | X24.0; | 光第一刀,切深 0 mm |
| N260 | G32 Z-52.0 F2.0; | 光第一刀,螺距为 2.0 mm |
| N270 | G00 X20.0; | X 向退刀 |
| N280 | Z100.1; | Z 向退刀 |
| N290 | X200.0; | 回换刀点 |
| N300 | M05; | 主轴停止 |
| N310 | M09; | 切削液关 |
| N320 | M30; | 程序结束 |

华中系统编程与 FANUC 系统编程相同,只是 N10 行为:G40 G97 G94 S400 M03。

表 2-8-7　图 2-8-20 所示零件的加工程序

| 程序名 | O8006 | |
|---|---|---|
| 程序段号 | 程序内容 | 说　明 |
| N10 | G40 G97 G99 S400 M03; | 主轴正转,转速 400 r/min |
| N20 | T0404; | 调螺纹刀 T04 |
| N30 | M08; | 切削液开 |
| N40 | G00 X20.0 Z5.0; | 螺纹加工的起点 |
| N50 | G92 X22.3 Z-52.0 F2.0; | 循环切削第一刀,切深 0.9 mm,螺距为 2.0 mm |
| N60 | X22.9; | 第二刀,切深 0.6 mm |
| N70 | X23.5; | 第三刀,切深 0.6 mm |
| N80 | X23.9; | 第四刀,切深 0.4 mm |
| N90 | X24.0; | 第五刀,切深 0.1 mm |
| N100 | X24.0; | 光刀,切深 0 mm |
| N110 | G00 X20.0; | X 向退刀 |
| N120 | Z100.0; | Z 向退刀 |
| N130 | X200.0 | 回换刀点 |
| N140 | M30; | 程序结束 |

华中系统编程,只需修改 N10:G40 G97 G94 S400 M03;N50:G82 X22.3 Z-52. F2.0;

### 4.运用复合循环指令进行圆柱螺纹加工 G76

【例 2-37】如图 2-8-21 所示,螺纹外径已车至 $\phi$29.8 mm,零件材料为 45 钢。用 G76 指令编制该螺纹的加工程序。

(1)螺纹加工尺寸计算

实际车削时外圆柱面的直径为 $d_{计}=d-0.2=(30-0.2)$mm=29.8 mm,用 G70 或 G01 加工保证。

螺纹实际牙型高度 $h_{1实}=0.65P=0.65\times2$ mm=1.3 mm。

螺纹实际小径 $d_{1计}=d-1.3P=(30-1.3\times2)$mm=27.4 mm。

升速进刀段取 $\delta_1=5$ mm。

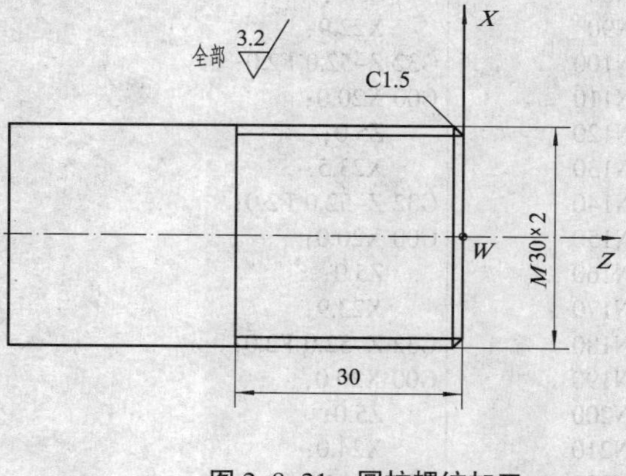

图 2-8-21　圆柱螺纹加工

(2)确定切削用量

精车重复次数 $m=2$，螺纹尾倒角量 $r=1.1L$，刀尖角度 $\alpha=60°$，表示为 P021160。

最小车削深度 $\Delta d_{min}=0.1$ mm，表示为 Q100。

精车余量 $d=0.05$ mm，表示为 R50（μm）。

螺纹终点坐标 $X=27.4$ mm，$Z=-30$ mm。

螺纹部分的半径差 $i=0$，表示为 R0，可省略。

螺纹高度 $k=1.3$mm，表示为 P1300。

第一次车削深度 $\Delta d$ 取 1.0 mm，表示为 Q1000。

$F=2$ mm，表示为 F2.0。

主轴转速 $n \leqslant \dfrac{1200}{P} - K = (\dfrac{1200}{2} - 80) = 520$ r/min，取 $n=400$ r/min。

(3)编程

参考程序见表 2-8-8、2-8-9。

表 2-8-8　图 2-8-21 所示零件的加工程序（FANUC 系统编程）

| 程序名 | O8007 | |
|---|---|---|
| 程序段号 | 程序内容 | 说　明 |
| N10 | G40 G97 G99 S400 M03; | 主轴正转，转速 400 r/min |
| N20 | T0404; | 调螺纹刀 T04 |
| N30 | M08; | 切削液开 |
| N40 | G00 X31.0 Z5.0; | 螺纹加工的起点 |
| N50 | G76 P021160 Q100 R50; | 螺纹车削复合循环 |
| N60 | G76 X27.4 Z-30.P1300 Q1000 F2.0; | 螺纹车削复合循环 |
| N70 | G00 X200.0 Z100.0; | 回换刀点 |
| N80 | M30; | 程序结束 |

表 2-8-9　图 2-8-21 所示零件的加工程序（华中系统编程）

| 程序名 | %8008 | |
|---|---|---|
| 程序段号 | 程序内容 | 说　明 |
| N10 | %8008<br>G40 G97 G94 S400 M03; | 主轴正转，转速 400 r/min |
| N20 | T0404; | 调螺纹刀 T04 |
| N30 | M08; | 切削液开 |
| N40 | G00 X31.0 Z5.0; | 螺纹加工的起点 |
| N50 | G76 C2 R-3 E1.3 A60 X27.4 Z-30. I0 K1.3<br>U0.1 V0.1 Q0.9 F2.0; | 螺纹车削复合循环 |
| N60 | G00 X200.0 Z100.0; | 回换刀点 |
| N70 | M30; | 程序结束 |

**5.运用复合循环指令进行圆锥螺纹加工**

【例 2-38】如图 2-8-22 所示，螺纹外径已车至小端直径 ϕ34.8 mm，大端直径 ϕ39.8 mm。用 G76 指令编制该螺纹的加工程序。

(1)螺纹加工尺寸计算

实际车削时外圆柱面的直径 $d_{计}=d-0.2$，螺纹大径小端为 ϕ34.8 mm，大端为 ϕ39.8 mm。

用 G70 或 G01 加工保证。

螺纹实际牙型高度 $h_{1\,实}=(0.65\times2)\text{mm}=$ 1.3 mm。

螺纹终点小径为 $(40-2\times1.3)\text{mm}=37.4\text{ mm}$。

升速进刀段取 $\delta_1=3\text{ mm}$。

(2)确定切削用量

精车重复次数 $m=2$,螺纹尾倒角量 $r=$ $1.1L$,刀尖角度 $\alpha=60°$,表示为 P021160。

最小车削深度 $\Delta d_{\min}=0.1\text{mm}$, 表示为 Q100。

精车余量 $d=0.05\text{mm}$,表示为 R50(μm)。

螺纹终点坐标 $X=37.4\text{ mm}$,$Z=-35\text{ mm}$。

螺纹部分的半径差 $i=(35-40)/2\text{ mm}=-2.5\text{ mm}$,表示为 R-2.5(mm)。

螺纹高度 $k=1.3\text{mm}$,表示为 P1300。

第一次车削深度 $\Delta d$ 取 1.0 mm,表示为 Q1000。

$f=2\text{ mm}$,表示为 F2.0。

主轴转速 $n\leqslant\dfrac{1200}{P}-K=(\dfrac{1200}{2}-80)=520\text{ r/min}$,取 $n=400\text{ r/min}$。

(3)编程

参考程序见表 2-8-10、2-8-11。

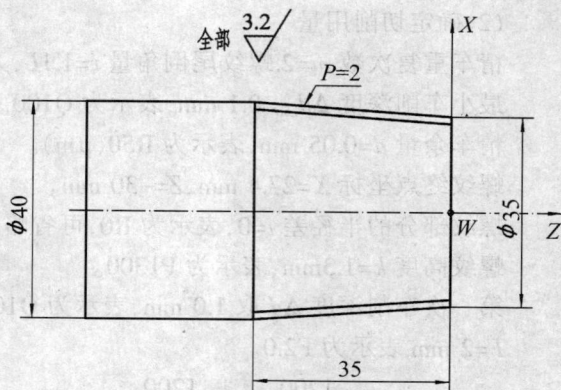

图 2-8-22  圆锥螺纹加工

表 2-8-10  图 2-8-22 所示零件的加工程序(FANUC 系统编程)

| 程序名 | O8009 | |
|---|---|---|
| 程序段号 | 程序内容 | 说  明 |
| N10 | G40 G97 G99 S400 M03; | 主轴正转,转速 400 r/min |
| N20 | T0404; | 调螺纹刀 T04 |
| N30 | M08; | 切削液开 |
| N40 | G00 X41.0 Z3.0; | 螺纹加工的起点 |
| N50 | G76 P021160 Q100 R50; | 螺纹车削复合循环 |
| N60 | G76 X37.4 Z-35.0 R-2.5 P1300 Q1000 F2.0; | 螺纹车削复合循环 |
| N70 | G00 X200.0 Z100.0; | 回换刀点 |
| N80 | M30; | 程序结束 |

表 2-8-11  图 2-8-22 所示零件的加工程序(华中系统编程)

| 程序名 | %8010 | |
|---|---|---|
| 程序段号 | 程序内容 | 说  明 |
| N10 | %8010 | |
| N20 | G40 G97 G94 S400 M03; | 主轴正转,转速 400 r/min |
| N30 | T0404; | 调螺纹刀 T04 |
| N40 | M08; | 切削液开 |
| N50 | G00 X41.0 Z3.0; | 螺纹加工的起点 |
| N60 | G76 C2 R-3 E1.3 A60 X37.4 Z-35. I-2.5 K1.3 U0.1 V0.1 Q1.0 F2.0; | 螺纹车削复合循环 |
| N70 | G00 X200.0 Z100.0; | 回换刀点 |
| | M30; | 程序结束 |

### 6.运用复合循环指令进行内螺纹的加工

【例 2-39】如图 2-8-23 所示,内螺纹的底孔已车完,1.5×45°的倒角已加工,材料为45 钢。用 G76 指令编制该螺纹的加工程序。

(1)螺纹加工尺寸计算

实际车削时取内螺纹的底孔直径 $D_{1 \text{计}}=$(30-2)mm=28 mm。

螺纹实际牙型高度 $h_{1 \text{实}}=0.65P=(0.65×2)$mm=13 mm。

内螺纹实际大径 $D_{\text{计}}=D=30$ mm。

内螺纹小径 $D_1=D-1.3P=(30-1.3×2)$mm=27.4 mm。

升速进刀段取 $\delta_1=5$ mm。

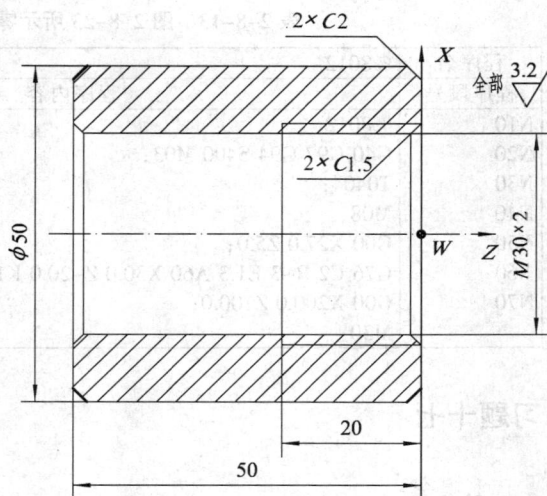

图 2-8-23 内螺纹的加工

(2)确定切削用量

精车重复次数 $m=2$,螺纹尾倒角量 $r=1.1L$,刀尖角度 $\alpha=60°$,表示为 P021160。

最小车削深度 $\Delta d_{\min}=0.1$ mm,表示为 Q100。

精车余量 $d=0.05$ mm,表示为 R50。

螺纹终点坐标 $X=30$ mm,$Z=-20$ mm。

螺纹部分的半径差 $i=0$,表示为 R0,可省略。

螺纹高度 $k=0.65P=1.3$ mm,表示为 P1300。

第一次车削深度 $\Delta d$ 取 1.0 mm,表示为 Q1000。

$f=2$ mm,表示为 F2.0。

主轴转速 $n \leqslant \dfrac{1200}{P}-K=(\dfrac{1200}{2}-80)=520$ r/min,取 $n=400$ r/min。

(3)编程

参考程序见表 2-8-12、2-8-13。

表 2-8-12 图 2-8-23 所示零件的加工程序(FANUC 系统编程)

| 程序名 | O8011 | |
|---|---|---|
| 程序段号 | 程序内容 | 说 明 |
| N10 | G40 G97 G99 S400 M03; | 主轴正转,转速 400 r/min |
| N20 | T0404; | 调螺纹刀 T04 |
| N30 | M08; | 切削液开 |
| N40 | G00 X27.0 Z5.0; | 螺纹加工的起点 |
| N50 | G76 P021160 Q100 R50; | 螺纹车削复合循环 |
| N60 | G76 X30.0 Z-20.0 P1300 Q1000 F2.0; | 螺纹车削复合循环 |
| N70 | G00 X200.0 Z100.0; | 回换刀点 |
| N80 | M30; | 程序结束 |

表 2-8-13　图 2-8-23 所示零件的加工程序(华中系统编程)

| 程序名 | %8012 | |
|---|---|---|
| 程序段号 | 程序内容 | 说 明 |
| N10 | %8012 | |
| N20 | G40 G97 G94 S400 M03; | 主轴正转,转速 400 r/min |
| N30 | T0404; | 调螺纹刀 T04 |
| N40 | M08; | 切削液开 |
| N50 | G00 X27.0 Z5.0; | 螺纹加工的起点 |
| N60 | G76 C2 R-3 E1.3 A60 X30.0 Z-20.0 K1.3 U0.1 V0.1 Q1.0 F2.0; | 螺纹车削复合循环 |
| N70 | G00 X200.0 Z100.0; | 回换刀点 |
| | M30; | 程序结束 |

# 习题十七

1.填空:

(1)螺纹的牙型有_____、_____、_____和_____。

(2)实际生产中,螺纹实际牙型高 $h_{1 实}$ 一般取_____,螺纹实际小径 $d_{1 计}$ 等于_____。

(3)车削外螺纹时,需要计算_____、_____和_____三个尺寸。

(4)螺纹螺距 $P$=1.5 mm 时,螺纹加工走刀次数是_____次,分层切削余量分别为_____。

(5)G76 指令是_____指令,其格式中 P 地址后的 m 是指_____,r 是指_____。

2.分析图 2-8-24,确定如下外螺纹的加工工艺,材料 45 钢。

(1)实际车削时外圆柱面的直径,螺纹实际小径,螺纹实际牙型高度;

(2)升速进刀段和减速退刀段;

(3)螺纹加工走刀次数与分层切削余量;

(4)主轴转速和进给量。

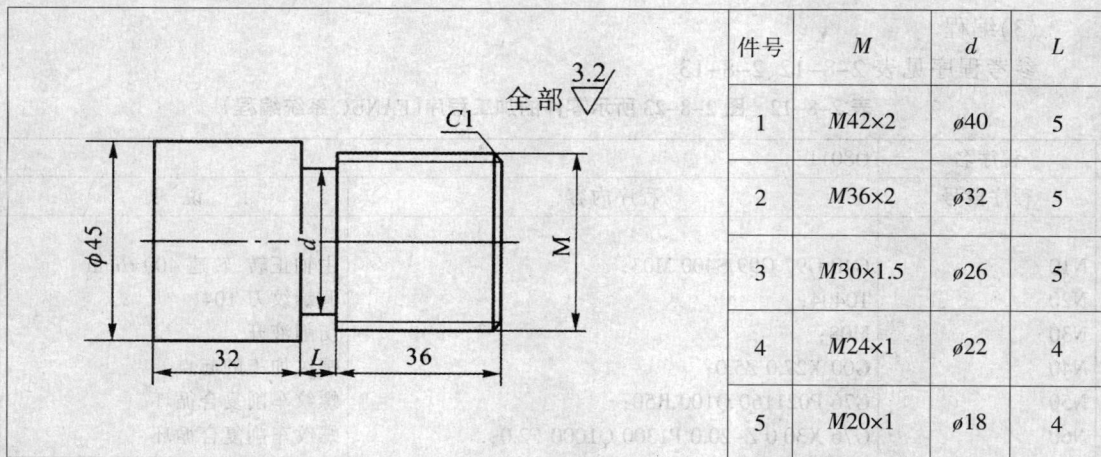

| 件号 | $M$ | $d$ | $L$ |
|---|---|---|---|
| 1 | $M42 \times 2$ | $\phi 40$ | 5 |
| 2 | $M36 \times 2$ | $\phi 32$ | 5 |
| 3 | $M30 \times 1.5$ | $\phi 26$ | 5 |
| 4 | $M24 \times 1$ | $\phi 22$ | 4 |
| 5 | $M20 \times 1$ | $\phi 18$ | 4 |

图 2-8-24

3.分析图 2-8-25,确定内螺纹加工工艺。

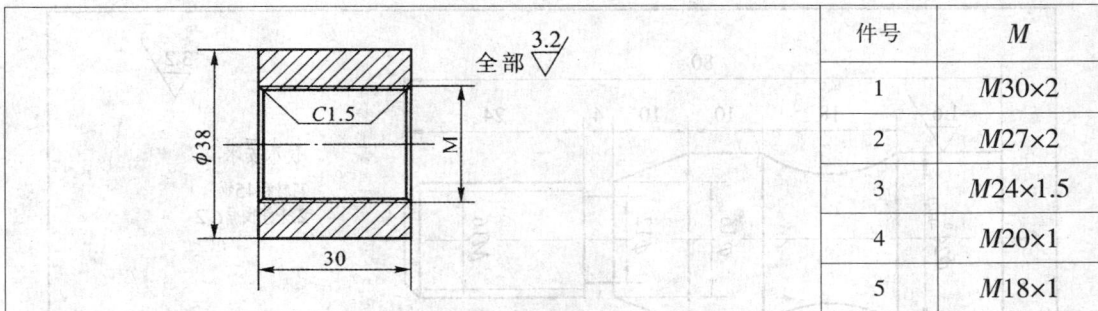

| 件号 | $M$ |
|---|---|
| 1 | $M30\times2$ |
| 2 | $M27\times2$ |
| 3 | $M24\times1.5$ |
| 4 | $M20\times1$ |
| 5 | $M18\times1$ |

图 2-8-25

4.G32、G92、G76 指令各自适用的加工范围如何?

# 课题九　典型零件的编程及加工操作

## 任务一　轴类零件综合实训

【知识目标】

1.会识读零件图;

2.会运用基本编程指令;

3.能熟练对刀及输入刀补值;

4.掌握编程方法与技巧;

5.能熟练地编写工艺卡。

【技能目标】

1.掌握工具、量具、夹具的正确使用方法;

2.掌握数控加工阶梯轴零件的方法;会对刀,会合理使用装夹工具;

3.掌握台阶轴的加工工艺制订与操作。

### 1.数控车削编程与操作实训(一)

零件如图 2-9-1 所示,已知材料 45 钢,毛坯 $\phi26\times100$ 棒料。试编制加工程序。

(1)工艺分析

该零件由不同的外圆柱面组成,有一定的尺寸精度和表面粗糙度要求。零件材料为 45 钢,切削加工性能较好,无热处理和硬度要求。

(2)工艺过程

①用三爪自定心卡盘夹住毛坯 $\phi26$ 外圆,伸出卡盘 90 mm,找正;

②对刀,设置编程原点为零件右端面中心;

③粗车 $\phi16$、$\phi24$ 等外圆柱面,留 0.4 mm 精车余量;

203

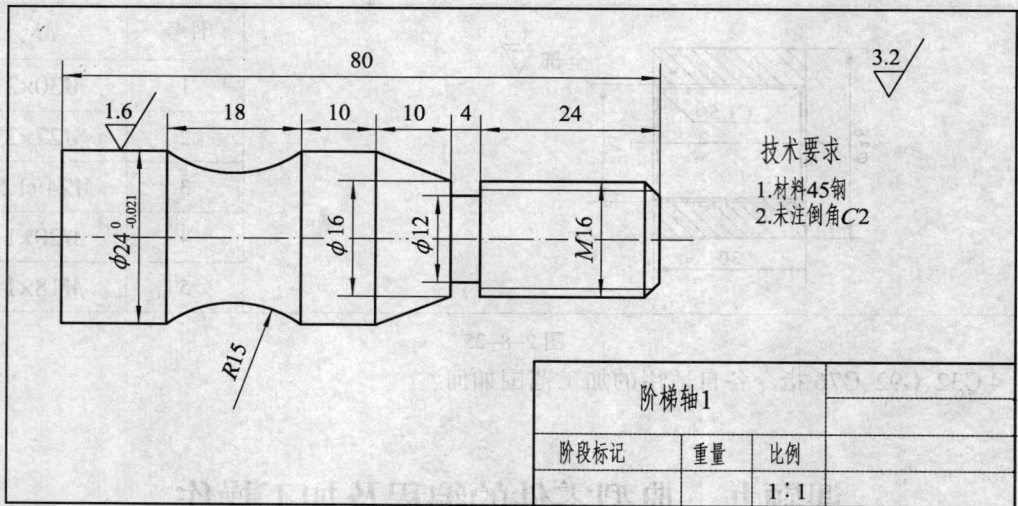

技术要求

1.材料45钢
2.未注倒角C2

| 阶梯轴1 | | |
| --- | --- | --- |
| 阶段标记 | 重量 | 比例 |
| | | 1：1 |

图 2-9-1　阶梯轴

④依次精车端面、各段圆柱面及倒角至图纸尺寸；

⑤调用 2 号刀切 4 mm 退刀槽；

⑥调 3 号刀加工 M16×24 螺纹；

⑦调用 2 号刀在 84 mm 处切断工件(左对刀)。

(3)刀具选择

①选用硬质合金 90°偏刀,用于粗加工、精加工零件外圆、端面和倒角,置于 T01 号刀位;

②选用硬质合金切刀(刃宽 4 mm),以左刀尖为刀位点,用于加工槽、切断,置于 T02 号刀位;

③选用 60°高速钢螺纹刀,用于加工螺纹,置于 T03 号刀位。

(4)确定切削用量

如表 2-9-1 所示。

表 2-9-1　切削用量

| 加工内容 | 背吃刀量($a_p$)/mm | 进给量($f$)/mm·$r^{-1}$ | 主轴转速($n$)/r·$min^{-1}$ |
| --- | --- | --- | --- |
| 粗车外圆 | 1.5 | 0.2 | 800 |
| 精车外圆 | 0.2 | 0.1 | 1200 |
| 切退刀槽、切断 | 3 | 0.05 | 300 |
| 车螺纹 | | 0.05 | 350 |

(5)尺寸计算

编程尺寸计算:ø24 外圆编程尺寸$=(24+\dfrac{0+(-0.021)}{2})$mm$=23.9895$ mm$\approx23.99$ mm

M16 普通螺纹大径尺寸为 ø15.8 mm,螺距为 2 mm,总吃刀深度 1.3 mm(半径值),每次切削深度(直径值)分别为 0.9 mm、0.6 mm、0.6 mm、0.4 mm、0.1 mm,进刀段取 $\delta_1=2$ mm,退刀段取 $\delta_2=1$ mm。

(6)加工准备工作

见表2-9-2。

表 2-9-2 所用刀具及工具

| 名　　称 | 规　　格 | 备　　注 |
|---|---|---|
| 外圆车刀 | 90° | 1号刀具 |
| 切断刀 | 刃宽 4 mm | 2号刀具 |
| 螺纹刀 | 60° | 3号刀具 |
| 游标卡尺 | 0~150 mm | |
| 外径千分尺 | 0~25 mm | |
| 外径千分尺 | 25~50 mm | |
| R 规 | | |

(7)编程

①FANUC 系统参考程序见表2-9-3。

表 2-9-3　图 2-9-1 所示零件的加工程序

| 程序名 | O9101 | |
|---|---|---|
| 程序段号 | 程序内容 | 说　　明 |
| N05 | G97 G99 M03 S800; | 主轴正转,转速为 800 r/min |
| N10 | G00 X100 Z100; | 到程序起点位置 |
| N15 | T0101; | 换 1 号刀 |
| N20 | G00 X30 Z0; | 刀具到加工起点附近 |
| N25 | G01 X-0.5 F0.1; | 平端面 |
| N30 | G00 X30 Z2; | 刀具到循环起点位置 |
| N35 | G71 U1.5 R1; | 定义粗车循环 |
| N40 | G71 P45 Q80 U0.4 F0.2; | 精车路线由 N45~N80 指定,X 方向精车余量 0.4 mm |
| N45 | G00 X7.8; | 精加工轮廓起始行,刀具到倒角延长线 |
| N50 | S1200; | 精加工,转速 1200 r/min |
| N55 | G01 X15.8 Z-2 F0.1; | 精加工倒角 C2 |
| N60 | Z-28; | 精加工 M16 外圆 |
| N65 | X23.99 W-10; | 精加工圆锥面 |
| N70 | W-10; | 精加工 $\phi$24 圆柱面 |
| N75 | G02 W-18 R15; | 精加工 R15 圆弧 |
| N80 | G01 Z-85; | 精加工 $\phi$24 圆柱面,精加工轮廓结束行 |
| N85 | G70 P45 Q80; | 精加工循环 |
| N90 | G00 X100 Z100; | 刀具到起点位置 |
| N95 | T0202 S300; | 换 2 号刀,调整转速到 300 r/min |
| N100 | G00 X20 Z-28; | 快进到退刀槽附近 |
| N105 | G01 X12 F0.05; | 切槽 |
| N110 | G04 X2; | 在槽底暂停 2 s |
| N115 | G01 X20; | 刀具退出 |
| N120 | G00 X100 Z100; | 刀具到起点位置 |
| N125 | T0303 S350; | 换 3 号刀,调整转速到 350 r/min |
| N130 | G00 X20 Z2; | 快进到螺纹加工循环起点 |
| N135 | G92 X14.9 Z-25 F2; | 螺纹切削循环,螺距 2 mm,切深(直径)0.9 mm |
| N140 | X14.3; | 切深(直径)0.6 mm |
| N145 | X13.7; | 切深(直径)0.6 mm |
| N150 | X13.3; | 切深(直径)0.4 mm |
| N155 | X13.2; | 切深(直径)0.1 mm |
| N160 | G00 X100 Z100; | 刀具到起点位置 |
| N165 | T0202 S300; | 换 2 号刀,调整转速到 300 r/min |
| N170 | G00 X26 Z-84; | 快进到切断点附近 |
| N175 | G01 X3 F0.05; | 切断工件 |
| N180 | X26; | 快退 |
| N185 | G00 X100 Z100; | 返回起始点 |
| N190 | M30; | 程序结束并返回 |

②华中系统参考程序见表 2-9-4。

表 2-9-4　图 2-9-1 所示零件的加工程序

| 程序名 | %9101 | |
|---|---|---|
| 程序段号 | 程序内容 | 说　明 |
| | %9101 | |
| N05 | M03 S800 | 主轴正转,转速为 800 r/min |
| N10 | G00 X100 Z100 | 到程序起点位置 |
| N15 | T0101 | 换 1 号刀 |
| N20 | G00 X30 Z0 | 刀具到加工起点附近 |
| N25 | G01 X-0.5 F100 | 平端面 |
| N30 | G00 X30 Z2 | 刀具到循环起点位置 |
| N35 | G71 U1.5 R1 P40 Q70 X0.4 | 精车路线由 N40~N70 指定,X 方向精车余量 0.4 mm |
| N40 | G00 X7.8 | 精加工轮廓起始行,刀具到倒角延长线 |
| N45 | G01 X15.8 Z-2 F80 | 精加工倒角 C2 |
| N50 | Z-28 | 精加工 M16 外圆 |
| N55 | X23.99 W-10 | 精加工圆锥面 |
| N60 | G01 W-10 | 精加工 ø24 圆柱面 |
| N65 | G02 W-18 R15 | 精加工 R15 圆弧 |
| N70 | G01 Z-85 | 精加工 ø24 圆柱面,精加工轮廓结束 |
| N75 | G00 X100 Z100 | 刀具到起点位置 |
| N80 | T0202 S300 | 换 2 号刀,调整转速到 300 r/min |
| N85 | G00 X20 Z-28 | 快进到退刀槽附近 |
| N90 | G01 X12 F20 | 切槽 |
| N95 | G04 P2 | 在槽底暂停 2 s |
| N100 | G01 X20 | 刀具退出 |
| N105 | G00 X100 Z100 | 刀具到起点位置 |
| N110 | T0303 S350 | 换 3 号刀,调整转速到 350 r/min |
| N115 | G00 X20 Z2 | 快进到螺纹加工循环起点 |
| N120 | G82 X14.9 Z-25 F2 | 螺纹切削循环,螺距 2 mm,切深(直径)0.9 mm |
| N125 | X14.3 | 切深(直径)0.6 mm |
| N130 | X13.7 | 切深(直径)0.6 mm |
| N135 | X13.3 | 切深(直径)0.4 mm |
| N140 | X13.2 | 切深(直径)0.1 mm |
| N145 | G00 X100 Z100 | 刀具到起点位置 |
| N150 | T0202 S300 | 换 2 号刀,调整转速到 300 r/min |
| N155 | G00 X26 Z-84 | 快进到切断点附近 |
| N160 | G01 X3 F20 | 切断工件 |
| N165 | X26 | 快退 |
| N170 | G00 X100 Z100 | 返回起始点 |
| N175 | M30 | 程序结束并返回 |

(8)评价及总结

见表 2-9-5。

表 2-9-5　评价表

| 项目内容 | 占分比重 | 自评得分 | 评价及总结 |
|---|---|---|---|
| 工装方案 | 10 分 | | |
| 刀具装夹及对刀 | 10 分 | | |
| 程序编写 | 40 分 | | |
| 实际加工 | 40 分 | | |
| 教师评价 | | 自评总分 | |

### 2.数控车削编程与操作实训(二)

零件如图 2-9-2 所示,已知材料 45 钢,毛坯为锻件,加工余量为 5 mm。试编制加工程序。

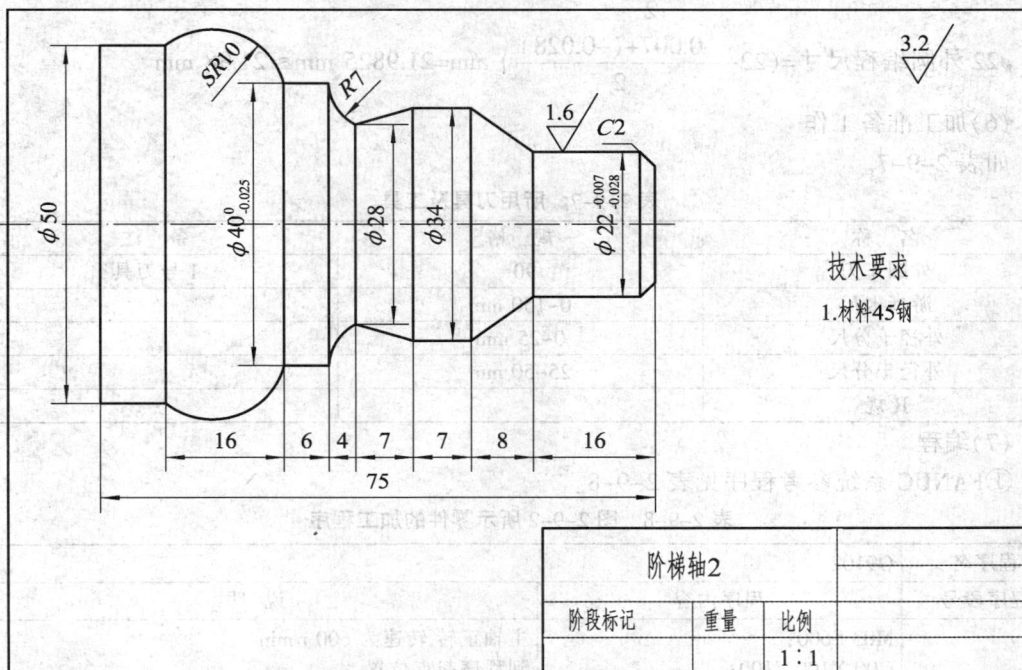

图 2-9-2　阶梯轴

(1)工艺分析

该零件毛坯已基本锻造成形,有一定的尺寸精度和表面粗糙度要求。零件材料为 45 钢,切削加工性能较好,无热处理和硬度要求。

(2)工艺过程

①装夹,找正;

②对刀,设置编程原点 $O$ 为零件右端面中心;

③粗车外圆及锥面,留 0.4 mm 精车余量;

④依次精车各段外圆及锥面至要求尺寸。

(3)刀具选择

选用硬质合金 90°偏刀,用于粗加工、精加工零件外圆、端面和倒角,置于 T01 号刀位。

(4)确定切削用量

见表 2-9-6。

表 2-9-6　切削用量参考表

| 加工内容 | 背吃刀量($a_p$)/mm | 进给量($f$)/mm·$r^{-1}$ | 主轴转速($n$)/r·$min^{-1}$ |
|---|---|---|---|
| 粗车外圆 | 0.5 | 0.2 | 600 |
| 精车外圆 | 0.2 | 0.1 | 1000 |

(5)尺寸计算

编程尺寸计算如下：

$$\varnothing 40\text{ 外圆编程尺寸}=(40+\frac{0+(-0.025)}{2})\text{mm}=39.9875\text{ mm}\approx 39.99\text{ mm}$$

$$\varnothing 22\text{ 外圆编程尺寸}=(22+\frac{-0.007+(-0.028)}{2})\text{ mm}=21.9825\text{ mm}\approx 21.98\text{ mm}$$

（6）加工准备工作

如表 2-9-7。

表 2-9-7　所用刀具及工具

| 名　称 | 规　格 | 备　注 |
| --- | --- | --- |
| 外圆车刀 | 90° | 1 号刀具 |
| 游标卡尺 | 0~150 mm | |
| 外径千分尺 | 0~25 mm | |
| 外径千分尺 | 25~50 mm | |
| R 规 | | |

（7）编程

①FANUC 系统参考程序见表 2-9-8。

表 2-9-8　图 2-9-2 所示零件的加工程序

| 程序名 | O9102 | |
| --- | --- | --- |
| 程序段号 | 程序内容 | 说　明 |
| N05 | M03 S600; | 主轴正转,转速为 600 r/min |
| N10 | G00 X100 Z100; | 到程序起点位置 |
| N15 | T0101; | 换 1 号刀 |
| N20 | G00 X55 Z2; | 刀具到循环起点位置 |
| N25 | G73 U2.5 R5; | 定义粗车循环,X 方向总加工余量 2.5 mm(半径量),循环 5 次 |
| N30 | G73 P35 Q95 U0.4 W0.1 F0.2; | 精车路线由 N35~N95 指定,X 方向精车余量 0.4 mm Z 方向精车余量 0.1 mm |
| N35 | G00 X0; | 精加工轮廓起始行,刀具快进到工件中心 |
| N40 | S1000; | 精加工转速 1000 r/min |
| N45 | G01 Z0 F0.1; | 刀具到达工件右端面 |
| N50 | X18; | 平右端面,到倒角位置 |
| N55 | X21.98 Z-2; | 精加工倒角 C2 |
| N60 | Z-16; | 精加工 $\varnothing 22$ 圆柱面 |
| N65 | X34 W-8; | 精加工圆锥面 |
| N70 | W-7; | 精加工 $\varnothing 34$ 圆柱面 |
| N75 | X28 W-7; | 精加工圆锥面 |
| N80 | G02 X39.99 W-4 R7; | 精加工 R7 圆弧 |
| N85 | G01 W-6; | 精加工 $\varnothing 40$ 圆柱面 |
| N90 | G03 X50 W-16 R10; | 精加工 SR10 圆球面 |
| N95 | G01 Z-75; | 精加工 $\varnothing 50$ 圆柱面,精加工轮廓结束行 |
| N100 | G70 P35 Q95; | 精加工循环 |
| N105 | G00 X100 Z100; | 刀具到起点位置 |
| N110 | M30; | 程序结束并返回 |

②华中系统参考程序见表 2-9-9。

表 2-9-9　图 2-9-2 所示零件的加工程序

| 程序名 | %9102 | |
|---|---|---|
| 程序段号 | 程序内容 | 说　明 |
| | %9102 | |
| N05 | M03 S600 | 主轴正转,转速为 600 r/min |
| N10 | G00 X100 Z100 | 到程序起点位置 |
| N15 | T0101 | 换 1 号刀 |
| N20 | G00 X55 Z2 | 刀具到循环起点位置 |
| N25 | G73 U2.5 R5 P30 Q85 X0.4 Z0.1 F120 | 定义粗车循环,$X$ 方向总加工余量 2.5 mm(半径量),循环 5 次,精车路线由 N30~N85 指定,$X$ 方向精车余量 0.4 mm,$Z$ 方向精车余量 0.1 mm |
| N30 | G00 X0 | 精加工轮廓起始行,刀具快进到工件中心 |
| N35 | G01 Z0 F80 | 刀具到达工件右端面 |
| N40 | X18 | 平右端面,到倒角位置 |
| N45 | X21.98 Z-2 | 精加工倒角 $C2$ |
| N50 | Z-16 | 精加工 $\phi22$ 圆柱面 |
| N55 | X34 W-8 | 精加工圆锥面 |
| N60 | W-7 | 精加工 $\phi34$ 圆柱面 |
| N65 | X28 W-7 | 精加工圆锥面 |
| N70 | G02 X39.99 W-4 R7 | 精加工 $R7$ 圆弧 |
| N75 | G01 W-6 | 精加工 $\phi40$ 圆柱面 |
| N80 | G03 X50 W-16 R10 | 精加工 $SR10$ 圆球面 |
| N85 | G01 Z-75 | 精加工 $\phi50$ 圆柱面,精加工轮廓结束行 |
| N90 | G00 X100 Z100 | 刀具到起点位置 |
| N95 | M30 | 程序结束并返回 |

(8)评价及总结

见表 2-9-10。

表 2-9-10　评价表

| 项目内容 | 占分比重 | 自评得分 | 评价及总结 |
|---|---|---|---|
| 工装方案 | 10 分 | | |
| 刀具装夹及对刀 | 10 分 | | |
| 程序编写 | 40 分 | | |
| 实际加工 | 40 分 | | |
| 教师评价 | | 自评总分 | |

### 3. 数控车削编程与操作实训(三)

加工外轮廓销轴综合零件,如图 2-9-3 所示,试编制其加工程序。

(1)工艺分析

该零件由不同的外圆柱面和圆球面组成,有一定的尺寸精度和表面粗糙度要求。零件材料为 45 钢,切削加工性能较好,无热处理和硬度要求。

(2)工艺过程

①此件需要调头两端加工车削,为了使接刀处无刀痕应在 $SR19$ 半圆球与 $R3$ 圆弧结合处接刀,掉头后可以采用开缝定位铝合金轴套或用铜皮垫后夹紧;

②装夹,棒料伸出卡盘外 70 mm,用 90°偏刀加工外圆外径留 0.4 mm 精车余量,再精车;粗车、精车用同一把刀;

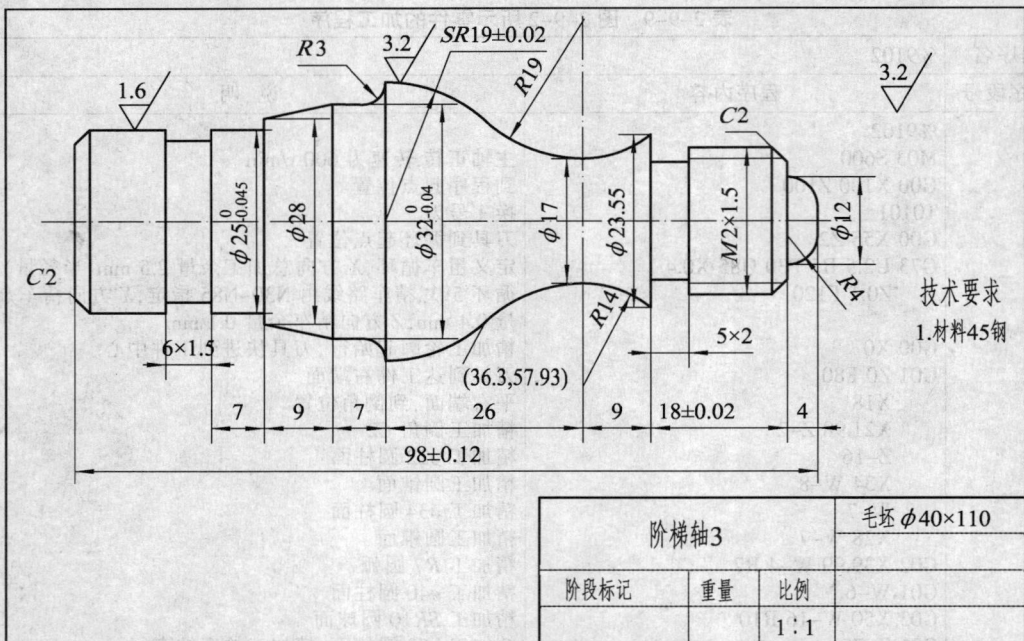

图 2-9-3　阶梯轴

③用刃宽 4 mm 的切槽刀排切 6 mm 宽的槽；

④掉头装夹，重新对刀，切断，车端面，保证工件长度 98±0.12；

⑤用 90°偏刀加工外圆，外径留 0.4 mm 精车余量，再精车至零件尺寸；

⑥切槽并加工螺纹。

（3）刀具选择

①选用硬质合金 90°偏刀，用于粗加工、精加工零件外圆、端面和倒角，置于 T01 号刀位；

②选用硬质合金切刀（刃宽 4 mm），以左刀尖为刀位点，用于加工槽、切断，置于 T02 号刀位；

③选用 60°高速钢螺纹刀，用于加工螺纹，置于 T04 号刀位。

（4）确定切削用量

见表 2-9-11。

表 2-9-11　切削用量参考表

| 加工内容 | 背吃刀量（$a_p$）/mm | 进给量（$f$）/mm·$r^{-1}$ | 主轴转速（$n$）/r·$min^{-1}$ |
|---|---|---|---|
| 粗车外圆 | 1.5 | 0.2 | 800 |
| 精车外圆 | 0.2 | 0.1 | 1200 |
| 切退刀槽、切断 | 3 | 0.05 | 300 |
| 车螺纹 | | 0.05 | 350 |

（5）尺寸计算

编程尺寸计算如下：

①M20 普通螺纹大径尺寸为 ø19.8 mm，螺距为 1.5 mm，总吃刀深度 0.98 mm（半径值），每次切削深度（直径值）分别为 0.8 mm、0.6 mm、0.4 mm、0.16 mm，进刀段取 δ₁=2 mm，退刀段取 δ₂=1 mm。

②⌀25 外圆编程尺寸=$(25+\frac{0+(-0.045)}{2})$mm=24.9775 mm≈24.98 mm

　⌀32 外圆编程尺寸=$(32+\frac{0+(-0.040)}{2})$mm=31.98 mm

(6)加工准备工作

见表 2-9-12。

表 2-9-12　所用刀具及工具

| 名　称 | 规　格 | 备　注 |
|---|---|---|
| 外圆车刀 | 90° | 1 号刀具 |
| 切断刀 | 刀宽 4 mm | 2 号刀具 |
| 游标卡尺 | 0~150 mm | |
| 外径千分尺 | 0~25 mm | |
| 外径千分尺 | 25~50 mm | |
| R 规 | | |
| 铜皮 | 若干 | |

(7)编程

FANUC 系统参考程序见表 2-9-13(车左侧至 R3 圆弧结束)。

表 2-9-13　图 2-9-3 所示零件的加工程序

| 程序名 | O9103 | |
|---|---|---|
| 程序段号 | 程序内容 | 说明 |
| N05 | G97 G99 M03 S800; | 主轴正转,转速为 800 r/min |
| N10 | G00 X100 Z100; | 到程序起点位置 |
| N15 | T0101; | 换 1 号刀 |
| N20 | G00 X41 Z0; | 刀具到加工起点附近 |
| N25 | G01 X-0.5 F0.1 M08; | 平端面,切削液开 |
| N30 | G00 X43 Z2; | 刀具到循环起点位置 |
| N35 | G71 U1.5 R1; | 定义粗车循环 |
| N40 | G71 P45 Q85 U0.4 F0.2; | 精车路线由 N45~N85 指定,X 方向精车余量 0.4 mm |
| N45 | G00 X17; | 精加工轮廓起始行,刀具到倒角延长线 |
| N50 | S1200; | 精加工转速 1200 r/min |
| N55 | G01 X24.978 Z-2 F0.1; | 精加工倒角 C2 |
| N60 | Z-25; | 精加工 ⌀25 外圆 |
| N65 | X28; | 退刀 |
| N70 | X31.98 W-9; | 精加工圆锥面 |
| N75 | W-4; | 精加工 ⌀32 圆柱面 |
| N80 | G02 X37.98 W-3 R3; | 加工 R3 圆弧 |
| N85 | G01 X40; | 抬刀,精加工轮廓结束行 |
| N90 | G70 P45 Q85; | 精加工循环 |
| N95 | G00 X100 Z100; | 刀具到起点位置 |
| N100 | T0202 S300; | 换 2 号刀,调整转速到 300 r/min |
| N105 | G00 X26 Z-16; | 快进到退刀槽附近 |
| N110 | G01 X22 F0.05; | 切槽 |
| N115 | X26; | 刀具退出 |
| N120 | W-2; | 刀具移位 |
| N125 | X22; | 切槽 |
| N130 | W2; | 光槽底 |
| N135 | X26; | 刀具退出 |
| N140 | G00 X100 Z100; | 刀具到起点位置 |
| N145 | M09; | 关闭切削液 |
| N150 | M30; | 程序结束并返回 |

华中系统参考程序见表2-9-14(车左侧至 R3 圆弧结束)。

**表2-9-14  图2-9-3 所示零件的加工程序**

| 程序名 | %9103 | |
|---|---|---|
| 程序段号 | 程序内容 | 说　明 |
| | %9103 | |
| N05 | M03 S800 | 主轴正转,转速为 800 r/min |
| N10 | G00 X100 Z100 | 到程序起点位置 |
| N15 | T0101 | 换 1 号刀 |
| N20 | G00 X41 Z0 | 刀具到加工起点附近 |
| N25 | G01 X-0.5 F200 M08 | 平端面,切削液开 |
| N30 | G00 X43 Z2 | 刀具到循环起点位置 |
| N35 | G71 U1.5 R1 P40 Q75 X0.4 | 精车路线由 N40~N75 指定,X 方向精车余量 0.4 mm |
| N40 | G00 X17 | 精加工轮廓起始行,刀具到倒角延长线 |
| N45 | G01 X24.978 Z-2 F100 | 精加工倒角 C2 |
| N50 | G01 Z-25 | 精加工 ⌀25 外圆 |
| N55 | X28 | 退刀 |
| N60 | X31.98 W-9 | 精加工圆锥面 |
| N65 | W-4 | 精加工 ⌀32 圆柱面 |
| N70 | G02 X37.98 W-3 R3 | 加工 R3 圆弧 |
| N75 | G01 X40 | 抬刀,精加工轮廓结束行 |
| N80 | G00 X100 Z100 | 刀具到起点位置 |
| N85 | T0202 S300 | 换 2 号刀,调整转速到 300 r/min |
| N90 | G00 X26 Z-16 | 快进到退刀槽附近 |
| N95 | G01 X22 F20 | 切槽 |
| N100 | X26 | 刀具退出 |
| N105 | W-2 | 刀具移位 |
| N110 | X22 | 切槽 |
| N115 | W2 | 光槽底 |
| N120 | X26 | 刀具退出 |
| N125 | G00 X100 Z100 | 刀具到起点位置 |
| N130 | M09 | 关闭切削液 |
| N135 | M30 | 程序结束并返回 |

FANUC 系统参考程序见表2-9-15(重新对刀,加工右侧至 SR19 圆弧结束)。

**表2-9-15  图2-9-3 所示零件的加工程序**

| 程序名 | O9104 | |
|---|---|---|
| 程序段号 | 程序内容 | 说　明 |
| N05 | M03 S800 | 主轴正转,转速为 800r/min |
| N10 | G00 X100 Z100 | 到程序起点位置 |
| N15 | T0101 | 换 1 号刀 |
| N20 | G00 X43 Z2 | 刀具到循环起点位置 |
| N25 | G71 U1.5 R1; | 定义粗车循环 |
| N30 | G71 P35 Q95 U0.4 F0.2 | 精车路线由 N35~N95 指定,X 方向精车余量 0.4 mm |
| N35 | G00 X0 | 精加工轮廓起始行,刀具到工件中心 |
| N40 | S1200 | 调整转速到 1200 r/min |
| N45 | G01 Z0 F0.1  M08 | 刀具靠近工件端面,切削液开 |

| 程序名 | O9104 | |
| --- | --- | --- |
| 程序段号 | 程序内容 | 说　明 |
| N50 | X4 | 精加工 ∅12 端面 |
| N55 | G03 X12 Z–4 R4 | 精加工 R4 圆弧 |
| N60 | G01 X16 | 抬刀到倒角位置 |
| N65 | X19.8 W–2 | 精加工倒角 C2 |
| N70 | Z–22 | 精加工 M20 螺纹外圆柱面 |
| N75 | X23.55 | 抬刀 |
| N80 | G02 X17 W–9 R14 | 精加工 R14 圆弧 |
| N85 | X36.5 Z–57.93 R19 | 精加工 R19 圆柱面 |
| N90 | G03 X31.98 Z–57 R19 | 精加工 SR19 圆球面 |
| N95 | G01 W–2 | 退刀,精加工轮廓结束行 |
| N100 | G70 P35 Q95 | 精加工循环 |
| N105 | G00 X100 Z100 | 刀具到起点位置 |
| N110 | T0202 S300 | 换 2 号刀,调整转速到 300 r/min |
| N115 | G00 X26 Z–21 | 快进到退刀槽附近 |
| N120 | G01 X18 F20 | 切槽 |
| N125 | X26 | 刀具退出 |
| N130 | W–1 | 刀具移位 |
| N135 | X18 | 切槽 |
| N140 | W1 | 光槽底 |
| N145 | X26 | 刀具退出 |
| N150 | G00 X100 Z100 | 刀具到起点位置 |
| N155 | T0303 S350 | 换 3 号刀,调整转速到 350 r/min |
| N160 | G00 X24 Z–2 | 快进到螺纹加工循环起点 |
| N165 | G92 X19 Z–18 F1.5 | 螺纹切削循环,螺距 1.5 mm,切深(直径)0.8 mm |
| N170 | X18.4 | 切深(直径)0.6 mm |
| N175 | X18.0 | 切深(直径)0.4 mm |
| N180 | X17.84 | 切深(直径)0.16 mm |
| N185 | G00 X100 Z100 | 刀具到起点位置 |
| N190 | M09 | 关闭切削液 |
| N195 | M30 | 程序结束并返回 |

华中系统参考程序见表 2-9-16(重新对刀,加工右侧至 SR19 圆弧结束)。

表 2-9-16　图 2-9-3 所示零件的加工程序

| 程序名 | %9104 | |
| --- | --- | --- |
| 程序段号 | 程序内容 | 说　明 |
| | %9104 | |
| N05 | M03 S800 | 主轴正转,转速为 800r/min |
| N10 | G00 X100 Z100 | 到程序起点位置 |
| N15 | T0101 | 换 1 号刀 |
| N20 | G00 X43 Z2 | 刀具到循环起点位置 |
| N25 | G71 U1.5 R1 P30 Q85 X0.4 F150 | 精车路线由 N30~N85 指定,X 方向精车余量 0.4 mm |
| N30 | G00 X0 | 精加工轮廓起始行,刀具到工件中心 |
| N35 | G01 Z0 F100 M08 | 刀具靠近工件端面,切削液开 |

续表 2-9-16

| 程序名 | %9104 | |
|---|---|---|
| 程序段号 | 程序内容 | 说 明 |
| N40 | X4 | 精加工 ∅12 端面 |
| N45 | G03 X12 Z−4 R4 | 精加工 R4 圆弧 |
| N50 | G01 X16 | 抬刀到倒角位置 |
| N55 | X19.8 W−2 | 精加工倒角 C2 |
| N60 | Z−22 | 精加工 M20 螺纹外圆柱面 |
| N65 | X23.55 | 抬刀 |
| N70 | G02 X17 W−9 R14 | 精加工 R14 圆弧 |
| N75 | X36.5 Z−57.93 R19 | 精加工 R19 圆柱面 |
| N80 | G03 X31.98 Z−57 R19 | 精加工 SR19 圆球面 |
| N85 | G01 W−2 | 退刀,精加工轮廓结束行 |
| N90 | G00 X100 Z100 | 刀具到起点位置 |
| N95 | T0202 S300 | 换 2 号刀,调整转速到 300 r/min |
| N100 | G00 X26 Z−21 | 快进到退刀槽附近 |
| N105 | G01 X18 F20 | 切槽 |
| N110 | X26 | 刀具退出 |
| N115 | W−1 | 刀具移位 |
| N120 | X18 | 切槽 |
| N125 | W1 | 光槽底 |
| N130 | X26 | 刀具退出 |
| N135 | G00 X100 Z100 | 刀具到起点位置 |
| N140 | T0303 S350 | 换 3 号刀,调整转速到 350 r/min |
| N145 | G00 X24 Z2 | 快进到螺纹加工循环起点 |
| N150 | G82 X19 Z−18 F1.5 | 螺纹切削循环,螺距 1.5 mm,切深(直径)0.8 mm |
| N155 | X18.4 | 切深(直径)0.6 mm |
| N160 | X18.0 | 切深(直径)0.4 mm |
| N165 | X17.84 | 切深(直径)0.16 mm |
| N170 | G00 X100 Z100 | 刀具到起点位置 |
| N175 | M09 | 关闭切削液 |
| N180 | M30 | 程序结束并返回 |

(8)评价及总结

见表 2-9-17。

表 2-9-17 评价表

| 项目内容 | 占分比重 | 自评得分 | 评价及总结 |
|---|---|---|---|
| 工装方案 | 10分 | | |
| 刀具装夹及对刀 | 10分 | | |
| 程序编写 | 40分 | | |
| 实际加工 | 40分 | | |
| 教师评价 | | | 自评总分 |

## 任务二 套类零件综合实训

【知识目标】

1.会识读零件图;

2.会运用基本编程指令;

3.能熟练对刀及输入刀补值;

4.能掌握编程方法与技巧;

5.能熟练地编写工艺卡。

【技能目标】

1.掌握工具、量具、夹具的正确使用方法。

2.掌握数控加工套类零件的方法,会对刀,会合理选用、使用及装夹刀具。

3.掌握台阶孔的加工工艺制订与操作。

**1.数控车削编程与操作实训(四)**

如图 2-9-4 所示,已知材料 45 钢,毛坯 $\phi$60×65 的棒料,试编制其加工程序。

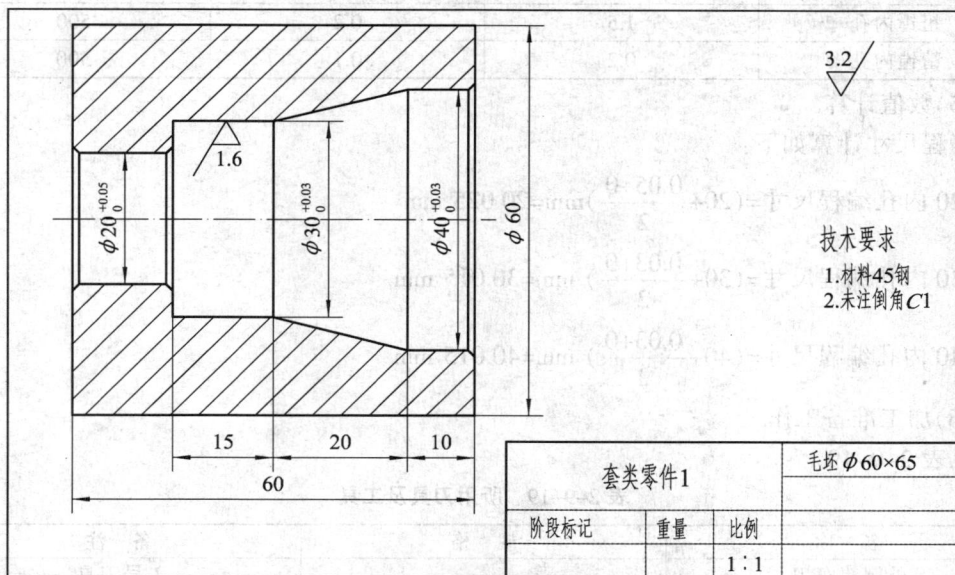

图 2-9-4 套类零件(一)

(1)工艺分析

该零件有外圆、台阶孔、内倒角等加工表面,表面粗糙度要求较高,应分粗加工、精加工。孔的最小尺寸为 $\phi$20,可用钻孔、粗镗孔、精镗孔的方式加工。其中 $\phi$20、$\phi$30、$\phi$40 有尺寸精度要求,取极限尺寸的平均值进行加工,采用两次装夹零件完成各表面的加工。

(2)工艺过程

①车端面,手动钻中心孔;

②用 $\phi18$ 钻头手动钻内孔；

③对刀，设置编程原点 $O$ 为零件右端面中心；

④换镗刀，粗、精镗阶梯孔；

⑤掉头装夹，车端面，孔口倒角。

（3）刀具选择

①中心钻，$\phi18$ 钻头置于尾座；

②选硬质合金 90° 偏刀，用于粗加工、精加工零件端面，置于 T01 刀位；

③选硬质合金不通孔粗镗刀，加工阶梯孔及内倒角，置于 T02 刀位；

④选硬质合金精镗刀，加工阶梯孔及内倒角，置于 T03 刀位。

（4）确定切削用量

见表 2-9-18。

表 2-9-18  切削用量参考表

| 加工内容 | 背吃刀量($a_p$)/mm | 进给量($f$)/mm·r$^{-1}$ | 主轴转速($n$)/r·min$^{-1}$ |
|---|---|---|---|
| 钻中心孔 | | | 900 |
| 钻孔 | | 0.1 | 350 |
| 车端面 | 1 | 0.1 | 700 |
| 粗镗内孔 | 1.5 | 0.2 | 500 |
| 精镗内孔 | 0.2 | 0.1 | 500 |

（5）数值计算

编程尺寸计算如下：

$\phi20$ 内孔编程尺寸 $=(20+\dfrac{0.05+0}{2})\text{mm}=20.025 \text{ mm}$

$\phi30$ 内孔编程尺寸 $=(30+\dfrac{0.03+0}{2})\text{ mm}=30.015 \text{ mm}$

$\phi40$ 内孔编程尺寸 $=(40+\dfrac{0.03+0}{2})\text{ mm}=40.015 \text{ mm}$

（6）加工准备工作

见表 2-9-19。

表 2-9-19  所用刀具及工具

| 名　称 | 规　格 | 备　注 |
|---|---|---|
| 外圆粗车刀 | | 1号刀具 |
| 中心钻 | | |
| 普通麻花钻 | $\phi18$ | |
| 内孔镗刀（平头） | 粗车刀 | 2号刀具 |
| 内孔镗刀（平头） | 精车刀 | 2号刀具 |
| 游标卡尺 | 0~150 mm | |
| 内径百分表 | 18~35 mm | |
| 内径千分尺 | 25~50 mm | |

(7)编程

①FANUC 系统参考程序见表 2-9-20。

表 2-9-20　图 2-9-4 所示零件的加工程序

| 程序名 | O9201 | |
| --- | --- | --- |
| 程序段号 | 程序内容 | 说　明 |
| N5 | G40 M03 S500; | 取消刀具补偿,主轴正转,转速为 500 r/min |
| N10 | T0101; | 换 1 号刀 |
| N15 | M08; | 打开冷却液 |
| N20 | G00 X65 Z2; | 快速点定位 |
| N25 | G01 Z0 F0.3; | 以 F0.3 的速度走至 Z0 |
| N30 | X−0.5 F0.1; | 平端面 |
| N35 | G00 X17.5 Z2; | 快速到达轮廓循环起点 |
| N40 | G71 U1.5 R1; | 内径粗车循环,每次切深 1.5 mm |
| N45 | G71 P65 Q110 U−0.4 F0.2; | 精车路线由 N65~N110 指定,X 方向精车余量 0.4 mm |
| N50 | G00 X100 Z100 | 刀具快进起始点 |
| N55 | T0202 | 换 2 号刀 |
| N60 | G00 X17.5 Z2 | 快速到达轮廓循环起点 |
| N65 | X42; | 精加工轮廓起始行,快进到加工起点 |
| N70 | Z0; | 到端面 |
| N75 | S800; | 加工转速 800 r/min |
| N80 | G01 X40.015 Z−1 F0.1; | 加工倒角 |
| N85 | Z−10; | 加工 ∅40 内孔 |
| N90 | X30.015 W−20; | 加工锥孔 |
| N95 | W−15; | 加工 ∅30 内孔 |
| N100 | X22; | 加工台阶 |
| N105 | X20.025 W−1; | 加工倒角 |
| N110 | Z−61; | 加工 ∅20 内孔,精加工轮廓结束行 |
| N115 | G00 Z100; | 刀具沿轴向快退 |
| N120 | X100; | 刀具沿径向快退 |
| N125 | T0303; | 调用 3 号刀具 |
| N130 | G00 X17.5 Z2; | 快速到达轮廓循环起点 |
| N135 | G70 P65 Q110; | 精车循环 |
| N140 | G00 Z100; | 刀具沿轴向快退 |
| N145 | X100; | 刀具沿径向快退 |
| N150 | M09; | 关闭冷却液 |
| N155 | M30; | 程序结束并返回 |

②华中系统参考程序见表 2-9-21。

表 2-9-21　图 2-9-4 所示零件的加工程序

| 程序名 | %9201 | |
| --- | --- | --- |
| 程序段号 | 程序内容 | 说　明 |
| | %9201 | |
| N5 | G40 M03 S800 | 取消刀具补偿,主轴正转,转速为 800r/min |
| N10 | T0101 | 换 1 号刀 |
| N15 | M08 | 打开冷却液 |
| N20 | G00 X65 Z2 | 快速点定位 |
| N25 | G01 Z0 F200 | 以 F200 的速度走至 Z0 |

续表 2-9-21

| 程序名 | %9201 | |
|---|---|---|
| 程序段号 | 程序内容 | 说　明 |
| N30 | X-0.5 F60 | 平端面 |
| N35 | G00 X17.5 Z2 | 快速到达轮廓循环起点 |
| N40 | G71 U1.5 R1 P60 Q100<br>X-0.4 F120 | 内径粗车循环，每次切深 1.5 mm，精车路线由 N60~N100 指定，X 方向精车余量 0.4 mm |
| N45 | G00 X100 Z100 | 刀具快进起始点 |
| N50 | T0202 | 换 2 号刀 |
| N55 | G00 X17.5 Z2 | 快速到达轮廓循环起点 |
| N60 | X42 | 精加工轮廓起始行，快进到加工起点 |
| N65 | G00 Z0 | 到端面 |
| N70 | G01 X40.015 Z-1 F80 | 加工倒角 |
| N75 | Z-10 | 加工 ø40 内孔 |
| N80 | X30.015 W-20 | 加工锥孔 |
| N85 | W-15 | 加工 ø30 内孔 |
| N90 | X22 | 加工阶台 |
| N95 | X20.025 W-1 | 加工倒角 |
| N100 | Z-61 | 加工 ø20 内孔，精加工轮廓结束行 |
| N105 | G00 Z100 | 刀具沿轴向快退 |
| N110 | X100 | 刀具沿径向快退 |
| N115 | M09 | 关闭冷却液 |
| N120 | M30 | 程序结束并返回 |

(8)评价及总结

见表 2-9-22。

表 2-9-22　评价表

| 项目内容 | 占分比重 | 自评得分 | 评价及总结 |
|---|---|---|---|
| 工装方案 | 10 分 | | |
| 刀具装夹及对刀 | 10 分 | | |
| 程序编写 | 40 分 | | |
| 实际加工 | 40 分 | | |
| 教师评价 | | 自评总分 | |

**2.数控车削编程与操作实训(五)**

加工内沟槽零件如图 2-9-5 所示,已知底孔 ø14 mm,试编制其加工程序。

(1)工艺分析

该零件有外圆、台阶孔、内槽等加工表面,表面粗糙度要求较高,应分粗加工、精加工。底孔已钻好,采用粗镗孔、精镗孔、切槽即可。其中 ø16 mm 有尺寸精度要求,取极限尺寸的平均值进行加工。

(2)工艺过程

①平端面;

②对刀,设置编程原点 O 为零件右端面中心;

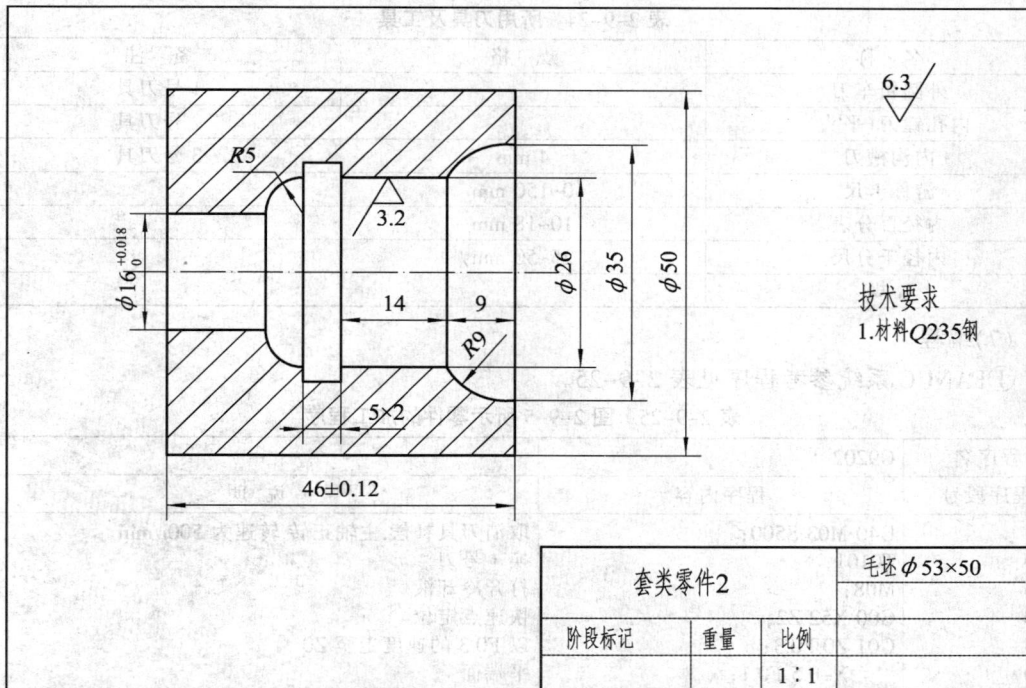

图 2-9-5　套类零件(二)

③换镗刀,粗镗、精镗阶梯孔;

④换内沟槽刀切槽。

(3)刀具选择

①选硬质合金 45°端面刀,用于粗加工、精加工零件端面,置于 T01 刀位;

②选硬质合金盲孔内镗刀,加工阶梯孔,置于 T02 刀位;

③选刃宽 4.0 mm 的内沟槽车刀,置于 T03 刀位。

(4)确定切削用量

见表 2-9-23。

表 2-9-23　切削用量参考表

| 加工内容 | 背吃刀量($a_p$)/mm | 进给量($f$)/mm·r⁻¹ | 主轴转速($n$)/r·min⁻¹ |
|---|---|---|---|
| 车端面 | 1 | 0.1 | 700 |
| 粗镗内孔 | 1.5 | 0.2 | 500 |
| 精镗内孔 | 0.2 | 0.1 | 800 |
| 切内槽 | | 0.05 | 350 |

(5)数值计算

编程尺寸计算:ø16 内孔编程尺寸$=(16+\dfrac{0.018+0}{2})\text{mm}=16.009\text{ mm}$

(6)加工准备工作

见表 2-9-24。

表 2-9-24 所用刀具及工具

| 名 称 | 规 格 | 备 注 |
|---|---|---|
| 外圆粗车刀 | | 1 号刀具 |
| 内孔镗刀(平头) | | 2 号刀具 |
| 内沟槽刀 | 4 mm | 3 号刀具 |
| 游标卡尺 | 0~150 mm | |
| 内径百分表 | 10~18 mm | |
| 内径千分尺 | 25~50 mm | |
| R 规 | | |

(7)编程

①FANUC 系统参考程序见表 2-9-25。

表 2-9-25 图 2-9-5 所示零件的加工程序

| 程序名 | O9202 | |
|---|---|---|
| 程序段号 | 程序内容 | 说 明 |
| N5 | G40 M03 S500; | 取消刀具补偿,主轴正转,转速为 500r/min |
| N10 | T0101; | 换 1 号刀 |
| N15 | M08; | 打开冷却液 |
| N20 | G00 X52 Z2; | 快速点定位 |
| N25 | G01 Z0 F0.3; | 以 F0.3 的速度走至 Z0 |
| N30 | X-0.5 F0.1; | 平端面 |
| N35 | G00 X12 Z2; | 快速到达轮廓循环起点 |
| N40 | G71 U1.5 R1; | 内径粗车循环,每次切深 1.5 mm |
| N45 | G71 P65 Q95 U-0.4 F0.2; | 精车路线由 N65~N95 指定,X 方向精车余量 0.4 mm |
| N50 | G00 X100 Z100 | 刀具快进始点 |
| N55 | T0202 | 换 2 号刀 |
| N60 | G00 X12 Z2 | 快速到达轮廓循环起点 |
| N65 | X35; | 精加工轮廓起始行,快进到加工起点 |
| N70 | Z0; | 到端面 |
| N75 | S800; | 加工转速 800 r/min |
| N80 | G03 X26 Z-9 R9 F0.1; | 加工 R9 圆弧 |
| N85 | G01 W-19; | 加工 ⌀26 内孔 |
| N90 | G03 X16.009 W-5 R5; | 加工 R5 圆弧 |
| N95 | G01 Z-47; | 加工 ⌀16 内孔,精加工轮廓结束行 |
| N100 | G70 P65 Q95; | 精加工循环 |
| N105 | G00 Z100; | 刀具沿轴向快退 |
| N110 | X100; | 刀具沿径向快退 |
| N115 | T0303 S350; | 调用 3 号刀具,降低转速 |
| N120 | G00 X0 Z2; | 快速到达中心 |
| N125 | Z-27; | 刀具快进到内槽深度 |
| N130 | X24; | 刀具沿径向快进 |
| N135 | G01 X30 F0.05; | 切内槽 |
| N140 | G00 X24; | 刀具沿径向快退 |
| N145 | W-1; | 刀具沿轴向快进 |
| N150 | G01 X30 F0.05; | 切内槽第二刀 |
| N155 | G00 X0; | 刀具沿径向快退 |
| N160 | Z100; | 刀具沿轴向快退 |
| N165 | X100; | 刀具沿径向快退 |
| N170 | M09; | 关闭冷却液 |
| N175 | M30; | 程序结束并返回 |

②华中系统参考程序见表 2-9-26。

表 2-9-26　图 2-9-5 所示零件的加工程序

| 程序名 | %9202 | |
|---|---|---|
| 程序段号 | 程序内容 | 说　明 |
| | %9202 | |
| N5 | G40 M03 S800 | 取消刀具补偿,主轴正转,转速为 800r/min |
| N10 | T0101 | 换 1 号刀 |
| N15 | M08 | 打开冷却液 |
| N20 | G00 X52 Z2 | 快速点定位 |
| N25 | G01 Z0 F200 | 以 F200 的速度走至 Z0 |
| N30 | X−0.5 F60 | 平端面 |
| N35 | G00 X12 Z2 | 快速到达轮廓循环起点 |
| N40 | G71 U1.5 R1 P60 Q85 | 内径粗车循环,每次切深 1.5 mm,精车路线由 N60~ |
| | X−0.4 F100 | N85 指定,X 方向精车余量 0.4 mm |
| N45 | G00 X100 Z100 | 刀具快进起始点 |
| N50 | T0202 | 换 2 号刀 |
| N55 | G00 X12 Z2 | 快速到达轮廓循环起点 |
| N60 | X35 | 精加工轮廓起始行,快进到加工起点 |
| N65 | Z0 | 到端面 |
| N70 | G03 X26 Z−9 R9 F80 | 加工 R9 圆弧 |
| N75 | G01 W−19 | 加工 ⌀26 内孔 |
| N80 | G03 X16.009 W−5 R5 | 加工 R5 圆弧 |
| N85 | G01 Z−47 | 加工 ⌀16 内孔,精加工轮廓结束行 |
| N90 | G00 Z100 | 刀具沿轴向快退 |
| N95 | X100 | 刀具沿径向快退 |
| N100 | T0303 S350 | 调用 3 号刀具,降低转速 |
| N105 | G00 X0 Z2 | 快速到达中心 |
| N110 | Z−27 | 刀具快进到内槽深度 |
| N115 | X24 | 刀具沿径向快进 |
| N120 | G01 X30 F30 | 切内槽 |
| N125 | G00 X24 | 刀具沿径向快退 |
| N130 | W−1 | 刀具沿轴向快退 |
| N135 | G01 X30 F30 | 切内槽第二刀 |
| N140 | G00 X0 | 刀具沿径向快退 |
| N145 | Z100 | 刀具沿轴向快退 |
| N150 | X100 | 刀具沿径向快退 |
| N155 | M09 | 关闭冷却液 |
| N160 | M30 | 程序结束并返回 |

(8)评价及总结

见表 2-9-27。

表 2-9-27　评价表

| 项目内容 | 占分比重 | 自评得分 | 评价及总结 |
|---|---|---|---|
| 工装方案 | 10 分 | | |
| 刀具装夹及对刀 | 10 分 | | |
| 程序编写 | 40 分 | | |
| 实际加工 | 40 分 | | |
| 教师评价 | | 自评总分 | |

### 3.数控车削编程与操作实训(六)

加工内孔零件如图 2-9-6 所示,已知底孔 ø8 mm,试编制其加工程序。

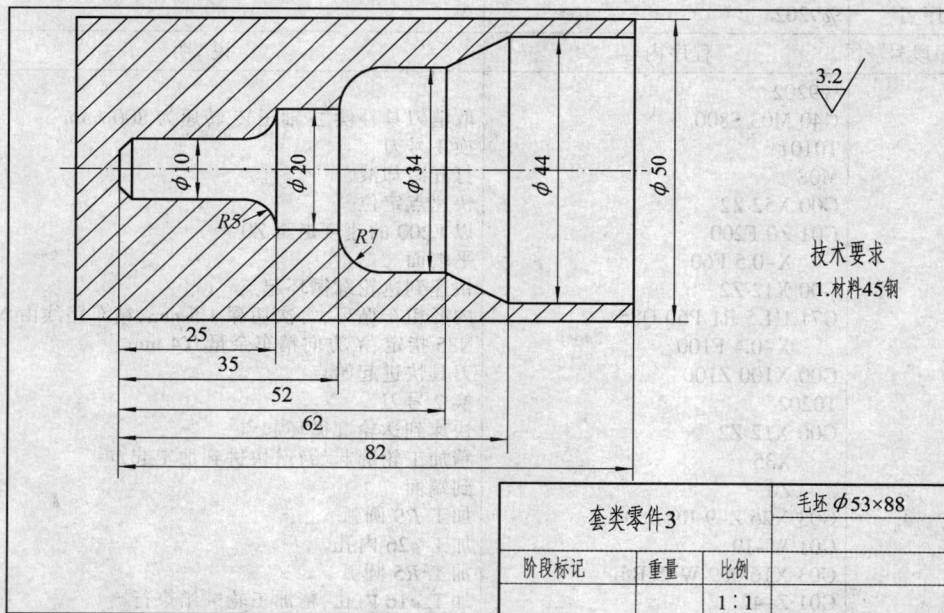

图 2-9-6　套类零件(三)

(1)工艺分析

该零件有外圆、台阶孔、内倒角等加工表面,表面粗糙度要求较高,应分粗加工、精加工。孔的最小尺寸为 ø10,底孔已留,采用粗镗孔、精镗孔的方式加工。其中内孔无尺寸精度要求,按自由公差加工。

(2)工艺过程

①平端面;

②对刀,设置编程原点 $O$ 为零件右端面中心;

③换镗刀,粗、精镗阶梯孔;

(3)刀具选择

①选硬质合金 45°端面刀,用于粗、精加工零件端面,置于 T01 刀位;

②选硬质合金盲孔内镗刀,加工阶梯孔,置于 T02 刀位;

③选硬质合金精镗刀,加工阶梯孔及内倒角,置于 T03 刀位。

(4)确定切削用量

见表 2-9-28。

表 2-9-28　切削用量参考表

| 加工内容 | 背吃刀量($a_p$)/mm | 进给量($f$)/mm·$r^{-1}$ | 主轴转速($n$)/r·$min^{-1}$ |
|---|---|---|---|
| 车端面 | 1 | 0.1 | 700 |
| 粗镗内孔 | 1.5 | 0.2 | 500 |
| 精镗内孔 | 0.2 | 0.1 | 800 |

(5)加工准备工作

见表2-9-29。

表2-9-29　所用刀具及工具

| 名　称 | 规　格 | 备　注 |
|---|---|---|
| 外圆粗车刀 | | 1号刀具 |
| 内孔镗刀(平头) | 粗车刀 | 2号刀具 |
| 内孔镗刀(平头) | 精车刀 | 2号刀具 |
| 游标卡尺 | 0~150 mm | |
| 内径百分表 | 10~18 mm | |
| 内径千分尺 | 25~50 mm | |
| R规 | | |

(6)编程

①FANUC系统参考程序见表2-9-30。

表2-9-30　图2-9-6所示零件的加工程序

| 程序名 | O9203 | |
|---|---|---|
| 程序段号 | 程序内容 | 说　明 |
| N5 | G40 M03 S500; | 取消刀具补偿,主轴正转,转速为500 r/min |
| N10 | T0101; | 换1号刀 |
| N15 | M08; | 打开冷却液 |
| N20 | G00 X65 Z2; | 快速点定位 |
| N25 | G01 Z0 F0.3; | 以F0.3的速度走至Z0 |
| N30 | X−0.5 F0.1; | 平端面 |
| N35 | G00 X6 Z2; | 快速到达轮廓循环起点 |
| N40 | G71 U1.5 R1; | 内径粗车循环,每次切深1.5 mm |
| N45 | G71 P65 Q110U−0.4 F0.2; | 精车路线由N65~N110指定,X方向精车余量0.4 mm |
| N50 | G00 X100 Z100; | 刀具快进起始点 |
| N55 | T0202; | 换2号刀 |
| N60 | G00 X6 Z2; | 快进到轮廓循环起点 |
| N65 | X44; | 精加工轮廓起始行,快进到加工起点 |
| N70 | S800; | 精加工转速800 r/min |
| N75 | G01 W−20 F0.1; | 加工ø44内孔 |
| N80 | X34 W−10; | 加工圆锥孔 |
| N85 | W−10; | 加工ø34内孔 |
| N90 | G03 X20 W−7 R7; | 加工R7圆弧 |
| N95 | G01 W−10; | 加工ø20内孔 |
| N100 | G02 X10 W−5 R5; | 加工R5圆弧 |
| N105 | G01 Z−80; | 加工ø10内孔 |
| N110 | X6 W−2; | 加工倒角,精加工轮廓结束行 |
| N115 | G00 Z100; | 刀具沿轴向快退 |
| N120 | X100; | 刀具沿径向快退 |
| N125 | T0303; | 调用3号刀具 |
| N130 | G00 X6 Z2; | 快速到达轮廓循环起点 |
| N135 | G70 P50 Q95; | 精车循环 |
| N140 | G00 Z100; | 刀具沿轴向快退 |
| N145 | X100; | 刀具沿径向快退 |
| N150 | M09; | 关闭冷却液 |
| N155 | M30; | 程序结束并返回 |

②华中系统参考程序见表 2-9-31。

表 2-9-31　图 2-9-6 所示零件的加工程序

| 程序名 | %9203 | |
|---|---|---|
| 程序段号 | 程序内容 | 说　明 |
| | %9203 | |
| N5 | G40 M03 S800 | 取消刀具补偿,主轴正转,转速为 800 r/min |
| N10 | T0101 | 换 1 号刀 |
| N15 | M08 | 打开冷却液 |
| N20 | G00 X65 Z2 | 快速点定位 |
| N25 | G01 Z0 F200 | 以 F200 的速度走至 Z0 |
| N30 | X-0.5 F60 | 平端面 |
| N35 | G00 X6 Z2 | 快速到达轮廓循环起点 |
| N40 | G71 U1.5 R1 P60 Q100 | 内径粗车循环,每次切深 1.5 mm |
| | X-0.4 F120 | 精车路线由 N60~N100 指定,X 方向精车余量 0.4 mm |
| N45 | G00 X100 Z100 | 刀具快进起始点 |
| N50 | T0202 | 换 2 号刀 |
| N55 | G00 X6 Z2 | 快进到轮廓循环起点 |
| N60 | X44 | 精加工轮廓起始行,快进到加工起点 |
| N65 | G01 W-20 F80 | 加工 ø44 内孔 |
| N70 | X34 W-10 | 加工圆锥孔 |
| N75 | W-10 | 加工 ø34 内孔 |
| N80 | G03 X20 W-7 R7 | 加工 R7 圆弧 |
| N85 | G01 W-10 | 加工 ø20 内孔 |
| N90 | G02 X10 W-5 R5 | 加工 R5 圆弧 |
| N95 | G01 Z-80 | 加工 ø10 内孔 |
| N100 | X6 W-2 | 加工倒角,精加工轮廓结束行 |
| N105 | G00 Z100 | 刀具沿轴向快退 |
| N110 | X100 | 刀具沿径向快退 |
| N115 | M09 | 关闭冷却液 |
| N120 | M30 | 程序结束并返回 |

(8)评价及总结

见表 2-9-32。

表 2-9-32　评价表

| 项目内容 | 占分比重 | 自评得分 | 评价及总结 |
|---|---|---|---|
| 工装方案 | 10 分 | | |
| 刀具装夹及对刀 | 10 分 | | |
| 程序编写 | 40 分 | | |
| 实际加工 | 40 分 | | |
| 教师评价 | | 自评总分 | |

## 任务三　配合件综合实训

### 【知识目标】

1.会识读零件图；

2.会运用基本编程指令；

3.能熟练对刀及输入刀补值；

4.熟练掌握编程方法；

5.能熟练地编写工艺卡；

6.掌握配合的概念及配合的种类。

### 【技能目标】

1.掌握工具、量具、夹具的正确使用方法。

2.掌握数控加工配合件的方法，会对刀，会合理使用、选、装夹刀具。

3.掌握阶梯轴及台阶孔的加工工艺制订与操作。

### 1.数控车削编程与操作实训(七)

如图2-9-7所示，试编制其加工程序。

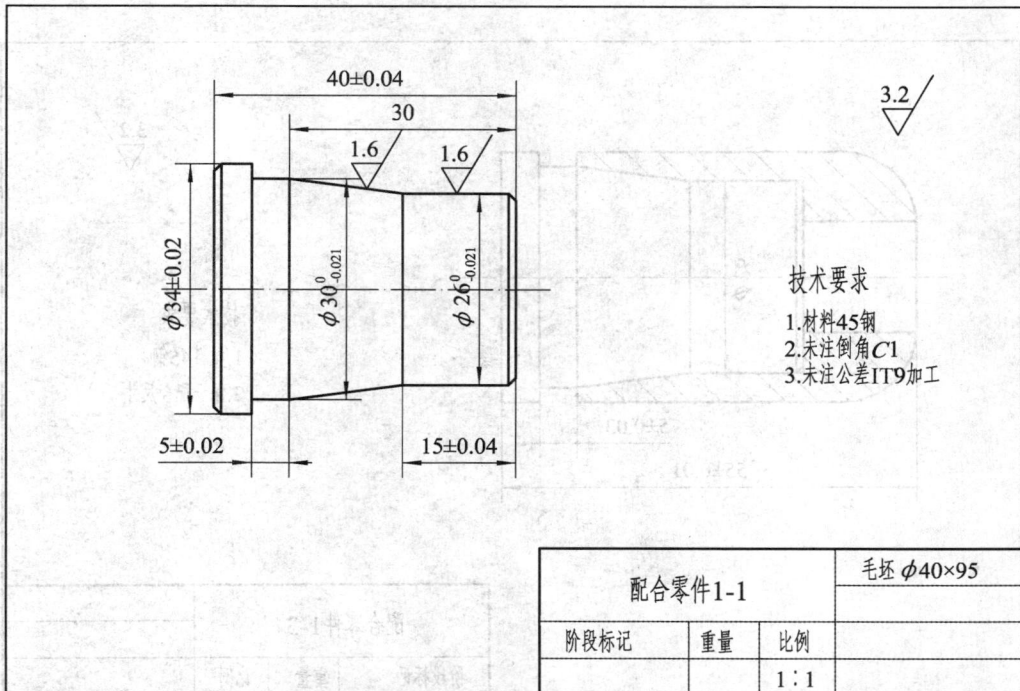

图 2-9-7

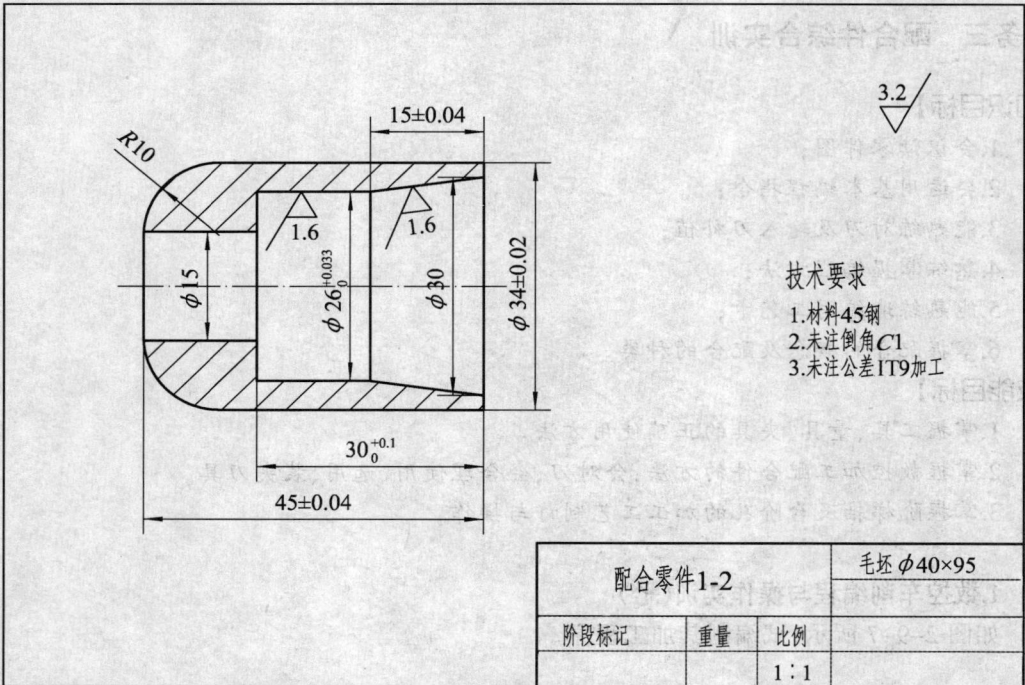

技术要求
1. 材料45钢
2. 未注倒角C1
3. 未注公差IT9加工

| 配合零件1-2 | | 毛坯 φ40×95 |
|---|---|---|
| 阶段标记 | 重量 | 比例 |
| | | 1∶1 |

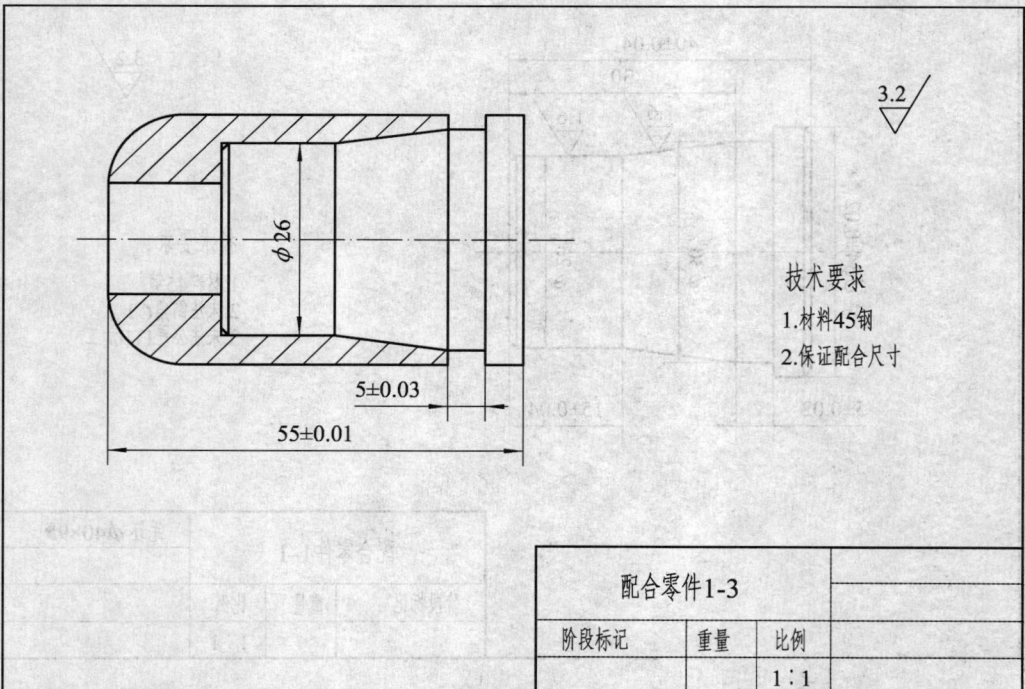

技术要求
1. 材料45钢
2. 保证配合尺寸

| 配合零件1-3 | | |
|---|---|---|
| 阶段标记 | 重量 | 比例 |
| | | 1∶1 |

续图 2-9-7

(1)工艺分析

读图后,确定配合件由两个零件构成,两个零件在加工后需要保证两个配合尺寸,两个零件都有一定的尺寸精度和表面粗糙度要求。零件材料为45钢,切削加工性能较好,无热处理和硬度要求。

(2)工艺过程

①装夹,棒料伸出卡盘外60 mm,找正后夹紧;

②用90°偏刀加工外圆,外径留0.4 mm精车余量,再精车;

③用刀宽3 mm的切断刀切断,件1总长方向留0.5 mm余量;

④调头垫铜皮夹持ø26表面,平总长至尺寸公差要求,倒角;

⑤夹持剩下的一段棒料,伸出卡盘外15 mm;

⑥车ø36×9°的工艺夹头;

⑦调头装夹工艺夹头,找正后夹紧;重新对刀,车端面;

⑧打中心孔,用ø15钻头钻通孔,ø24平底扩孔钻扩孔;

⑨用90°偏刀加工外圆,外径留0.4 mm精车余量,再精车至零件尺寸;

⑩内孔镗刀加工内孔,留0.4 mm精车余量;再精车至零件尺寸;

⑪用件1与件2进行配合,保证配合间隙;

⑫调头包铜皮装夹ø34外圆,找正后夹紧;

⑬平总长,保证件2及配合后的总长尺寸;

⑭用90°偏刀加工R10圆弧。

(3)刀具选择

件1:

①选硬质合金90°外圆粗车刀,用于粗车零件外圆,置于T01刀位;

②选硬质合金90°外圆精车刀,用于精车零件外圆,置于T02刀位;

③选用硬质合金切刀(刃宽3 mm),用于切断工件,置于T03刀位。

件2:

①A2中心钻,ø15钻头、ø24平底钻置于尾座;

②选硬质合金90°外圆粗车刀,用于粗车零件外圆,置于T01刀位;

③选硬质合金90°外圆精车刀,用于精车零件外圆,置于T02刀位;

④选硬质合金镗孔粗车刀,用于粗车阶梯孔,置于T03刀位;

⑤选硬质合金镗孔精车刀,用于精车阶梯孔,置于T04刀位。

(4)确定切削用量

见表2-9-33。

表 2-9-33　切削用量参考表

| 加工内容 | 背吃刀量($a_p$)/mm | 进给量($f$)/mm·r$^{-1}$ | 主轴转速($n$)/r·min$^{-1}$ |
|---|---|---|---|
| 粗车外圆 | 1.5 | 0.2 | 800 |
| 精车外圆 | 0.2 | 0.1 | 1200 |
| 切断 | 3 | 0.05 | 300 |
| 粗镗内孔 | 1.5 | 0.2 | 600 |
| 精镗内孔 | 0.2 | 0.1 | 800 |

(5)尺寸计算

编程尺寸计算如下：

件1：$\phi 34$ 外圆编程尺寸=$(34+\dfrac{+0.02+(-0.02)}{2})$mm=34 mm

$\phi 30$ 外圆编程尺寸=$(30+\dfrac{0+(-0.021)}{2})$mm=29.9895 mm≈29.99 mm

$\phi 26$ 外圆编程尺寸=$(26+\dfrac{0+(-0.021)}{2})$mm=25.9895 mm≈25.99 mm

件2：$\phi 26$ 内孔编程尺寸=$(26+\dfrac{0.033+0}{2})$mm=26.0165 mm

$\phi 34$ 外圆编程尺寸=$(34+\dfrac{+0.02+(-0.02)}{2})$mm=34 mm

(6)加工准备工作

见表2-9-34。

表2-9-34  所用刀具及工具

| 名　称 | 规　格 | 备　注 |
|---|---|---|
| 中心钻 | A2 | |
| 钻头 | $\phi 15$ | |
| 扩孔钻 | $\phi 24$ | 平底钻 |
| 外圆粗车刀 | 90° | 1号刀具 |
| 外圆精车刀 | 90° | 2号刀具 |
| 切断刀 | 刃宽3 mm | 3号刀具 |
| 内孔镗刀（平头） | 粗车刀 | 3号刀具 |
| 内孔镗刀（平头） | 精车刀 | 4号刀具 |
| 游标卡尺 | 0~150 mm | |
| 内径百分表 | 10~18 mm | |
| 内径千分尺 | 25~50 mm | |
| 外径千分尺 | 25~50 mm | |
| R规 | | |
| 铜皮 | 若干 | |

(7)编程

①FANUC系统（件1）参考程序见表2-9-35。

表2-9-35  图2-9-7所示零件的加工程序

| 程序名 | O9301 | |
|---|---|---|
| 程序段号 | 程序内容 | 说　明 |
| N05 | G97 G99 M03 S800; | 主轴正转，转速为800r/min |
| N10 | G00 X100 Z100; | 到程序起点位置 |
| N15 | T0101; | 换1号刀 |
| N20 | G00 X41 Z0; | 刀具到加工起点附近 |
| N25 | G01 X−0.5 F0.1 M08; | 平端面，切削液开 |
| N30 | G00 X43 Z2; | 刀具快进到循环起点位置 |
| N35 | G71 U1.5 R1; | 定义粗车循环 |
| N40 | G71 P45 Q85 U0.4 F0.2; | 精车路线由N45~N85指定，$X$方向精车余量0.4 mm |

续表 2-9-35

| 程序名 | O9301 | |
|---|---|---|
| 程序段号 | 程序内容 | 说　明 |
| N45 | G00 X22; | 精加工轮廓起始行,刀具到倒角延长线 |
| N50 | S1200; | 精加工转速 1200 r/min |
| N55 | G01 X25.99 Z-1 F0.1; | 精加工倒角 C1 |
| N60 | Z-15; | 精加工 ∅26 外圆 |
| N65 | X29.99 Z-30; | 精加工圆锥面 |
| N70 | W-5; | 精加工 ∅30 圆柱面 |
| N75 | X34; | 车削台阶 |
| N80 | Z-43; | 精加工 ∅34 圆柱面 |
| N85 | X43; | 抬刀,精加工轮廓结束行 |
| N90 | G00 X100 Z100; | 刀具到起点位置 |
| N95 | T0202; | 换 2 号刀 |
| N100 | G00 X43 Z2; | 刀具快进到循环起点位置 |
| N105 | G70 P45 Q85; | 精加工循环 |
| N110 | G00 X100 Z100; | 刀具到起点位置 |
| N115 | T0303 S300; | 换 3 号刀,调整转速到 300 r/min |
| N120 | G00 X43 Z-43.5; | 快进到切断点附近 |
| N125 | G01 X0 F0.05; | 切断 |
| N130 | G00 X43; | 刀具退出 |
| N135 | X100 Z100; | 刀具到起点位置 |
| N140 | M09; | 关闭切削液 |
| N145 | M30; | 程序结束并返回 |

②华中系统(件 1)参考程序见表 2-9-36。

表 2-9-36　图 2-9-7 所示零件的加工程序

| 程序名 | %9301 | |
|---|---|---|
| 程序段号 | 程序内容 | 说　明 |
| | %9301 | |
| N05 | M03 S800 | 主轴正转,转速为 800 r/min |
| N10 | G00 X100 Z100 | 到程序起点位置 |
| N15 | T0101 | 换 1 号刀 |
| N20 | G00 X41 Z0 | 刀具到加工起点附近 |
| N25 | X-0.5 F40 M08 | 平端面,切削液开 |
| N30 | G00 X43 Z2 | 刀具快进到循环起点位置 |
| N35 | G71 U1.5 R1 P40 Q80 X0.4 | 定义粗车循环,精车路线由 N40~N80 指定,X 方向精 |
| | F120 | 车余量 0.4 mm |
| N40 | G00 X22 | 精加工轮廓起始行,刀具到倒角延长线 |
| N45 | S1200 | 精加工转速 1200 r/min |
| N50 | G01 X25.99 Z-1 F80 | 精加工倒角 C1 |
| N55 | Z-15 | 精加工 ∅26 外圆 |
| N60 | X29.99 Z-30 | 精加工圆锥面 |
| N65 | W-5 | 精加工 ∅30 圆柱面 |
| N70 | X34 | 车削台阶 |
| N75 | Z-43 | 精加工 ∅34 圆柱面 |

续表 2-9-36

| 程序名 | %9301 | |
|---|---|---|
| 程序段号 | 程序内容 | 说　明 |
| N80 | G01 X43 | 抬刀,精加工轮廓结束行 |
| N85 | G00 X100 Z100 | 刀具到起点位置 |
| N90 | T0303 S300 | 换 3 号刀,调整转速到 300 r/min |
| N95 | G00 X43 Z-43.5 | 快进到切断点附近 |
| N100 | G01 X0 F40 | 切断 |
| N105 | G00 X43 | 刀具退出 |
| N110 | X100 Z100 | 刀具到起点位置 |
| N115 | M09 | 关闭切削液 |
| N120 | M30 | 程序结束并返回 |

③FANUC 系统(件 2)参考程序见表 2-9-37。

表 2-9-37　图 2-9-7 所示零件的加工程序

| 程序名 | O9302 | |
|---|---|---|
| 程序段号 | 程序内容 | 说　明 |
| N05 | G40 G97 G99 M03 S800; | 主轴正转,转速为 800 r/min |
| N10 | G00 X100 Z100; | 到程序起点位置 |
| N15 | T0101; | 换 1 号刀 |
| N20 | G00 X41 Z0; | 刀具到加工起点附近 |
| N25 | G01 X-0.5 F0.1 M08; | 平端面,切削液开 |
| N30 | G00 X43 Z2; | 刀具快进到循环起点位置 |
| N35 | G90 X37 Z-45 F0.2; | 粗车外圆到 ⌀37 |
| N40 | X34.4; | 粗车外圆到 ⌀34.4 |
| N45 | G00 X100 Z100; | 到程序起点位置 |
| N50 | T0202 S1200; | 换 2 号刀,提高转速到 1200 r/min |
| N55 | G00 X43 Z2; | 刀具快进到循环起点位置 |
| N60 | G90 X34 Z-45 F0.1; | 精车外圆到 ⌀34 |
| N65 | G00 X100 Z100; | 到程序起点位置 |
| N70 | T0303 S600; | 换 2 号刀,调整转速到 600 r/min |
| N75 | G00 X22 Z2; | 刀具快进到循环起点位置 |
| N80 | G71 U1.5 R1; | 定义粗车循环 |
| N85 | G71 P90 Q115 U-0.4 F0.2; | 精车路线由 N90~N8115 指定,X 方向精车余量 0.4 mm |
| N90 | G00 X30; | 精加工轮廓起始行,刀具到加工起点附近 |
| N95 | S800; | 提高转速到 800 r/min |
| N100 | G01 Z-0 F0.1; | 刀具到加工起点 |
| N105 | X26.015 Z-15; | 精加工圆锥孔 |
| N110 | Z-30; | 精加工 ⌀26 内孔 |
| N115 | X13; | 加工台阶 |
| N120 | G00 Z100; | 轴向快速退刀 |
| N125 | X100; | 径向快速退刀 |
| N130 | T0404; | 换 4 号刀 |
| N135 | G00 X22 Z2; | 刀具快进到循环起点位置 |
| N140 | G70 P45 Q85; | 精加工循环 |
| N145 | G00 X100 Z100; | 刀具到起点位置 |
| N150 | M09; | 关闭切削液 |
| N155 | M30; | 程序结束并返回 |

④华中系统(件2)参考程序见表2-9-38。

**表2-9-38　图2-9-7所示零件的加工程序**

| 程序名 | %9302 | |
|---|---|---|
| 程序段号 | 程序内容 | 说　明 |
| | %9302 | |
| N05 | G40 G97 G94 M03 S800 | 主轴正转,转速为800 r/min |
| N10 | G00 X100 Z100 | 到程序起点位置 |
| N15 | T0101 | 换1号刀 |
| N20 | G00 X41 Z0 | 刀具到加工起点附近 |
| N25 | G01 X-0.5 F40 M08 | 平端面,切削液开 |
| N30 | G00 X43 Z2 | 刀具快进到循环起点位置 |
| N35 | G80 X37 Z-45 F120 | 粗车外圆到ø37 |
| N40 | X34.4 | 粗车外圆到ø34.4 |
| N45 | G00 X100 Z100 | 到程序起点位置 |
| N50 | T0202 S1200 | 换2号刀,提高转速到1200 r/min |
| N55 | G00 X43 Z2 | 刀具快进到循环起点位置 |
| N60 | G80 X34 Z-45 F80 | 精车外圆到ø34 |
| N65 | G00 X100 Z100 | 到程序起点位置 |
| N70 | T0303 S600 | 换2号刀,调整转速到600 r/min |
| N75 | G00 X22 Z2 | 刀具快进到循环起点位置 |
| N80 | G71 U1.5 R1 P85 Q110 X-0.4 | 定义车削循环,精车路线由N85~N110指定,X方向 |
| | F120 | 精车余量0.4 |
| N85 | G00 X30 | 精加工轮廓起始行,刀具到加工起点附近 |
| N90 | S800 | 提高转速到800 r/min |
| N95 | G01 Z-0 F80 | 刀具到加工起点 |
| N100 | X26.015 Z-15 | 精加工圆锥孔 |
| N105 | Z-30 | 精加工ø26内孔 |
| N110 | X13 | 加工台阶 |
| N115 | G00 Z100 | 轴向快速退刀 |
| N120 | X100 | 径向快速退刀 |
| N125 | M09 | 关闭切削液 |
| N130 | M30 | 程序结束并返回 |

(8)评价及总结

见表2-9-39。

**表2-9-39　评价表**

| 项目内容 | 占分比重 | 自评得分 | 评价及总结 |
|---|---|---|---|
| 工装方案 | 10分 | | |
| 刀具装夹及对刀 | 10分 | | |
| 程序编写 | 40分 | | |
| 实际加工 | 40分 | | |
| 教师评价 | | 自评总分 | |

## 2.数控车削编程与操作实训(八)

如图2-9-8(a、b、c)所示,试编制其加工程序。

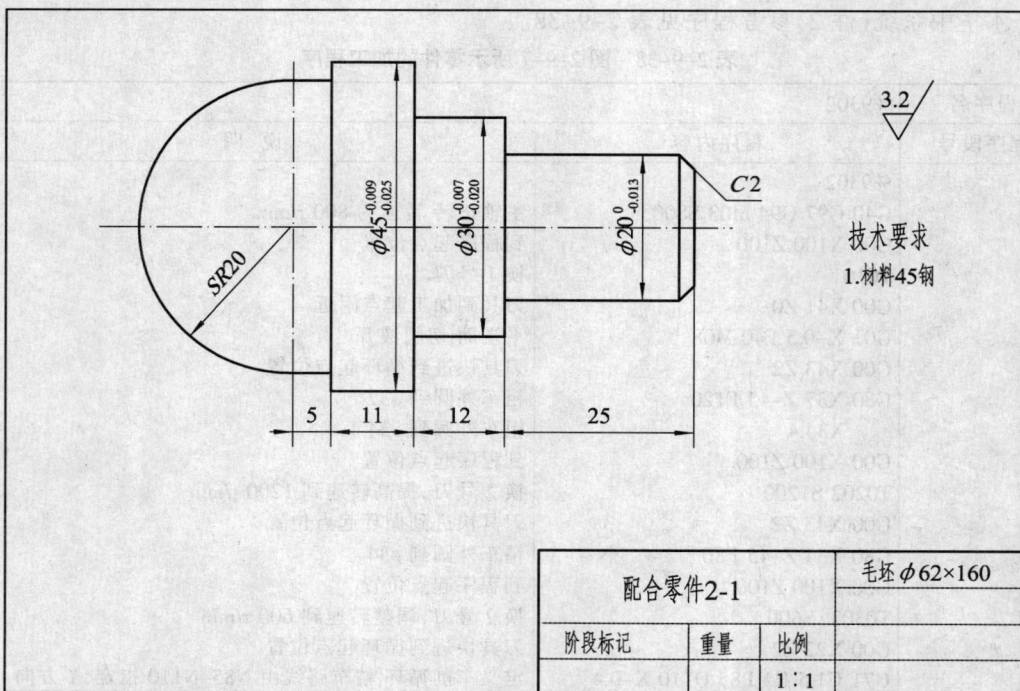

图 2-9-8(a) 配合件

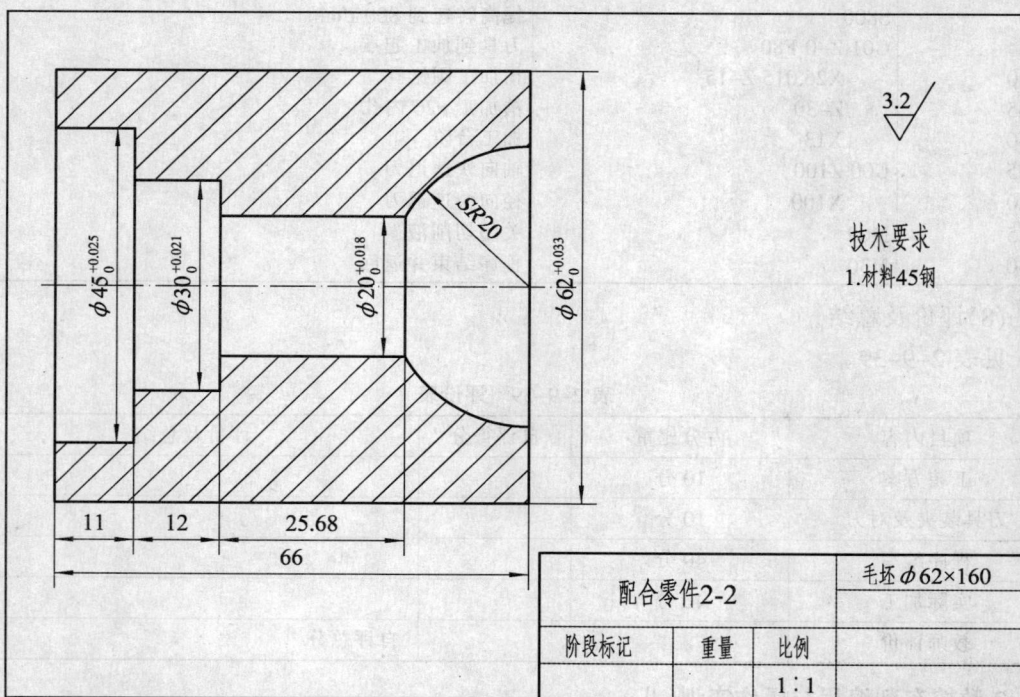

图 2-9-8(b) 配合件中的套

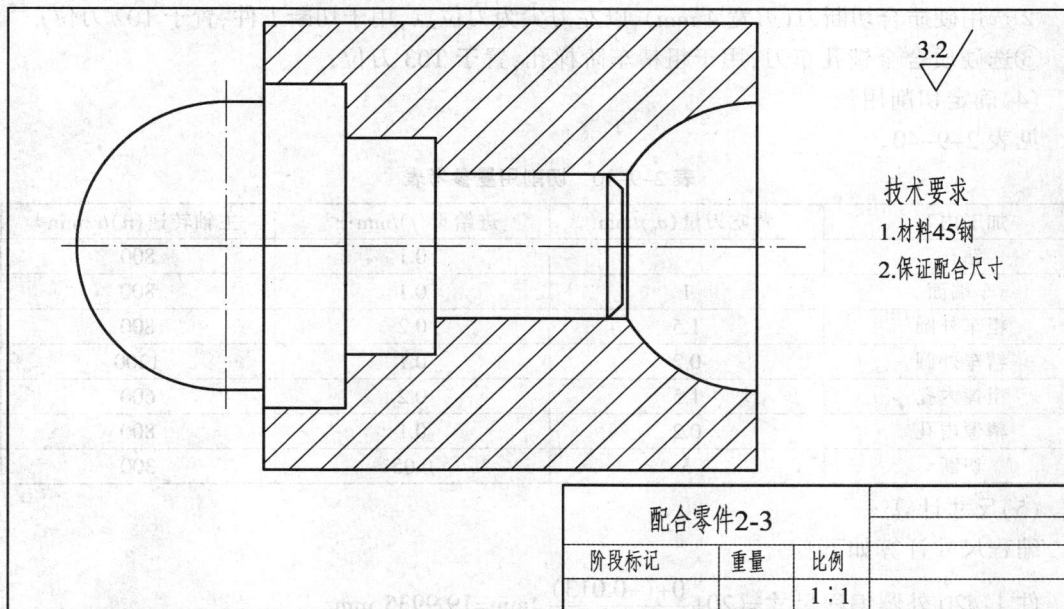

技术要求
1.材料45钢
2.保证配合尺寸

| 配合零件2-3 | | | |
|---|---|---|---|
| 阶段标记 | 重量 | 比例 | |
| | | 1：1 | |

图 2-9-8(c)　配合件中的轴

（1）工艺分析

读图后,确定配合件由两个零件构成,两个零件在加工后需要保证各处的配合尺寸,两个零件都有一定的尺寸精度和表面粗糙度要求。零件材料为45钢,切削加工性能较好,无热处理和硬度要求。

（2）工艺过程

①装夹,棒料伸出卡盘外80 mm,找正后夹紧;

②对刀后,用90°偏刀加工零件右端外圆,外径留0.4 mm精车余量,再精车至图纸尺寸;

③用刃宽4 mm的切断刀切断,保证工件总长73 mm,留0.5 mm余量;

④调头垫铜皮夹持ø20外圆表面,平端面,保证工件总长73 mm,重新对刀,车工件左端球面;

⑤重新装夹工件,棒料伸出卡盘外72 mm,平端面,重新对刀;

⑥用ø18的钻头钻底孔;

⑦用内孔镗刀加工 SR20 球形孔;

⑧用刃宽4 mm的切断刀切断,保证工件总长66 mm,留0.5 mm余量;

⑨调头重新装夹工件,平端面,保证工件总长66 mm,重新对刀,车工件左端阶梯孔。

（3）刀具选择

件1:

①选用硬质合金90°外圆车刀,用于粗加工、精加工零件外圆、端面和倒角,置于T01刀位;

②选用硬质合切断刀(刃宽4 mm),以左刀尖为刀位点,用于切断工件,置于T02刀位;

件2:

①选ø18普通麻花钻置于尾座;

②选用硬质合切断刀(刃宽4 mm),以左刀尖为刀位点,用于切断工件,置于T02刀位;

③选硬质合金镗孔车刀,用于粗精车阶梯孔,置于T03刀位;

(4)确定切削用量

见表2-9-40。

表2-9-40 切削用量参考表

| 加工内容 | 背吃刀量($a_p$)/mm | 进给量($f$)/mm·r$^{-1}$ | 主轴转速($n$)/r·min$^{-1}$ |
|---|---|---|---|
| 钻孔 | | 0.1 | 800 |
| 车端面 | 1 | 0.1 | 800 |
| 粗车外圆 | 1.5 | 0.2 | 800 |
| 精车外圆 | 0.2 | 0.1 | 1200 |
| 粗镗内孔 | 1.5 | 0.2 | 600 |
| 精镗内孔 | 0.2 | 0.1 | 800 |
| 切断 | 3 | 0.05 | 300 |

(5)尺寸计算

编程尺寸计算如下:

件1:ø20 外圆编程尺寸$=(20+\frac{0+(-0.013)}{2})$mm=19.9935 mm

ø30 外圆编程尺寸$=(30+\frac{-0.007+(-0.020)}{2})$mm=29.9865 mm

ø45 外圆编程尺寸$=(45+\frac{-0.009+(-0.025)}{2})$mm=44.983 mm

件2:ø20 内孔编程尺寸$=(20+\frac{0.018+0}{2})$mm=20.009 mm

ø30 内孔编程尺寸$=(30+\frac{0.021+0}{2})$mm=30.0105 mm

ø45 内孔编程尺寸$=(45+\frac{0.025+0}{2})$mm=30.0125 mm

(6)加工准备工作

见表2-9-41。

表2-9-41 所用刀具及工具

| 名 称 | 规 格 | 备 注 |
|---|---|---|
| 钻头 | ø18 | |
| 外圆车刀 | 90° | 1号刀具 |
| 切断刀 | 刃宽4 mm | 2号刀具 |
| 内孔镗刀(平头) | 3号刀具 | |
| 游标卡尺 | 0~150 mm | |
| 内径千分尺 | 0~25 mm | |
| 内径千分尺 | 25~50 mm | |
| 外径千分尺 | 0~25 mm | |
| 外径千分尺 | 25~50 mm | |
| R规 | | |
| 铜皮 | 若干 | |

(7)编程

①FANUC 系统(件 1 右端轮廓)参考程序见表 2-9-42。

表 2-9-42　图 2-9-8 配合件加工程序

| 程序名 | O9303 | |
|---|---|---|
| 程序段号 | 程序内容 | 说　明 |
| N05 | M03 S800; | 主轴正转,转速为 800 r/min |
| N10 | G00 X100 Z100; | 到程序起点位置 |
| N15 | T0101; | 换 1 号刀 |
| N20 | G00 X64 Z0; | 刀具到加工起点附近 |
| N25 | G01 X−0.5 F0.1 M08; | 平端面,切削液开 |
| N30 | G00 X64 Z2; | 刀具快进到循环起点位置 |
| N35 | G71 U1.5 R1; | 定义粗车循环 |
| N40 | G71 P45 Q80 U0.4 F0.2; | 精车路线由 N45~N80 指定,X 方向精车余量 0.4 mm |
| N45 | G00 X12; | 精加工轮廓起始行,刀具到倒角延长线 |
| N50 | S1200; | 精加工转速 1200 r/min |
| N55 | G01 X19.9935 Z−2 F0.1; | 精加工倒角 C2 |
| N60 | G01 Z−25; | 精加工 ø20 外圆 |
| N65 | G01 X29.9865; | 加工台阶 |
| N70 | G01 W−12; | 精加工 ø30 圆柱面 |
| N75 | G01 X44.983; | 加工台阶 |
| N80 | G01 W−13; | 精加工 ø45 圆柱面,精加工轮廓结束行 |
| N85 | G70 P45 Q80; | 精加工循环 |
| N90 | G00 X100 Z100; | 刀具到起点位置 |
| N95 | T0303 S300; | 换 3 号刀,调整转速到 300 r/min |
| N100 | G00 X64 Z−77.5; | 快进到切断点附近 |
| N105 | G01 X0 F0.05; | 切断 |
| N110 | G00 X64; | 刀具退出 |
| N115 | G00 X100 Z100; | 刀具到起点位置 |
| N120 | M09; | 关闭切削液 |
| N125 | M30; | 程序结束并返回 |

②华中系统(件 1 右端外轮廓)参考程序见表 2-9-43。

表 2-9-43　图 2-9-8 配合件加工程序

| 程序名 | %9303 | |
|---|---|---|
| 程序段号 | 程序内容 | 说　明 |
| | %9303 | |
| N05 | M03 S800 | 主轴正转,转速为 800 r/min |
| N10 | G00 X100 Z100 | 到程序起点位置 |
| N15 | T0101 | 换 1 号刀 |
| N20 | G00 X64 Z0 | 刀具到加工起点附近 |
| N25 | G01 X−0.5 F40 M08 | 平端面,切削液开 |
| N30 | G00 X64 Z2 | 刀具快进到循环起点位置 |
| N35 | G71 U1.5 R1 P40 Q75 X0.4 F120 | 定义粗车循环,精车路线由 N40~N75 指定,X 方向精车余量 0.4 mm |
| N40 | G00 X12 | 精加工轮廓起始行,刀具到倒角延长线 |
| N45 | S1200 | 精加工转速 1200 r/min |
| N50 | G01 X19.9935 Z−2 F80 | 精加工倒角 C2 |

续表 2-9-43

| 程序名 | %9303 | |
|---|---|---|
| 程序段号 | 程序内容 | 说 明 |
| N55 | G01 Z-25 | 精加工 ⌀20 外圆 |
| N60 | X29.9865 | 加工台阶 |
| N65 | W-12 | 精加工 ⌀30 圆柱面 |
| N70 | X44.983 | 加工台阶 |
| N75 | W-13 | 精加工 ⌀45 圆柱面,精加工轮廓结束行 |
| N80 | G00 X100 Z100 | 刀具到起点位置 |
| N85 | T0303 S300 | 换 3 号刀,调整转速到 300 r/min |
| N90 | G00 X64 Z-77.5 | 快进到切断点附近 |
| N95 | G01 X0 F20 | 切断 |
| N100 | G00 X64 | 刀具退出 |
| N105 | X100 Z100 | 刀具到起点位置 |
| N110 | M09 | 关闭切削液 |
| N115 | M30 | 程序结束并返回 |

③FANUC 系统(件 1 左端轮廓)参考程序见表 2-9-44。

表 2-9-44　图 2-9-8 配合件加工程序

| 程序名 | O9304 | |
|---|---|---|
| 程序段号 | 程序内容 | 说 明 |
| N05 | M03 S800; | 主轴正转,转速为 800 r/min |
| N10 | G00 X100 Z100; | 到程序起点位置 |
| N15 | T0101; | 换 1 号刀 |
| N20 | G00 X64 Z0; | 刀具到加工起点附近 |
| N25 | G01 X-0.5 F0.1 M08; | 平端面,切削液开 |
| N30 | G00 X64 Z2; | 刀具快进到循环起点位置 |
| N35 | G71 U1.5 R1; | 定义粗车循环 |
| N40 | G71 P45 Q70 U0.4 F0.2; | 精车路线由 N45~N70 指定,X 方向精车余量 0.4 mm |
| N45 | G00 X0; | 精加工轮廓起始行,刀具到工件中心 |
| N50 | S1200; | 精加工转速 1200 r/min |
| N55 | G00 Z0; | 工件快进到工件端面 |
| N60 | G03 X40 Z-20 F0.1; | 精加工 SR20 球面 |
| N65 | G01 Z-25; | 精加工 ⌀40 外圆 |
| N70 | X47; | 加工台阶 |
| N75 | G70 P45 Q70; | 精加工循环 |
| N80 | G00 X100 Z100; | 刀具到起点位置 |
| N85 | M09; | 关闭切削液 |
| N90 | M30; | 程序结束并返回 |

④华中系统(件1左端轮廓)参考程序见表2-9-45。

表2-9-45 图2-9-8 配合件加工程序

| 程序名 | %9304 | |
|---|---|---|
| 程序段号 | 程序内容 | 说明 |
| | %9304 | |
| N05 | M03 S800 | 主轴正转,转速为800 r/min |
| N10 | G00 X100 Z100 | 到程序起点位置 |
| N15 | T0101 | 换1号刀 |
| N20 | G00 X64 Z0 | 刀具到加工起点附近 |
| N25 | G01 X−0.5 F40 M08 | 平端面,切削液开 |
| N30 | G00 X64 Z2 | 刀具快进到循环起点位置 |
| N35 | G71 U1.5 R1 P40 Q65 X0.4 F120 | 定义粗车循环,精车路线由N40~N65指定,X方向精车余量0.4 mm |
| N40 | G00 X0 | 精加工轮廓起始行,刀具到工件中心 |
| N45 | S1200 | 精加工转速1200 r/min |
| N50 | G00 Z0 | 工件快进到工件端面 |
| N55 | G03 X40 Z−20 F80 | 精加工SR20球面 |
| N60 | G01 Z−25 | 精加工ø40外圆 |
| N65 | G01 X47 | 加工台阶 |
| N70 | G00 X100 Z100 | 刀具到起点位置 |
| N75 | M09 | 关闭切削液 |
| N80 | M30 | 程序结束并返回 |

⑤FANUC系统(件2右端球形孔)参考程序见表2-9-46。

表2-9-46 图2-9-8 配合件加工程序

| 程序名 | O9305 | |
|---|---|---|
| 程序段号 | 程序内容 | 说明 |
| N5 | G40 M03 S600; | 取消刀具补偿,主轴正转,转速为600 r/min |
| N10 | T0303; | 换3号刀 |
| N15 | M08; | 打开冷却液 |
| N20 | G00 X16 Z2; | 快速到达轮廓循环起点 |
| N25 | G71 U1.5 R1; | 内径粗车循环,每次切深1.5 mm |
| N30 | G71 P35 Q50 U−0.4 F80; | 精车路线由N35~N50指定,X方向精车余量0.4 mm |
| N35 | G00 X40; | 精加工轮廓起始行,快进到加工起点附近 |
| N40 | S800; | 精加工转速800 r/min |
| N45 | G00 Z0; | 快进到加工起点 |
| N50 | G03 X0 W−20 F50; | 加工SR40球孔,精加工轮廓结束行 |
| N55 | G70 P35 Q50; | 精车循环 |
| N60 | G00 Z100; | 刀具沿轴向快退 |
| N65 | X100; | 刀具沿径向快退 |
| N70 | T0202 S300; | 调用2号刀具,调整转速到300 r/min |
| N75 | G00 X64 Z−70.5; | 快进到切断点附近 |
| N80 | G01 X0 F20; | 切断 |
| N85 | G00 X64; | 刀具退出 |
| N90 | X100 Z100; | 刀具到起点位置 |
| N95 | M09; | 关闭冷却液 |
| N100 | M30; | 程序结束并返回 |

⑥华中系统(件 2 右端球形孔)参考程序见表 2-9-47。

表 2-9-47　图 2-9-8 配合件加工程序

| 程序名 | %9305 | |
|---|---|---|
| 程序段号 | 程序内容 | 说　明 |
| | %9305 | |
| N5 | G40 M03 S600 | 取消刀具补偿,主轴正转,转速为 600 r/min |
| N10 | T0303 | 换 3 号刀 |
| N15 | M08 | 打开冷却液 |
| N20 | G00 X16 Z2 | 快速到达轮廓循环起点 |
| N25 | G71 U1.5 R1 P30 Q45 X-0.4 F80 | 内径粗车循环,每次切深 1.5 mm,精车路线由 N30~N45 指定,$X$ 方向精车余量 0.4 mm |
| N30 | G00 X40 | 精加工轮廓起始行,快进到加工起点附近 |
| N35 | S800 | 精加工转速 800 r/min |
| N40 | G00 Z0 | 快进到加工起点 |
| N45 | G03 X0 W-20 F60 | 加工 $SR$40 球孔,精加工轮廓结束行 |
| N50 | G00 Z100 | 刀具沿轴向快退 |
| N55 | X100 | 刀具沿径向快退 |
| N60 | T0202 S300 | 调用 2 号刀具,调整转速到 300 r/min |
| N65 | G00 X64 Z-70.5 | 快进到切断点附近 |
| N70 | G01 X0 F20 | 切断 |
| N75 | G00 X64 | 刀具退出 |
| N80 | X100 Z100 | 刀具到起点位置 |
| N85 | M09 | 关闭冷却液 |
| N90 | M30 | 程序结束并返回 |

⑦FANUC 系统(件 2 左端阶梯孔)参考程序见表 2-9-48。

表 2-9-48　图 2-9-8 配合件加工程序

| 程序名 | O9306 | |
|---|---|---|
| 程序段号 | 程序内容 | 说　明 |
| N5 | G40 M03 S600; | 取消刀具补偿,主轴正转,转速为 600 r/min |
| N10 | T0303; | 换 3 号刀 |
| N15 | M08; | 打开冷却液 |
| N20 | G00 X16 Z2; | 快速到达轮廓循环起点 |
| N25 | G71 U1.5 R1; | 内径粗车循环,每次切深 1.5 mm |
| N30 | G71 P35 Q65 U-0.4 F0.2; | 精车路线由 N35~N65 指定,$X$ 方向精车余量 0.4 mm |
| N35 | G00 X45.0125; | 精加工轮廓起始行,快进到加工起点附近 |
| N40 | S800; | 精加工转速 800 r/min |
| N45 | G01 Z-11 F0.1; | 精加工 $\phi$45 内孔 |
| N50 | X30.0105; | 加工台阶 |
| N55 | W-12; | 精加工 $\phi$30 内孔 |
| N60 | X20.009; | 加工台阶 |
| N65 | W-27; | 精加工 $\phi$20 内孔,精加工轮廓结束行 |
| N70 | G70 P35 Q65; | 精车循环 |
| N75 | G00 Z100; | 刀具沿轴向快退 |
| N80 | X100; | 刀具沿径向快退 |
| N85 | M09; | 关闭冷却液 |
| N90 | M30; | 程序结束并返回 |

⑧华中系统(件2左端阶梯孔)参考程序见表2-9-49。

表2-9-49　图2-9-8 配合件加工程序

| 程序名 | %9306 | |
|---|---|---|
| 程序段号 | 程序内容 | 说　明 |
| | %9306 | |
| N5 | G40 M03 S600 | 取消刀具补偿,主轴正转,转速为600 r/min |
| N10 | T0303 | 换3号刀 |
| N15 | M08 | 打开冷却液 |
| N20 | G00 X16 Z2 | 快速到达轮廓循环起点 |
| N25 | G71 U1.5 R1 P30 Q60 X-0.4 F80 | 内径粗车循环,每次切深1.5 mm,精车路线由N30~N60指定,X方向精车余量0.4 mm |
| N30 | G00 X45.0125 | 精加工轮廓起始行,快进到加工起点附近 |
| N35 | S800 | 精加工转速800 r/min |
| N40 | G01 Z-11 F60 | 精加工ø45内孔 |
| N45 | X30.0105 | 加工台阶 |
| N50 | W-12 | 精加工ø30内孔 |
| N55 | X20.009 | 加工台阶 |
| N60 | W-27 | 精加工ø20内孔,精加工轮廓结束行 |
| N65 | G00 Z100 | 刀具沿轴向快退 |
| N70 | X100 | 刀具沿径向快退 |
| N75 | M09 | 关闭冷却液 |
| N80 | M30 | 程序结束并返回 |

(8)评价及总结

见表2-9-50。

表2-9-50　评价表

| 项目内容 | 占分比重 | 自评得分 | 评价及总结 |
|---|---|---|---|
| 工装方案 | 10分 | | |
| 刀具装夹及对刀 | 10分 | | |
| 程序编写 | 40分 | | |
| 实际加工 | 40分 | | |
| 教师评价 | | 自评总分 | |

### 3.数控车削编程与操作实训(九)

加工如图2-9-9所示零件,试编制其加工程序。

(1)工艺分析

读图后,确定配合件由两个零件构成,两个零件在加工后需要保证95 mm的配合尺寸,两个零件都有一定的尺寸精度和表面粗糙度要求。零件材料为45钢,切削加工性能较好,无热处理和硬度要求。

(2)工艺过程

①装夹,棒料伸出卡盘外40 mm,找正后夹紧;

②用ø18的钻头钻底孔;

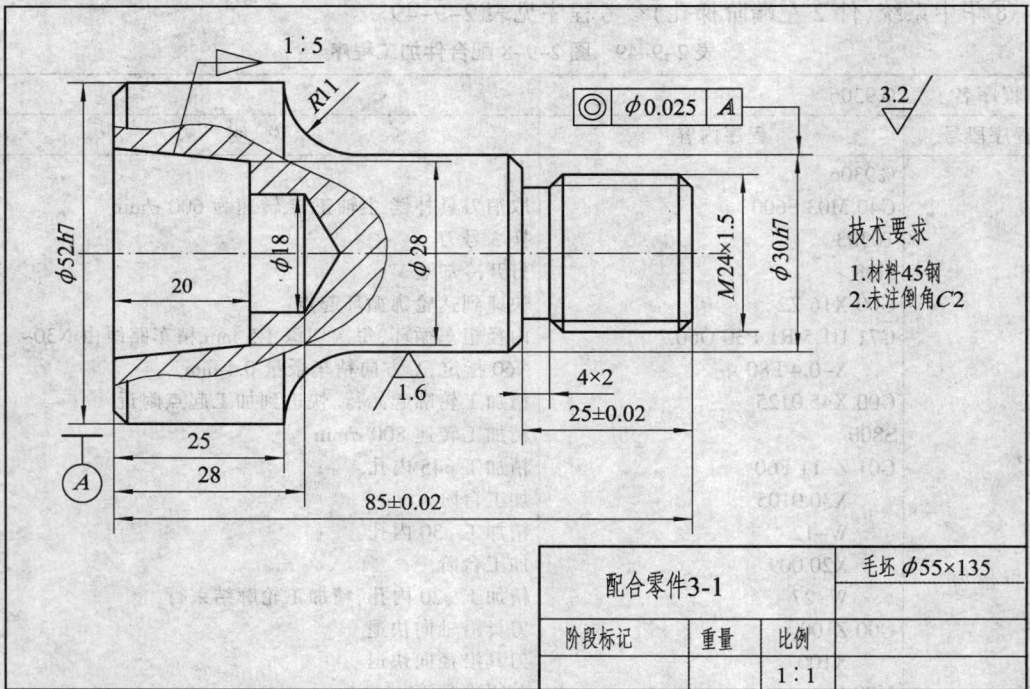

图 2-9-9(a)　轴

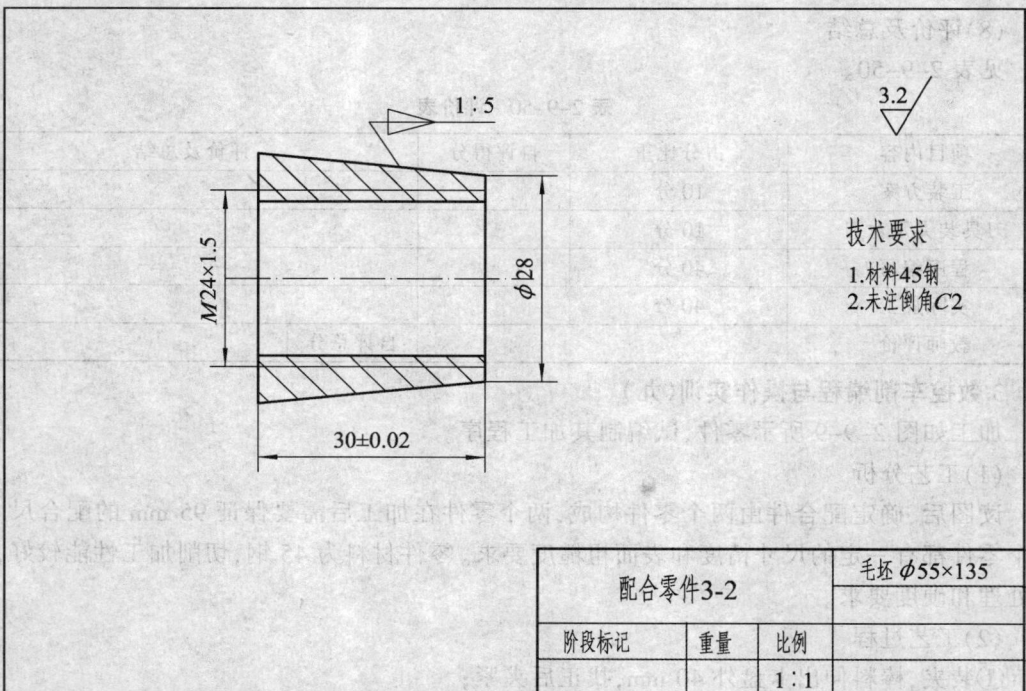

图 2-9-9(b)　套

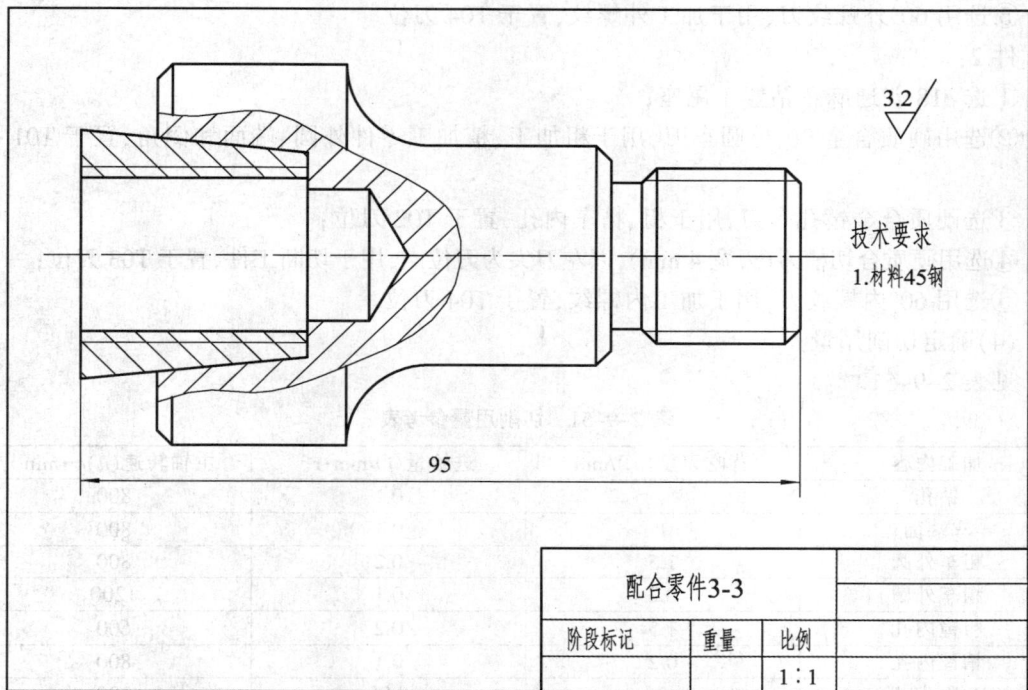

3.2

技术要求

1.材料45钢

95

| 配合零件3-3 | | | |
|---|---|---|---|
| 阶段标记 | 重量 | 比例 | |
| | | 1:1 | |

**图 2-9-9(c) 配合件**

③对刀后,用 90°偏刀加工外圆,外径留 0.4 mm 精车余量,再精车至图纸尺寸;

④用内孔镗刀加工 *M*24 螺纹底孔,留 0.4 mm 精车余量,再精车至螺纹小径尺寸;

⑤调用内螺纹车刀加工 *M*24 的内螺纹,至图纸要求;

⑥用刃宽 4 mm 的切断刀切断,保证工件总长 30 mm;

⑦重新装夹工件,棒料伸出卡盘外 90 mm,平端面,重新对刀;

⑧用 90°偏刀加工外圆,外径留 0.4 mm 精车余量,再精车;

⑨用刃宽 4 mm 的切断刀切退刀槽;

⑩用外螺纹车刀进行螺纹加工,至图纸要求;

⑪用刃宽 4 mm 的切断刀切断,保证工件总长 85 mm,并留 0.5 mm 余量;

⑫调头垫铜皮夹持 ø28 外圆表面,平总长至尺寸公差要求,倒角;

⑬用 ø18 的钻头钻孔;

⑭用内孔镗刀加工内孔,留 0.4 mm 精车余量,再精车至零件尺寸。

(3)刀具选择

件 1:

①选 ø18 普通麻花钻置于尾座;

②选用硬质合金 90°外圆车刀,用于粗加工、精加工零件外圆、端面和倒角,置于 T01 刀位;

③选硬质合金镗孔车刀,用于粗、精车阶梯孔,置于 T02 刀位;

④选用硬质合切槽刀(刃宽 4 mm),以左刀尖为刀位点,用于加工退刀槽、切断,置于 T03 刀位;

⑤选用 60°外螺纹刀,用于加工外螺纹,置于 T04 刀位。

件 2:

①选 φ18 普通麻花钻置于尾座;

②选用硬质合金 90°外圆车刀,用于粗加工、精加工零件外圆、端面和倒角,置于 T01 刀位;

③选硬质合金镗孔车刀,用于粗、精车内孔,置于 T02 刀位;

④选用硬质合切槽刀(刃宽 4 mm),以左刀尖为刀位点,用于切断工件,置于 T03 刀位;

⑤选用 60°内螺纹刀,用于加工内螺纹,置于 T04 刀位。

(4)确定切削用量

见表 2-9-51。

表 2-9-51　切削用量参考表

| 加工内容 | 背吃刀量($a_p$)/mm | 进给量($f$)/mm·$r^{-1}$ | 主轴转速($n$)/r·$min^{-1}$ |
|---|---|---|---|
| 钻孔 | | 0.1 | 800 |
| 车端面 | 1 | 0.1 | 800 |
| 粗车外圆 | 1.5 | 0.2 | 800 |
| 精车外圆 | 0.2 | 0.1 | 1200 |
| 粗镗内孔 | 1.5 | 0.2 | 600 |
| 精镗内孔 | 0.2 | 0.1 | 800 |
| 切槽、切断 | 3 | 0.05 | 300 |
| 车螺纹 | | 0.05 | 350 |

(5)尺寸计算

编程尺寸计算如下:

件 1:①φ30h7 外圆编程尺寸:

通过查轴的极限偏差表,知 φ30 h7 的偏差 $es$=0 mm　$ei$=−0.021 mm

则实际编程尺寸=$[30+\dfrac{0+(-0.021)}{2}]$mm=29.9895 mm≈29.99 mm

φ52h7 外圆编程尺寸:

通过查轴的极限偏差表,知 φ52 h7 的偏差 $es$=0 mm　$ei$=−0.030 mm

则实际编程尺寸=$[52+\dfrac{0+(-0.030)}{2}]$mm=51.985 mm

②φ28 锥孔的大端直径计算

利用锥度计算公式:锥度=$\dfrac{大径-小径}{高度}=\dfrac{D-d}{L}=C$

则可得出:$\dfrac{D-28}{20}=\dfrac{1}{5}$

通过计算得出:$D$=32 mm

③M24 普通螺纹大径尺寸为 φ23.8 mm,螺距为 1.5 mm,总吃刀深度 0.98 mm(半径值),每次切削深度(直径值)分别为 0.8 mm、0.6 mm、0.4 mm、0.16 mm,进刀段取 $δ_1$=2 mm,退刀段取 $δ_2$=1 mm。

件 2:①φ28 锥孔的大端直径计算

利用锥度计算公式:锥度 $= \dfrac{大径 - 小径}{高度} = \dfrac{D - d}{L} = C$

则可得出: $\dfrac{D - 28}{20} = \dfrac{1}{5}$

通过计算得出: $D = 34$ mm

②$M24 \times 1.5$ 内螺纹处车削的小径尺寸为:

$D_1 = D - 1.3P = (23.8 - 1.3 \times 1.5) = 21.85$ mm,总吃刀深度为 0.98 mm(半径值),每次切削深度(直径值)分别为 0.8 mm、0.6 mm、0.4 mm、0.16 mm,进刀段取 $\delta_1 = 1$ mm,退刀段取 $\delta_1 = 1$ mm。

(6)加工准备工作

见表 2-9-52。

表 2-9-52　所用刀具及工具

| 名　称 | 规　格 | 备　注 |
|---|---|---|
| 钻头 | ø18 | |
| 外圆车刀 | 90° | 1 号刀具 |
| 内孔镗刀(平头) | | 2 号刀具 |
| 切断刀 | 刀宽 4 mm | 3 号刀具 |
| 外螺纹车刀 | 60° | 4 号刀具 |
| 内螺纹车刀 | 60° | 4 号刀具 |
| 游标卡尺 | 0~150 mm | |
| 内径千分尺 | 0~25 mm | |
| 内径千分尺 | 25~50 mm | |
| 外径千分尺 | 0~25 mm | |
| 外径千分尺 | 25~50 mm | |
| R 规 | | |
| 螺纹规 | | |
| 铜皮 | 若干 | |

(7)编程

①FANUC 系统(件 1 外轮廓)参考程见表 2-9-53。

表 2-9-53　图 2-9-9(a)所示零件的加工程序

| 程序名 | O9307 | |
|---|---|---|
| 程序段号 | 程序内容 | 说　明 |
| N05 | M03 S800; | 主轴正转,转速为 800 r/min |
| N10 | G00 X100 Z100; | 到程序起点位置 |
| N15 | T0101; | 换 1 号刀 |
| N20 | G00 X57 Z0; | 刀具到加工起点附近 |
| N25 | G01 X–0.5 F0.1 M08; | 平端面,切削液开 |
| N30 | G00 X57 Z2; | 刀具快进到循环起点位置 |
| N35 | G71 U1.5 R1; | 定义粗车循环 |
| N40 | G71 P45 Q85 U0.4 F0.2; | 精车路线由 N45~N85 指定,$X$ 方向精车余量 0.4 mm |
| N45 | G00 X16; | 精加工轮廓起始行,刀具到倒角延长线 |
| N50 | S1200; | 精加工转速 1200 r/min |
| N55 | G01 X23.98 Z–2 F0.1; | 精加工倒角 $C2$ |

续表 2-9-53

| 程序名 | O9307 | |
|---|---|---|
| 程序段号 | 程序内容 | 说 明 |
| N60 | G01 Z−25; | 精加工 M24 外圆 |
| N65 | X26 | 加工台阶 |
| N70 | X29.99 W−2; | 精加工倒角 C2 |
| N75 | W−22; | 精加工 ⌀30 圆柱面 |
| N80 | G02 X51.985 W−11 R11; | 精加工 R11 圆弧 |
| N85 | G01 Z−85.5; | 精加工 ⌀52 圆柱面,精加工轮廓结束行 |
| N90 | G70 P45 Q85; | 精加工循环 |
| N95 | G00 X100 Z100; | 刀具到起点位置 |
| N100 | T0303 S300; | 换 3 号刀,调整转速到 300 r/min |
| N105 | G00 X32 Z−25; | 快进到退刀槽附近 |
| N110 | G01 X20 F0.05; | 切槽 |
| N115 | G00 X32; | 刀具退出 |
| N120 | X100 Z100; | 刀具到起点位置 |
| N125 | T0404 S350; | 换 4 号刀,调整转速到 350 r/min |
| N130 | G00 X26 Z2; | 快进到螺纹加工循环起点 |
| N135 | G92 X23 Z−22 F1.5; | 螺纹切削循环,螺距 1.5 mm,切深(直径)0.8 mm |
| N140 | X22.4; | 切深(直径)0.6 mm |
| N145 | X22.0; | 切深(直径)0.4 mm |
| N150 | X21.85; | 切深(直径)0.15 mm |
| N155 | G00 X100 Z100; | 刀具到起点位置 |
| N160 | T0303 S300; | 换 3 号刀,调整转速到 300 r/min |
| N165 | G00 X57 Z−89.5; | 快进到切断点附近 |
| N170 | G01 X0 F0.05; | 切断 |
| N175 | G00 X57; | 刀具退出 |
| N180 | X100 Z100; | 刀具到起点位置 |
| N185 | M09; | 关闭切削液 |
| N190 | M30; | 程序结束并返回 |

②华中系统(件 1 外轮廓)参考程序见表 2-9-54。

表 2-9-54　图 2-9-9(a)所示零件的加工程序

| 程序名 | %9307 | |
|---|---|---|
| 程序段号 | 程序内容 | 说 明 |
| | %9307 | |
| N05 | M03 S800 | 主轴正转,转速为 800 r/min |
| N10 | G00 X100 Z100 | 到程序起点位置 |
| N15 | T0101 | 换 1 号刀 |
| N20 | G00 X57 Z0 | 刀具到加工起点附近 |
| N25 | G01 X−0.5 F40 M08 | 平端面,切削液开 |
| N30 | G00 X57 Z2 | 刀具快进到循环起点位置 |
| N35 | G71 U1.5 R1 P40 Q80 X0.4 F120 | 定义粗车循环,精车路线由 N40~N80 指定,X 方向精车余量 0.4 mm |

| 程序名 | %9307 | |
|---|---|---|
| 程序段号 | 程序内容 | 说　明 |
| N40 | G00 X16 | 精加工轮廓起始行,刀具到倒角延长线 |
| N45 | S1200 | 精加工转速 1200 r/min |
| N50 | G01 X23.98 Z-2 F80 | 精加工倒角 C2 |
| N55 | Z-25 | 精加工 M24 外圆 |
| N60 | X26 | 加工台阶 |
| N65 | X29.99 W-2 | 精加工倒角 C2 |
| N70 | W-22 | 精加工 ø30 圆柱面 |
| N75 | G02 X51.985 W-11 R11 | 精加工 R11 圆弧 |
| N80 | G01 Z-85.5 | 精加工 ø52 圆柱面,精加工轮廓结束行 |
| N85 | G00 X100 Z100 | 刀具到起点位置 |
| N90 | T0303 S300 | 换 3 号刀,调整转速到 300 r/min |
| N95 | G00 X32 Z-25 | 快进到退刀槽附近 |
| N100 | G01 X20 F40 | 切槽 |
| N105 | G00 X32 | 刀具退出 |
| N110 | X100 Z100 | 刀具到起点位置 |
| N115 | T0404 S350 | 换 4 号刀,调整转速到 350 r/min |
| N120 | G00 X26 Z2 | 快速进到螺纹加工循环起点 |
| N125 | G82 X23 Z-22 F1.5 | 螺纹切削循环,螺距 1.5 mm,切深(直径)0.8 mm |
| N130 | X22.4 | 切深(直径)0.6 mm |
| N135 | X22.0 | 切深(直径)0.4 mm |
| N140 | X21.85 | 切深(直径)0.15 mm |
| N145 | G00 X100 Z100 | 刀具到起点位置 |
| N150 | T0303 S300 | 换 3 号刀,调整转速到 300 r/min |
| N155 | G00 X57 Z-89.5 | 快进到切断点附近 |
| N160 | G01 X0 F30 | 切断 |
| N165 | G00 X57 | 刀具退出 |
| N170 | X100 Z100 | 刀具到起点位置 |
| N175 | M09 | 关闭切削液 |
| N180 | M30 | 程序结束并返回 |

③FANUC 系统(件 1 内孔)参考程序见表 2-9-55。

表 2-9-55　图 2-9-9(a)所示零件的加工程序

| 程序名 | O9308 | |
|---|---|---|
| 程序段号 | 程序内容 | 说　明 |
| N05 | M03 S600; | 主轴正转,转速为 600 r/min |
| N10 | G00 X100 Z100; | 到程序起点位置 |
| N15 | T0202; | 换 2 号刀 |
| N20 | G00 X16 Z2; | 刀具快进到循环起点位置 |
| N25 | G71 U1.5 R1; | 定义内孔粗车循环 |
| N30 | G71 P35 Q55 U-0.4 F0.2; | 精车路线由 N35~N55 指定,X 方向精车余量 0.4 mm |
| N35 | G00 X32; | 精加工轮廓起始行,刀具到加工起点附近 |
| N40 | S800; | 精加工转速 800 r/min |

续表 2-9-55

| 程序名 | O9308 | |
|---|---|---|
| 程序段号 | 程序内容 | 说　明 |
| N45 | G01 Z0 F0.1; | 刀具到加工起点 |
| N50 | X28 Z−20; | 精加工锥孔 |
| N55 | X17; | 加工台阶,精加工轮廓结束行 |
| N60 | G70 P35 Q55 | 精工循环 |
| N65 | G00 Z100; | 刀具沿轴向快退 |
| N70 | X100; | 刀具沿径向快退 |
| N75 | M30; | 程序结束并返回 |

④华中系统(件 1 内孔)参考程序见表 2-9-56。

表 2-9-56　图 2-9-9(a)所示零件的加工程序

| 程序名 | %9308 | |
|---|---|---|
| 程序段号 | 程序内容 | 说　明 |
| | %9308 | |
| N05 | M03 S600 | 主轴正转,转速为 600 r/min |
| N10 | G00 X100 Z100 | 到程序起点位置 |
| N15 | T0202 | 换 2 号刀 |
| N20 | G00 X16 Z2 | 刀具快进到循环起点位置 |
| N25 | G71 U1.5 R1 P30 Q50 Z−0.4 F120 | 定义内孔循环,精车路线由 N30~N50 指定,$X$ 方向精车余量 0.4 mm |
| N30 | G00 X32 | 精加工轮廓起始行,刀具到加工起点附近 |
| N35 | S800 | 精加工转速 800 r/min |
| N40 | G01 Z0 F80 | 刀具到加工起点 |
| N45 | X28 Z−20 | 精加工锥孔 |
| N50 | X17 | 加工台阶,精加工轮廓结束行 |
| N55 | G00 Z100 | 刀具沿轴向快退 |
| N60 | X100 | 刀具沿径向快退 |
| N65 | M30 | 程序结束并返回 |

⑤FANUC 系统(件 2)参考程序见表 2-9-57。

表 2-9-57　图 2-9-9(b)所示零件的加工程序

| 程序名 | O9309 | |
|---|---|---|
| 程序段号 | 程序内容 | 说　明 |
| N05 | M03 S800; | 主轴正转,转速为 800 r/min |
| N10 | G00 X100 Z100; | 到程序起点位置 |
| N15 | T0101; | 换 1 号刀 |
| N20 | G00 X57 Z0; | 刀具到加工起点附近 |
| N25 | G01 X−0.5 F0.1 M08; | 平端面,切削液开 |
| N30 | G00 X57 Z2; | 刀具快进到循环起点位置 |
| N35 | G71 U1.5 R1; | 定义粗车循环 |
| N40 | G71 P45 Q60 U0.4 F0.2; | 精车路线由 N45~N60 指定,$X$ 方向精车余量 0.4 mm |
| N45 | G00 X28; | 精加工轮廓起始行,刀具到加工起点附近 |

| 程序名 | O9309 | |
|---|---|---|
| 程序段号 | 程序内容 | 说　明 |
| N50 | S1200； | 精加工转速 1200 r/min |
| N55 | G01 Z0 F0.1； | 刀具到加工起点 |
| N60 | X34 Z-30； | 精加工圆锥面,精加工轮廓结束行 |
| N65 | G70 P45 Q60； | 精加工循环 |
| N70 | G00 X100 Z100； | 到程序起点位置 |
| N75 | T0202 S800 | 换 2 号刀,调整转速到 800 r/min |
| N80 | G00 X16 Z2； | 刀具快进到循环起点位置 |
| N85 | G90 X20 Z-31 F0.1 | 粗车内孔到 ⌀20 |
| N90 | X21.45； | 粗车内孔到 ⌀21.45 |
| N95 | X21.85 F0.05； | 精车内孔到内螺纹小径 |
| N100 | G00 Z100； | 刀具沿轴向快退 |
| N105 | X100； | 刀具沿径向快退 |
| N110 | T0404 S350； | 换 4 号刀,调整转速到 350 r/min |
| N115 | G00 X20 Z2； | 快进到螺纹加工循环起点 |
| N120 | G92 X22.65 Z-30.5 F1.5； | 螺纹切削循环,螺距 1.5 mm,切深(直径)0.8 mm |
| N125 | X23.25； | 切深(直径)0.6 mm |
| N130 | X23.65； | 切深(直径)0.4 mm |
| N135 | X23.80； | 切深(直径)0.15 mm |
| N140 | G00 Z100； | 刀具沿轴向快退 |
| N145 | X100； | 刀具沿径向快退 |
| N150 | T0303 S300； | 换 3 号刀,调整转速到 300 r/min |
| N155 | G00 X57 Z-34； | 快进到切断点附近 |
| N160 | G01 X0 F0.05； | 切断 |
| N165 | G00 X57； | 刀具退出 |
| N170 | X100 Z100； | 刀具到起点位置 |
| N175 | M09； | 关闭切削液 |
| N180 | M30； | 程序结束并返回 |

⑥华中系统(件 2)参考程序见表 2-9-58。

表 2-9-58    图 2-9-9(b)所示零件的加工程序

| 程序名 | %9309 | |
|---|---|---|
| 程序段号 | 程序内容 | 说　明 |
| | %9309 | |
| N05 | M03 S800 | 主轴正转,转速为 800 r/min |
| N10 | G00 X100 Z100 | 到程序起点位置 |
| N15 | T0101 | 换 1 号刀 |
| N20 | G00 X57 Z0 | 刀具到加工起点附近 |
| | G01 X-0.5 F40 M08 | 平端面,切削液开 |
| N25 | G00 X57 Z2 | 刀具快进到循环起点位置 |
| N30 | G71 U1.5 R1 G71 P40 Q55 | 定义粗车循环,精车路线由 N40~N55 指定,X 方向精 |
| N35 | X0.4 F120 | 车余量 0.4 mm |
| N40 | G00 X28 | 精加工轮廓起始行,刀具到加工起点附近 |

续表 2-9-58

| 程序名 | %9309 | |
|---|---|---|
| 程序段号 | 程序内容 | 说  明 |
| N45 | S1200 | 精加工转速 1200 r/min |
| N50 | G01 Z0 F80 | 刀具到加工起点 |
| N55 | X34 Z−30 | 精加工圆锥面,精加工轮廓结束行 |
| N60 | G00 X100 Z100 | 到程序起点位置 |
| N65 | T0202  S800 | 换 2 号刀,调整转速 800 r/min |
| N70 | G00 X16 Z2 | 刀具快进到循环起点位置 |
| N75 | G90 X20 Z−31 F80 | 粗车内孔到 $\phi$20 |
| N80 | X21.45; | 粗车内孔到 $\phi$21.45 |
| N85 | X21.85 F40 | 精车内孔到内螺纹小径 |
| N90 | G00 Z100 | 刀具沿轴向快退 |
| N95 | X100 | 刀具沿径向快退 |
| N100 | T0404 S350 | 换 4 号刀,调整转速到 350 r/min |
| N105 | G00 X20 Z2 | 快进到螺纹加工循环起点 |
| N110 | G82 X22.65 Z−30.5 F1.5 | 螺纹切削循环,螺距 1.5 mm,切深(直径)0.8 mm |
| N115 | X23.25 | 切深(直径)0.6 mm |
| N120 | X23.65 | 切深(直径)0.4 mm |
| N125 | X23.80 | 切深(直径)0.15 mm |
| N130 | G00 Z100 | 刀具沿轴向快退 |
| N135 | X100 | 刀具沿径向快退 |
| N140 | T0303 S300 | 换 3 号刀,调整转速到 300 r/min |
| N145 | G00 X57 Z−34 | 快进到切断点附近 |
| N150 | G01 X0 F30 | 切断 |
| N155 | G00 X57 | 刀具退出 |
| N160 | X100 Z100 | 刀具到起点位置 |
| N165 | M09 | 关闭切削液 |
| N170 | M30 | 程序结束并返回 |

(8)评价及总结

见表 2-9-59。

表 2-9-59   评价表

| 项目内容 | 占分比重 | 自评得分 | 评价及总结 |
|---|---|---|---|
| 工装方案 | 10 分 | | |
| 刀具装夹及对刀 | 10 分 | | |
| 程序编写 | 40 分 | | |
| 实际加工 | 40 分 | | |
| 教师评价 | | 自评总分 | |

## 习题十八

1.如图 2-9-10 所示零件,试编制其加工程序。

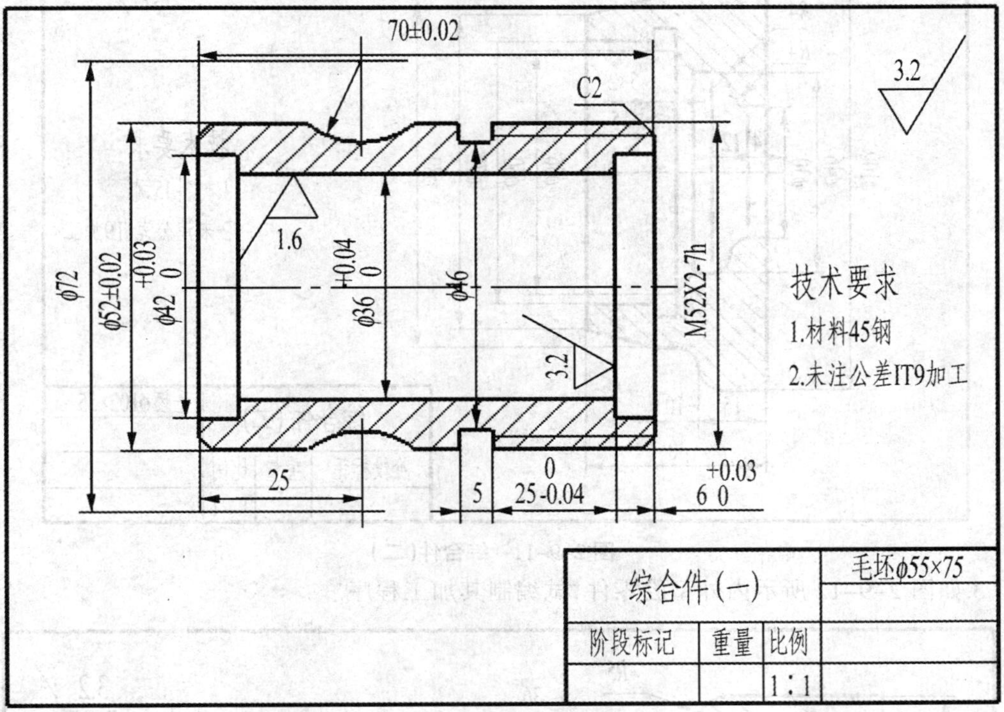

图 2-9-10　综合件(一)

　　根据图中标注,已知 $R13$ 圆弧的中心点在 $\phi72$ 圆柱表面上,则 $AC$ 长度为: $AC=(72-52)/2=10$,在 $\triangle ABC$ 中, $BC=\sqrt{AB^2-BC^2}=\sqrt{169-100}=8.307$,则 $R13$ 圆弧的起点 $B$ 点的 $Z$ 坐标为 $25-8.307=16.693$ ; $R13$ 圆弧的终点 $D$ 点的 $Z$ 坐标为 $25+8.307=33.307$。

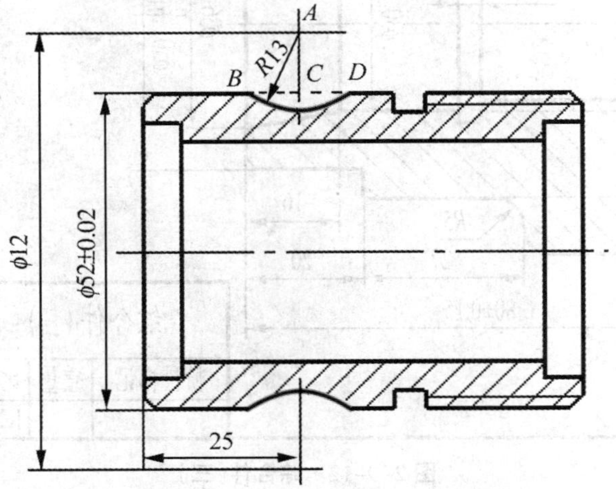

2.如图 2-9-11 所示盘盖类零件,试编制其加工程序。

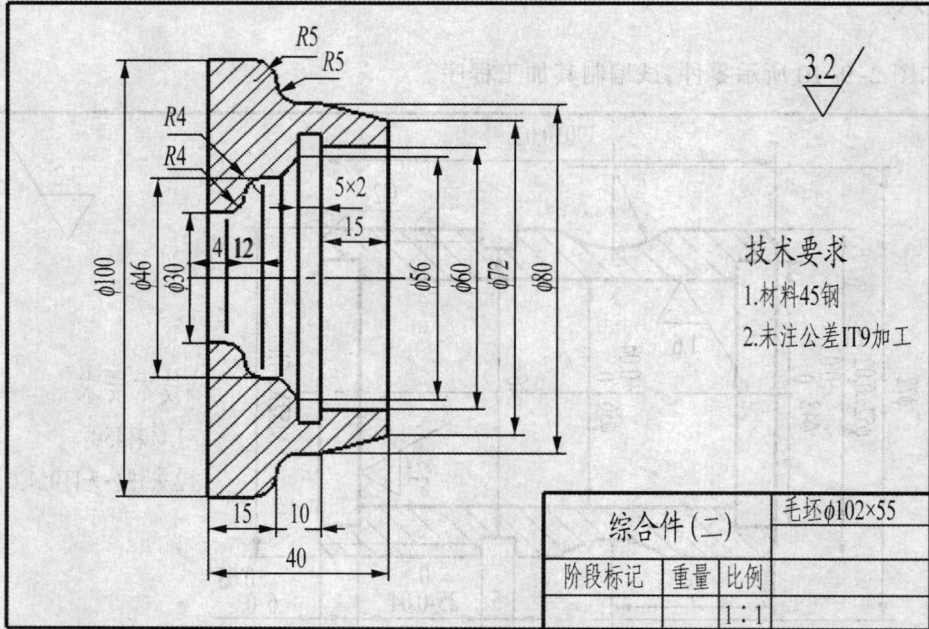

技术要求
1.材料45钢
2.未注公差IT9加工

综合件(二)　毛坯φ102×55

| 阶段标记 | 重量 | 比例 |
|---|---|---|
|  |  | 1:1 |

图 2-9-11　综合件(二)

3.如图 2-9-12 所示内外型腔零件,试编制其加工程序。

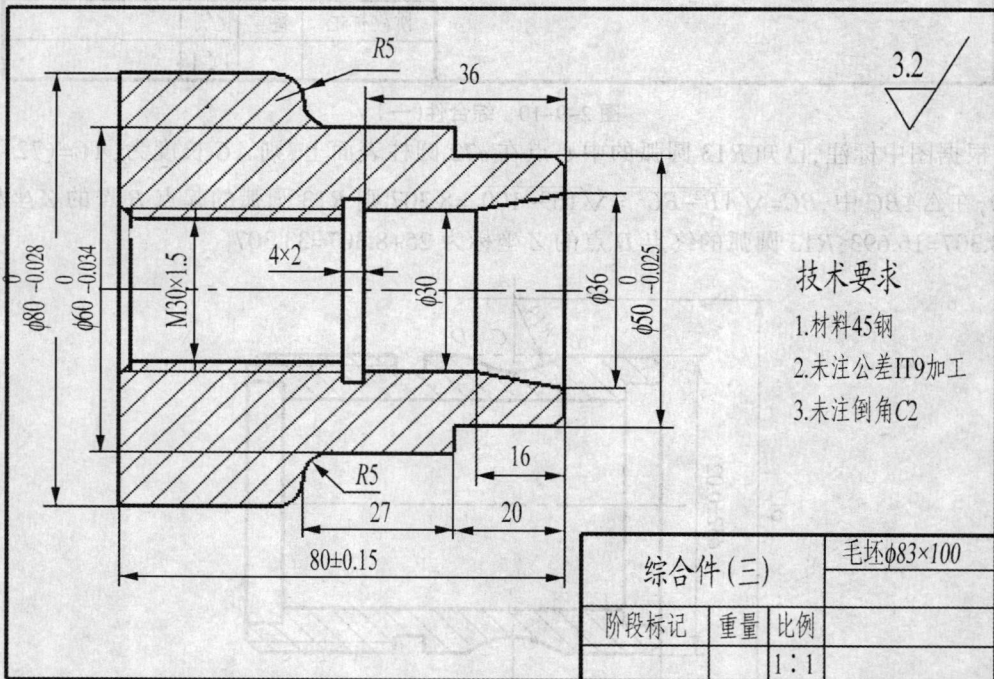

技术要求
1.材料45钢
2.未注公差IT9加工
3.未注倒角C2

综合件(三)　毛坯φ83×100

| 阶段标记 | 重量 | 比例 |
|---|---|---|
|  |  | 1:1 |

图 2-9-12　综合件(三)

# 附录　数控车工国家职业技能鉴定标准

## 【职业概况】

**1.职业名称**

数控车工。

**2.职业定义**

从事编制数控加工程序并操作数控车床进行零件车削加工的人员。

**3.职业等级**

本职业共设4个等级,分别为:中级(国家职业资格四级)、高级(国家职业资格三级)、技师(国家职业资格二级)、高级技师(国家职业资格一级)。

**4.职业环境**

室内,常温。

**5.职业能力特征**

具有较强的计算能力和空间感、形体知觉及色觉,手指、手臂灵活,动作协调。

**6.基本文化程度**

高中毕业(或同等学历)。

**7.培训要求**

(1)培训期限

全日制职业学校教育,根据其培养目标和计划确定。晋级培训期限:中级不少于400标准学时;高级不少于300标准学时;技师不少于200标准学时;高级技师不少于200标准学时。

(2)培训教师

培训中级、高级车工的教师应具有本职业技师以上职业资格证书或相关专业中级以上专业技术职务任职资格;培训技师的教师应具有本职业高级技师职业资格证书或相关专业高级专业技术职务任职资格;培训高级技师的教师应具有本职业高级技师职业资格证书2年以上或相关专业高级专业技术职务任职资格。

(3)培训场地设备

满足教学需要的标准教室、计算机机房及配套的软件、数控车床及必要的刀具、夹具、量具和辅助设备等。

**8.鉴定要求**

(1)适用对象

从事或准备从事本职业的人员。

(2)申报条件

中级(具备以下条件之一者):

①经本职业中级正规培训达规定标准学时数,并取得结业证书。

②连续从事本职业工作5年以上。

③取得经劳动保障行政部门审核认定的、以中级技能为培养目标的中等以上职业学校本职业或相关专业毕业证书。

④取得相关职业中级职业资格证书后,连续从事本职业工作2年以上。

高级(具备以下条件之一者):

①取得本职业中级职业资格证书后,连续从事本职业工作2年以上,经本职业高级正规培训达规定标准学时数,并取得结业证书。

②取得本职业中级职业资格证书后,连续从事本职业工作4年以上。

③取得经劳动保障行政部门审核认定的、以高级技能为培养目标的职业学校本职业或相关专业毕业证书。

④大专以上本专业或相关专业毕业生,经本职业高级正规培训达规定标准学时数,并取得结业证书。

(3)鉴定方式

分为理论知识考试和技能操作考核。理论知识考试采用闭卷方式,技能操作(含软件应用)考核采用现场实际操作和计算机软件操作方式。理论知识考试和技能操作(含软件应用)考核均实行百分制,成绩皆达60分及以上者为合格。技师、高级技师鉴定还须进行综合评审。

(4)考评人员与考生配比

理论知识考试考评人员与考生配比为1:15,每个标准教室不少于2名考评人员;技能操作(含软件应用)考核考评员与考生配比为1:5,且不少于3名考评员。综合评审委员不少于5人。

(5)鉴定时间

理论知识考试时间为120 min;技能操作考核中实操时间为:中级、高级不少于240 min,技师、高级技师不少于300 min;技能操作考核中软件应用考试时间为不超过120 min;技师、高级技师的综合评审时间不少于45 min。

(6)鉴定场所设备

理论知识考试在标准教室里进行;软件应用考试在计算机机房进行;技能操作考核在配备必要的数控车床及刀具、夹具、量具和辅助设备的场所进行。

**【基本要求】**

**1.职业道德**

(1)职业道德基本知识

①市场经济条件下,职业道德的功能。

②企业文化的功能。

③职业道德对增强企业凝聚力、竞争力的作用。

④职业道德是人生事业成功的保证。

⑤文明礼貌的具体要求。

⑥爱岗敬业的基本要求。

⑦对诚实守信基本内涵的理解。

⑧办事公道的具体要求。

⑨勤劳节俭的现代意义。

(2)职业守则

①遵守国家法律、法规和有关规定。

②具有高度的责任心,爱岗敬业,团结合作。

③严格执行相关标准、工作程序与规范、工艺文件和安全操作规程。

④学习新知识、新技能,勇于开拓和创新。

⑤爱护设备、系统及工具、夹具、刀具、量具。

⑥着装整洁,符合规定;保持工作环境清洁有序,文明生产。

**2.基础知识**

(1)基础理论知识

①机械制图。

②工程材料及金属热处理知识。

③机电控制知识。

④计算机基础知识。

⑤专业英语基础。

(2)机械加工基础知识

①机械原理。

②常用设备知识(分类、用途、基本结构及维护保养方法)。

③常用金属切削刀具知识。

④典型零件的加工工艺。

⑤设备润滑及冷却液的使用方法。

⑥工具、夹具、量具的使用与维护知识。

⑦普通车床、钳工基本操作知识。

(3)安全文明生产与环境保护知识

①安全操作与劳动保护知识。

②文明生产知识。

③环境保护知识。

(4)质量管理知识

①企业的质量方针。

②岗位的质量要求。

③岗位的质量保证措施与责任。

(5)相关法律、法规知识

①劳动法相关知识。

②环境保护法相关知识。

③知识产权保护法相关知识。

【工作要求】

本标准对中级、高级、技师和高级技师的技能要求依次递进,高级别涵盖低级别的要求,中级数控车工要求参见表附-1。

表附-1　中级数控车工国家职业技能鉴定标准

| 职业功能 | 工作内容 | 技能要求 | 相关知识 |
|---|---|---|---|
| 加工准备 | (一)读图与绘图 | 1.能读懂中等复杂程度(如:曲轴)的零件图<br>2.能绘制简单的轴、盘类零件图<br>3.能读懂进给机构、主轴系统的装配图 | 1.复杂零件的表达方法<br>2.简单零件图的画法<br>3.零件三视图、局部视图和剖视图的画法<br>4.装配图的画法 |
| | (二)制定加工工艺 | 1.能读懂复杂零件的数控车床加工工艺文件<br>2.能编制简单零件(轴、盘)的数控车床加工工艺文件 | 数控车床加工工艺文件的制定 |
| | (三)零件定位与装夹 | 能使用通用夹具(如三爪自定心卡盘、四爪单动卡盘)进行零件装夹与定位 | 1.数控车床常用夹具的使用方法<br>2.零件定位、装夹的原理和方法 |
| | (四)刀具准备 | 1.能根据数控车床加工工艺文件选择、安装和调整数控车床常用刀具<br>2.能刃磨常用车削刀具 | 1.金属切削与刀具磨损知识<br>2.数控车床常用刀具的种类、结构和特点<br>3.数控车床、零件材料、加工精度和工作效率对刀具的要求 |
| 数控车床操作 | (一)操作面板 | 1.能按照操作规程启动及停止机床<br>2.能使用操作面板上的常用功能键(如回零、手动、MDI、修调等) | 1.数控车床操作说明书<br>2.数控车床操作面板的使用方法 |
| | (二)程序输入与编辑 | 1.能通过各种途径(如DNC、网络等)输入加工程序<br>2.能通过操作面板编辑加工程序 | 1.数控加工程序的输入方法<br>2.数控加工程序的编辑方法<br>3.网络知识 |
| | (三)对刀 | 1.能进行对刀并确定相关坐标系<br>2.能设置刀具参数 | 1.对刀的方法<br>2.坐标系的知识<br>3.刀具偏置补偿、半径补偿与刀具参数的输入方法 |
| | (四)程序的调试与运行 | 能够对程序进行校验、单步执行、空运行并完成零件试切 | 程序调试的方法 |

续表附-1

| 职业功能 | 工作内容 | 技能要求 | 相关知识 |
|---|---|---|---|
| 零件加工 | (一)轮廓加工 | 1.能进行轴、套类零件加工,并达到以下要求:<br>(1)尺寸公差等级:IT6<br>(2)形位公差等级:IT8<br>(3)表面粗糙度:$R_a$1.6 μm<br>2.能进行盘类、支架类零件加工,并达到以下要求:<br>(1)轴径公差等级:IT6<br>(2)孔径公差等级:IT7<br>(3)形位公差等级:IT8<br>(4)表面粗糙度:$R_a$1.6 μm | 1.内外径的车削加工方法、测量方法<br>2.形位公差的测量方法<br>3.表面粗糙度的测量方法 |
| | (二)螺纹加工 | 能进行单线等节距的普通三角螺纹、锥螺纹的加工,并达到以下要求:<br>(1)尺寸公差等级:IT6~IT7<br>(2)形位公差等级:IT8<br>(3)表面粗糙度:$R_a$1.6 μm | 1.常用螺纹的车削加工方法<br>2.螺纹加工中的参数计算 |
| | (三)槽类加工 | 能进行内径槽、外径槽和端面槽的加工,并达到以下要求:<br>(1)尺寸公差等级:IT8<br>(2)形位公差等级:IT8<br>(3)表面粗糙度:$R_a$3.2 μm | 内径槽、外径槽和端槽的加工方法 |
| | (四)孔加工 | 能进行孔加工,并达到以下要求:<br>(1)尺寸公差等级:IT7<br>(2)形位公差等级:IT8<br>(3)表面粗糙度:$R_a$3.2 μm | 孔的加工方法 |
| | (五)零件精度检验 | 能进行零件的长度、内径、外径、螺纹、角度、精度检验 | 1.通用量具的使用方法<br>2.零件精度检验及测量方法 |
| 数控车床维护和故障诊断 | (一)数控车床日常维修 | 能根据说明书完成数控车床的定期及不定期维护保养,包括:机械、电气、液压、冷却数控系统检查和日常保养等 | 1.数控车床说明书<br>2.数控车床日常保养方法<br>3.数控车床操作规程<br>4.数控系统(进口与国产数控系统)使用说明书 |
| | (二)数控车床故障诊断 | 1.能读懂数控系统的报警信息<br>2.能发现并排除由数控程序引起的数控车床的一般故障 | 1.使用数控系统报警信息表的方法<br>2.数控机床的编程和操作故障诊断方法 |
| | (三)数控车床精度检验 | 能进行数控车床水平的检查 | 1.水平仪的使用方法<br>2.机床垫铁的调整方法 |

【比重表】

1.理论知识:见表3-2。

表3-2　理论知识比重表

| 项目 | | 中级(%) |
|---|---|---|
| 基本要求 | 职业道德 | 5 |
| | 基础知识 | 20 |
| 相关知识 | 加工准备 | 15 |
| | 工艺分析与设计 | — |
| | 数控编程 | 20 |
| | 数控车床操作 | 5 |
| | 零件加工 | 30 |
| | 数控车床维护和故障诊断 | 5 |
| | 数控车床维护与精度检验 | — |
| | 培训与管理 | — |
| 合　计 | | 100 |

2.技能操作:见表3-3。

表3-3　技能操作比重表

| 项目 | | 中级(%) |
|---|---|---|
| 相关知识 | 加工准备 | 10 |
| | 工艺分析与设计 | — |
| | 数控编程 | 20 |
| | 数控车床操作 | 5 |
| | 零件加工 | 60 |
| | 数控车床维护和故障诊断 | 5 |
| | 数控车床维护与精度检验 | — |
| | 培训与管理 | — |
| 合　计 | | 100 |

# 参考文献

1. 翟瑞波. 数控车床编程与操作实例. 北京:机械工业出版社,2007.

2. 任国兴. 数控车床加工工艺与编程操作. 北京:机械工业出版社,2009.

3. 关亮,张向京. 数控车床操作与编程技能训练. 北京:高等教育出版社,2007.

4. 姜爱国. 数控机床技能实训. 北京:北京理工大学出版社,2006.

5. 袁锋. 数控车床培训教程. 北京:机械工业出版社,2007.

6. 方沂. 数控机床编程与操作. 北京:国防工业出版社,2004.

7. 王金城. 数控机床实训技术. 北京:电子工业出版社,2006.